“十四五”普通高等教育本科部委级规划教材

XIANXING DAISHU GAILUN

线性代数概论

高扬 李凤霞 盛春红◎主编

中国纺织出版社有限公司

内 容 提 要

本书是根据教育部制订的《线性代数课程教学基本要求》，并结合现阶段普通高等学校线性代数课程的教学实际进行编写的。全书共 6 章，主要内容有行列式、矩阵及其运算、向量与线性方程组、矩阵的特征值和特征向量、二次型、线性空间与线性变换。每章后面都有本章小结，对本章主要知识点做出归纳和梳理，并给出适量的习题，书后附有参考答案。

本书由有着多年教学经验的教师组织编写，内容丰富，结构分明，重点突出，叙述详细，通俗易懂。本书既可供理工科大学、综合性大学和高等师范院校非数学专业教学使用，也可供工程技术人员及自学者参考。

图书在版编目（CIP）数据

线性代数概论/高扬，李凤霞，盛春红主编．--北京：中国纺织出版社有限公司，2023.10
"十四五"普通高等教育本科部委级规划教材
ISBN 978-7-5229-0928-8

Ⅰ.①线… Ⅱ.①高… ②李… ③盛… Ⅲ.①线性代数–高等学校–教材 Ⅳ.①O151.2

中国国家版本馆 CIP 数据核字（2023）第 167230 号

责任编辑：毕仕林　国　帅　　责任校对：寇晨晨
责任印制：王艳丽

中国纺织出版社有限公司出版发行
地址：北京市朝阳区百子湾东里 A407 号楼　邮政编码：100124
销售电话：010—67004422　传真：010—87155801
http://www.c-textilep.com
中国纺织出版社天猫旗舰店
官方微博 http://weibo.com/2119887771
三河市宏盛印务有限公司印刷　各地新华书店经销
2023 年 10 月第 1 版第 1 次印刷
开本：787×1092　1/16　印张：13
字数：280 千字　定价：68.00 元

前言

线性代数的理论体系结构完整,抽象性和具体性高度统一,它在解决许多社会和科学问题中都有广泛的应用,是高等院校普遍开设的一门大学数学基础课。

本书是根据教育部制订的《线性代数课程教学基本要求》,并结合现阶段普通高等学校线性代数课程的教学实际进行编写的。全书共6章,主要内容有行列式、矩阵及其运算、向量与线性方程组、矩阵的特征值和特征向量、二次型、线性空间与线性变换。每章后面都配有本章小结,对本章主要知识点做出归纳和梳理,并给出适量的习题,书后附有参考答案。

在本书的编写过程中,借鉴了一些国内外优秀教材,充分地考虑到大学新生的数学基础,合理地安排了各章节的内容和顺序,清晰地体现了知识点之间的逻辑关系。本书使用简洁、通俗的语言,将各部分内容自然地衔接起来,由浅入深,逻辑严密,前后呼应,逐渐地将全部知识体系呈现给读者,从而达到降低学习难度、提高学习效果的目的。本书具有以下特点:

(1) 以矩阵和向量为主要工具,以矩阵的初等变换为基本方法,用矩阵和向量的语言,将线性代数的主要内容刻画出来,使之形成一个有机的整体。

(2) 在具体内容的选择上,注意大学新生的数学基础,做到由浅入深,由具体到抽象,循序渐进,充分考虑到学生的认知规律,使在教学和学习过程中逐步提高学生的抽象思维能力。

(3) 结合近几年的教学实践,内容丰富、结构分明、重点突出、叙述详细、通俗易懂。

(4) 书中编排了充足的例题和习题,题目针对性较强,由浅入深,难易搭配,可以满足不同专业和不同层次的学生的要求。

本书由高扬、李凤霞、盛春红担任主编,由张秀兰、叶玉清担任副主编。具体分工为:高扬负责编写第 1~3 章及第 4 章的 4.1、4.2(约 169 千字);李凤霞负责编写第 4 章的 4.3、4.4、本章小结、习题四,以及第 5 章、习题参考答案(约 75 千字);盛春红、张秀兰、叶玉清负责编写第 6 章(约 36 千字)。

由于编者水平有限,难免有不妥之处。衷心希望专家、同行和读者指教,以帮助我们进一步改善。

编者

2023 年 2 月

目录

第1章　行列式

行列式是线性代数的一个重要组成部分.它是研究矩阵、线性方程组、特征多项式不可或缺的工具.本章主要介绍 n 阶行列式的定义、性质、计算方法及其简单应用——克拉默(Cramer)法则.

1.1　二阶、三阶行列式

1.1.1　引入

给出一个二元线性方程组

$$\begin{cases} a_{11}x_1 + a_{12}x_2 = b_1, \\ a_{21}x_1 + a_{22}x_2 = b_2. \end{cases} \tag{1-1}$$

通过消元法求解方程组(1-1),当 $a_{11}a_{22} - a_{12}a_{21} \neq 0$ 时,解得:

$$x_1 = \frac{b_1 a_{22} - a_{12} b_2}{a_{11}a_{22} - a_{12}a_{21}}, \quad x_2 = \frac{a_{11} b_2 - b_1 a_{21}}{a_{11}a_{22} - a_{12}a_{21}}.$$

观察方程组(1-1)解的表达式,可以发现解的分子、分母均为不同两数乘积的差.为便于记忆解的公式,引入二阶行列式.

1.1.2　二阶行列式

定义1　用记号 $\begin{vmatrix} a_{11} & a_{12} \\ a_{21} & a_{22} \end{vmatrix}$ 表示代数和 $a_{11}a_{22} - a_{12}a_{21}$,并称为二阶行列式,即

$$\begin{vmatrix} a_{11} & a_{12} \\ a_{21} & a_{22} \end{vmatrix} = a_{11}a_{22} - a_{12}a_{21}.$$

可以发现,二阶行列式是由四个数排成两行两列构成. 数 a_{ij} $(i=1,2;j=1,2)$ 称为行列式的元素或元. 元素 a_{ij} 的第一个下标 i 称为行标,表明该元素位于第 i 行,第二个下标 j 称为列标,表明该元素位于第 j 列. 将位于第 i 行第 j 列的元素 a_{ij} 称为行列式的 (i,j) 元.

a_{11}, a_{22} 称为主对角线上的元素, a_{12}, a_{21} 称为副对角线上的元素,则二阶行列式计算方法为主对角线元素之积减去副对角线元素之积.

一般地,用 D 或 $D_i(i=1,2,\cdots,n)$ 表示行列式.

令 $D=\begin{vmatrix} a_{11} & a_{12} \\ a_{21} & a_{22} \end{vmatrix}, D_1=\begin{vmatrix} b_1 & a_{12} \\ b_2 & a_{22} \end{vmatrix}, D_2=\begin{vmatrix} a_{11} & b_1 \\ a_{21} & b_2 \end{vmatrix}$, 方程组(1-1)的解可记为

$$x_1=\frac{D_1}{D}, x_2=\frac{D_2}{D}.$$

例 1 计算 $\begin{vmatrix} 5 & -2 \\ 4 & 3 \end{vmatrix}$.

解 $\begin{vmatrix} 5 & -2 \\ 4 & 3 \end{vmatrix} = 5\times 3-(-2)\times 4=23.$

例 2 解方程组 $\begin{cases} 2x_1+3x_2=8, \\ x_1-2x_2=-3. \end{cases}$

解 $D=\begin{vmatrix} 2 & 3 \\ 1 & -2 \end{vmatrix}=2\times(-2)-3\times 1=-7\neq 0,$

$$D_1=\begin{vmatrix} 8 & 3 \\ -3 & -2 \end{vmatrix}=8\times(-2)-3\times(-3)=-7,$$

$$D_2=\begin{vmatrix} 2 & 8 \\ 1 & -3 \end{vmatrix}=2\times(-3)-8\times 1=-14,$$

则 $x_1=\frac{D_1}{D}=1, x_2=\frac{D_2}{D}=2.$

1.1.3 三阶行列式

定义 2 用记号

$$\begin{vmatrix} a_{11} & a_{12} & a_{13} \\ a_{21} & a_{22} & a_{23} \\ a_{31} & a_{32} & a_{33} \end{vmatrix}$$

表示代数和

$$a_{11}a_{22}a_{33} + a_{12}a_{23}a_{31} + a_{13}a_{21}a_{32} - a_{11}a_{23}a_{32} - a_{12}a_{21}a_{33} - a_{13}a_{22}a_{31},$$

并称为三阶行列式,即

$$\begin{vmatrix} a_{11} & a_{12} & a_{13} \\ a_{21} & a_{22} & a_{23} \\ a_{31} & a_{32} & a_{33} \end{vmatrix} = a_{11}a_{22}a_{33} + a_{12}a_{23}a_{31} + a_{13}a_{21}a_{32} - a_{11}a_{23}a_{32} - a_{12}a_{21}a_{33} - a_{13}a_{22}a_{31}.$$

1.2　排列及其逆序数

上一节介绍了二阶行列式与三阶行列式,为了定义 n 阶行列式,首先了解排列及其性质.

定义 3　由 n 个不同的元素 $1,2,\cdots,n$ 组成的有序数组 $i_1,i_2,\cdots,i_n$, 称为一个 n 级排列.

注意:从 n 个不同的元素中任选 m 个元素按一定次序排成一列,称为一个排列. 当 $m<n$ 时,所组成的排列为选排列,种数共有 A_n^m 种;当 $m=n$ 时,所组成的排列为全排列,种数共有 $n!$ 种. 所以 n 级排列是特殊的全排列,它必须是 $1,2,\cdots,n$ 这 n 个数码的全排列. 例如:123 及 231 都是 3 级排列,而 1,2,3 这 3 个数码的全排列构成 6 种不同的 3 级排列:123,231,312,132,213,321.

对于自然数 $1,2,\cdots,n$ 所构成的 n 级排列,规定由小到大的排列为标准次序,则其他任何排列都破坏了标准次序.

定义 4　在一个 n 级排列 $i_1i_2\cdots i_n$ 中,若有一个较大的数 i_t 排列在较小的数 i_s 之前 $(i_s<i_t)$,则称 i_t 与 i_s 构成一个逆序. 一个 n 级排列 $i_1i_2\cdots i_n$ 中逆序的总数称为这个排列的逆序数,记为 $\tau(i_1i_2\cdots i_n)$. 逆序数为偶数的排列称为偶排列,逆序数为奇数的排列称为奇排列.

例 3　计算下列排列 217986354 的逆序数,并讨论它们的奇偶性.

解

$$\begin{matrix} 2 & 1 & 7 & 9 & 8 & 6 & 3 & 5 & 4 \\ \downarrow & \downarrow & \downarrow & \downarrow & \downarrow & \downarrow & \downarrow & \downarrow & \downarrow \\ 0 & 1 & 0 & 0 & 1 & 3 & 4 & 4 & 5 \end{matrix}$$

则 $\tau(217986354)=5+4+4+3+1+0+0+1+0=18$. 此排列为偶排列.

在一个排列 $i_1\cdots i_s\cdots i_t\cdots i_n$ 中,如果仅将它的两个数码 i_s 与 i_t 对调而其它数码不变,得到另一个排列 $i_1\cdots i_t\cdots i_s\cdots i_n$, 这样的变换称为一个对换,记为对换 (i_s,i_t) .

定理 1　任意一个排列经过一次对换后排列的奇偶性改变.

定理 2　n 级排列中,奇排列和偶排列的个数相等,均为 $\frac{n!}{2}$ 个.

排列逆序数的性质:

(1) $\tau(1,2,\cdots,n)=0$.

(2) $\tau(n,n-1,\cdots,2,1)=\dfrac{n(n-1)}{2}$.

(3) $0\leqslant\tau(j_1j_2\cdots j_n)\leqslant\dfrac{n(n-1)}{2}$.

1.3　n 阶行列式的定义

观察二阶行列式和三阶行列式

$$\begin{vmatrix} a_{11} & a_{12} \\ a_{21} & a_{22} \end{vmatrix}=a_{11}a_{22}-a_{12}a_{21},$$

$$\begin{vmatrix} a_{11} & a_{12} & a_{13} \\ a_{21} & a_{22} & a_{23} \\ a_{31} & a_{32} & a_{33} \end{vmatrix}=a_{11}a_{22}a_{33}+a_{12}a_{23}a_{31}+a_{13}a_{21}a_{32}-a_{11}a_{23}a_{32}-a_{12}a_{21}a_{33}-a_{13}a_{22}a_{31}.$$

可以发现二、三阶行列式有如下规律:

(1)二阶行列式等于 2! 项代数和,三阶行列式等于 3! 项代数和.

(2)二阶行列式表示所有不同行不同列的两个元素乘积的代数和,三阶行列式表示所有不同行不同列的三个元素乘积的代数和.

(3)各项正负号的确定:当该项中元素的行标按标准次序排列时,若列标的排列为偶排列,则取正号;若为奇排列,则取负号. 例如: $a_{12}a_{23}a_{31}$ 的行标排列为 123,列标排列为 231, $\tau(231)=2$, 则该项前面为正号. $a_{11}a_{23}a_{32}$ 的行标排列为 123,列标排列为 132, $\tau(132)=1$, 这一项前面为负号.

那么,二、三阶行列式也可改写为

$$\begin{vmatrix} a_{11} & a_{12} \\ a_{21} & a_{22} \end{vmatrix} = \sum_{(j_1j_2)} (-1)^{\tau(j_1j_2)} a_{1j_1}a_{2j_2},$$

$$\begin{vmatrix} a_{11} & a_{12} & a_{13} \\ a_{21} & a_{22} & a_{23} \\ a_{31} & a_{32} & a_{33} \end{vmatrix} = \sum_{(j_1j_2j_3)} (-1)^{\tau(j_1j_2j_3)} a_{1j_1}a_{2j_2}a_{3j_3}.$$

根据这些规律，给出 n 阶行列式的定义.

定义 5　由排成 n 行 n 列的 n^2 个元素组成的符号

$$\begin{vmatrix} a_{11} & a_{12} & \cdots & a_{1n} \\ a_{21} & a_{22} & \cdots & a_{2n} \\ \vdots & \vdots & \ddots & \vdots \\ a_{n1} & a_{n2} & \cdots & a_{nn} \end{vmatrix}$$

称为 n 阶行列式. n 阶行列式表示所有可能取自不同的行、不同的列的 n 个元素乘积的代数和，并规定各项的符号：当该项中元素的行标按标准次序排列后，若对应列标的排列为偶排列，则取正号；若是奇排列，则取负号，即

$$\begin{vmatrix} a_{11} & a_{12} & \cdots & a_{1n} \\ a_{21} & a_{22} & \cdots & a_{2n} \\ \vdots & \vdots & \ddots & \vdots \\ a_{n1} & a_{n2} & \cdots & a_{nn} \end{vmatrix} = \sum_{(j_1j_2\cdots j_n)} (-1)^{\tau(j_1j_2\cdots j_n)} a_{1j_1}a_{2j_2}\cdots a_{nj_n}.$$

该 n 阶行列式简记为 $\det(a_{ij})$ 或 $|a_{ij}|$ $(i,j=1,2,\cdots,n)$. 特别地，当 $n=1$ 时，一阶行列式 $|a_{11}|=a_{11}$.

例 4　判断 4 阶行列式中元素乘积 $a_{12}a_{41}a_{33}a_{24}$ 前面的符号.

解　$a_{12}a_{41}a_{33}a_{24}$ 与 $a_{12}a_{24}a_{33}a_{41}$ 相同，在 $a_{12}a_{24}a_{33}a_{41}$ 中，元素行标排列为标准次序，列标排列为 2431，而 $\tau(2431)=4$，所以 $a_{12}a_{41}a_{33}a_{24}$ 前面取正号.

例 5　计算 4 阶行列式 $\begin{vmatrix} 0 & a & b & 0 \\ c & 0 & 0 & d \\ e & 0 & 0 & f \\ 0 & g & h & 0 \end{vmatrix}$.

解　根据 n 阶行列式的定义，只需对不为零的项 $(-1)^{\tau(j_1j_2j_3j_4)}a_{1j_1}a_{2j_2}a_{3j_3}a_{4j_4}$ 求和. 由行列式的特点可知：只有四项不为零，即

$$D=(-1)^{\tau(2143)}a_{12}a_{21}a_{34}a_{43}+(-1)^{\tau(2413)}a_{12}a_{24}a_{31}a_{43}$$

$$+(-1)^{\tau(3142)}a_{13}a_{21}a_{34}a_{42}+(-1)^{\tau(3412)}a_{13}a_{24}a_{31}a_{42}$$
$$=acfh-adeh-bcfg+bdeg=ah(cf-de)-bg(cf-de)$$
$$=(ah-bg)(cf-de).$$

例 6 计算下三角行列式 $D=\begin{vmatrix} a_{11} & & & \\ a_{21} & a_{22} & & 0 \\ \vdots & \vdots & \ddots & \\ a_{n1} & a_{n2} & \cdots & a_{nn} \end{vmatrix}$.

解 根据行列式的定义,可知:第一行中,只有 a_{11} 不为零,故取 $j_1=1$;第二行中,a_{21},a_{22} 不为零,但 $j_1=1$,所以只能取 $j_2=2$;同理,依次有 $j_3=3,\cdots,j_n=n$,这样才能保证来自不同行不同列的 n 个元素相乘可能不为零,即

$$D=(-1)^{\tau(12\cdots n)}a_{11}a_{22}\cdots a_{nn}=a_{11}a_{22}\cdots a_{nn}.$$

例 7 计算行列式 $D=\begin{vmatrix} 0 & \cdots & 0 & a_{1n} \\ 0 & \cdots & a_{2,n-1} & 0 \\ \vdots & \iddots & \vdots & \vdots \\ a_{n1} & \cdots & 0 & 0 \end{vmatrix}$.

解 由行列式的定义可知,

$$D=(-1)^{\tau(n,n-1,\cdots,1)}a_{1n}a_{2,n-1}\cdots a_{n1}=(-1)^{\frac{n(n-1)}{2}}a_{1n}a_{2,n-1}\cdots a_{n1}.$$

根据例 6 和例 7 容易得出:

$$\begin{vmatrix} a_{11} & a_{12} & \cdots & a_{1n} \\ & a_{22} & \cdots & a_{2n} \\ & & \ddots & \vdots \\ & 0 & & a_{nn} \end{vmatrix}=\begin{vmatrix} a_{11} & & & \\ & a_{22} & & \\ & & \ddots & \\ & & & a_{nn} \end{vmatrix}=a_{11}a_{22}\cdots a_{nn}$$

定理 3 n 阶行列式 $D=|a_{ij}|$ 的一般项可以记为

$$(-1)^{\tau(i_1i_2\cdots i_n)+\tau(j_1j_2\cdots j_n)}a_{i_1j_1}a_{i_2j_2}\cdots a_{i_nj_n},$$

其中 $i_1i_2\cdots i_n$ 与 $j_1j_2\cdots j_n$ 均为 n 级排列.

1.4 行列式的性质

n 阶行列式的展开式含有 $n!$ 项,每项都是 n 个数的乘积,用定义计算 n 阶行列式

是非常麻烦的. 因此,有必要引入行列式的性质来简化行列式的计算.

为了讨论行列式的性质,引入转置行列式的概念. 记

$$D=\begin{vmatrix} a_{11} & a_{12} & \cdots & a_{1n} \\ a_{21} & a_{22} & \cdots & a_{2n} \\ \vdots & \vdots & & \vdots \\ a_{n1} & a_{n2} & \cdots & a_{nn} \end{vmatrix}, D^{\mathrm{T}}=\begin{vmatrix} a_{11} & a_{21} & \cdots & a_{n1} \\ a_{12} & a_{22} & \cdots & a_{n2} \\ \vdots & \vdots & & \vdots \\ a_{1n} & a_{2n} & \cdots & a_{nn} \end{vmatrix},$$

行列式 D^{T}（也可记为 D'）称为行列式 D 的转置行列式.

性质 1 行列式与它的转置行列式相等.

证 令

$$D^{\mathrm{T}}=\begin{vmatrix} b_{11} & b_{12} & \cdots & b_{1n} \\ b_{21} & b_{22} & \cdots & b_{2n} \\ \vdots & \vdots & & \vdots \\ b_{n1} & b_{n2} & \cdots & b_{nn} \end{vmatrix},$$

即 $b_{ij}=a_{ji}(i,j=1,2,\cdots,n)$，由行列式的定义

$$\begin{aligned} D^{\mathrm{T}} &= \sum_{j_1j_2\cdots j_n}(-1)^{\tau(j_1j_2\cdots j_n)} b_{1j_1}b_{2j_2}\cdots b_{nj_n} \\ &= \sum_{j_1j_2\cdots j_n}(-1)^{\tau(j_1j_2\cdots j_n)} a_{j_11}a_{j_22}\cdots a_{j_nn} \\ &= D\,. \end{aligned}$$

性质 1 表明:行列式中行与列的地位是等同的,即行列式中行具有的性质,列也具有,反之亦然.

性质 2 互换行列式的两行(列),行列式变号.

证 设

$$D=\begin{vmatrix} a_{11} & a_{12} & \cdots & a_{1n} \\ \vdots & \vdots & & \vdots \\ a_{i1} & a_{i2} & \cdots & a_{in} \\ \vdots & \vdots & & \vdots \\ a_{s1} & a_{s2} & \cdots & a_{sn} \\ \vdots & \vdots & & \vdots \\ a_{n1} & a_{n2} & \cdots & a_{nn} \end{vmatrix},$$

交换 D 中第 i 行与第 s 行元素 $(i\neq s)$，得到

$$D_1=\begin{vmatrix} a_{11} & a_{12} & \cdots & a_{1n} \\ \vdots & \vdots & \vdots & \vdots \\ a_{s1} & a_{s2} & \cdots & a_{sn} \\ \vdots & \vdots & \vdots & \vdots \\ a_{i1} & a_{i2} & \cdots & a_{in} \\ \vdots & \vdots & \vdots & \vdots \\ a_{n1} & a_{n2} & \cdots & a_{nn} \end{vmatrix}\begin{matrix} \\ \\ \leftarrow 第\,i\,行 \\ \\ \leftarrow 第\,s\,行 \\ \\ \\ \end{matrix}.$$

记 D 的一般项中 n 个元素的乘积为 $a_{1j_1}a_{2j_2}\cdots a_{nj_n}$，这 n 个元素的位置在 D 中位于不同的行、不同的列，因此它在 D_1 中也位于不同的行、不同的列，所以也是 D_1 的一般项的 n 个元素的乘积. 由于 D_1 是交换 D 的第 i 行与第 s 行得到的，而各元素所在的列并未发生变化，因此它在 D 中的符号为 $(-1)^{\tau(1\cdots i\cdots s\cdots n)+\tau(j_1\cdots j_i\cdots j_s\cdots j_n)}$，在 D_1 中的符号为 $(-1)^{\tau(1\cdots s\cdots i\cdots n)+\tau(j_1\cdots j_i\cdots j_s\cdots j_n)}$. 而由定理 1 可知，

$$(-1)^{\tau(1\cdots i\cdots s\cdots n)+\tau(j_1\cdots j_i\cdots j_s\cdots j_n)}=-(-1)^{\tau(1\cdots s\cdots i\cdots n)+\tau(j_1\cdots j_i\cdots j_s\cdots j_n)},$$

所以，D_1 中的每一项都是 D 的相应项的相反数，所以 $D=-D$.

为了方便，将交换行列式的第 i 行和第 j 行记为 $r_i\leftrightarrow r_j$，交换行列式的第 i 列和第 j 列记为 $c_i\leftrightarrow c_j$.

推论 1　若行列式有两行(列)元素对应相等，则行列式为零.

性质 3　行列式中某一行(列)所有元素都乘以同一数 k，等于用 k 乘此行列式，即若 $D=|a_{ij}|$，则

$$D_1=\begin{vmatrix} a_{11} & a_{12} & \cdots & a_{1n} \\ \vdots & \vdots & & \vdots \\ ka_{i1} & ka_{i2} & \cdots & ka_{in} \\ \vdots & \vdots & & \vdots \\ a_{n1} & a_{n2} & \cdots & a_{nn} \end{vmatrix}=k\begin{vmatrix} a_{11} & a_{12} & \cdots & a_{1n} \\ \vdots & \vdots & & \vdots \\ a_{i1} & a_{i2} & \cdots & a_{in} \\ \vdots & \vdots & & \vdots \\ a_{n1} & a_{n2} & \cdots & a_{nn} \end{vmatrix}.$$

一般地，第 i 行(列)乘以数 k，记为 $k\times r_i$ ($k\times c_j$).

推论 2　行列式中某一行(列)所有元素的公因数可以提到行列式符号外面.

性质 4　行列式中若有两行(列)元素对应成比例，则此行列式为零.

性质 5　若行列式某行(列)所有元素都是两个数之和，则行列式等于相应的两个行列式之和，即

$$D=\begin{vmatrix} a_{11} & \cdots & a_{1n} \\ \vdots & & \vdots \\ b_{i1}+c_{i1} & \cdots & b_{in}+c_{in} \\ \vdots & & \vdots \\ a_{n1} & \cdots & a_{nn} \end{vmatrix}=\begin{vmatrix} a_{11} & \cdots & a_{1n} \\ \vdots & & \vdots \\ b_{i1} & \cdots & b_{in} \\ \vdots & & \vdots \\ a_{n1} & \cdots & a_{nn} \end{vmatrix}+\begin{vmatrix} a_{11} & \cdots & a_{1n} \\ \vdots & & \vdots \\ c_{i1} & \cdots & c_{in} \\ \vdots & & \vdots \\ a_{n1} & \cdots & a_{nn} \end{vmatrix}.$$

推论 3　若行列式某行(列)所有元素都是 m（m 为大于 2 的整数）个数之和,则此行列式等于相应的 m 个行列式之和.

性质 6　把行列式中某一行(列)元素乘以数 k,加到另一行(列)对应元素上去,行列式的值不变.

例如,

$$\begin{vmatrix} a_{11} & a_{12} & \cdots & a_{1n} \\ \vdots & \vdots & & \vdots \\ a_{i1} & a_{i2} & \cdots & a_{in} \\ \vdots & \vdots & & \vdots \\ a_{j1} & a_{j2} & \cdots & a_{jn} \\ \vdots & \vdots & & \vdots \\ a_{n1} & a_{n2} & \cdots & a_{nn} \end{vmatrix} \xlongequal{r_i+kr_j} \begin{vmatrix} a_{11} & a_{12} & \cdots & a_{1n} \\ \vdots & \vdots & & \vdots \\ a_{i1}+ka_{j1} & a_{i2}+ka_{j2} & \cdots & a_{in}+ka_{jn} \\ \vdots & \vdots & & \vdots \\ a_{j1} & a_{j2} & \cdots & a_{jn} \\ \vdots & \vdots & & \vdots \\ a_{n1} & a_{n2} & \cdots & a_{nn} \end{vmatrix} (i\neq j).$$

一般地,第 j 行(列)元素乘以数 k 加到第 i 行(列)上去（$i\neq j$）,记为 r_i+kr_j(c_i+kc_j),行列式中第 i 行(列)元素发生变化.注意运算 r_i+r_j 与 r_j+r_i 是有区别的,前者是第 i 行元素发生变化,而后者是第 j 行元素发生变化.

例 8　计算行列式

$$D=\begin{vmatrix} 1 & 2 & 4 \\ 2 & -4 & 11 \\ 3 & 2 & 14 \end{vmatrix}.$$

解　$D \xlongequal[r_3+(-3)r_1]{r_2+(-2)r_1} \begin{vmatrix} 1 & 2 & 4 \\ 0 & -8 & 3 \\ 0 & -4 & 2 \end{vmatrix} \xlongequal{c_2+2c_3} \begin{vmatrix} 1 & 10 & 4 \\ 0 & -2 & 3 \\ 0 & 0 & 2 \end{vmatrix}=-4.$

例 9　计算行列式

$$D=\begin{vmatrix} 1 & 3 & 2 & 4 \\ 3 & 1 & 2 & 4 \\ 3 & 1 & 4 & 2 \\ 1 & 3 & 4 & 2 \end{vmatrix}.$$

解 $D \xlongequal{r_4+(-1)r_1} \begin{vmatrix} 1 & 3 & 2 & 4 \\ 3 & 1 & 2 & 4 \\ 3 & 1 & 4 & 2 \\ 0 & 0 & 2 & -2 \end{vmatrix} \xlongequal{r_3+(-1)r_2} \begin{vmatrix} 1 & 3 & 2 & 4 \\ 3 & 1 & 2 & 4 \\ 0 & 0 & 2 & -2 \\ 0 & 0 & 2 & -2 \end{vmatrix} = 0.$

例 10 计算行列式

$$D = \begin{vmatrix} a & b & b & b \\ b & a & b & b \\ b & b & a & b \\ b & b & b & a \end{vmatrix}.$$

解

$$D = \begin{vmatrix} a & b & b & b \\ b & a & b & b \\ b & b & a & b \\ b & b & b & a \end{vmatrix} \xlongequal{c_1+c_2+c_3+c_4} \begin{vmatrix} a+3b & b & b & b \\ a+3b & a & b & b \\ a+3b & b & a & b \\ a+3b & b & b & a \end{vmatrix}$$

$$= (a+3b) \begin{vmatrix} 1 & b & b & b \\ 1 & a & b & b \\ 1 & b & a & b \\ 1 & b & b & a \end{vmatrix} \xlongequal[r_3-r_1]{\substack{r_2-r_1 \\ r_3-r_1}} (a+3b) \begin{vmatrix} 1 & b & b & b \\ 0 & a-b & 0 & 0 \\ 0 & 0 & a-b & 0 \\ 0 & 0 & 0 & a-b \end{vmatrix}$$

$$= (a+3b)(a-b)^3.$$

例 11 计算行列式

$$D = \begin{vmatrix} 1 & 1 & -1 & 2 \\ -1 & -1 & -4 & 1 \\ 2 & 4 & -6 & 1 \\ 1 & 2 & 2 & 2 \end{vmatrix}.$$

解

$$D = \begin{vmatrix} 1 & 1 & -1 & 2 \\ -1 & -1 & -4 & 1 \\ 2 & 4 & -6 & 1 \\ 1 & 2 & 2 & 2 \end{vmatrix} \xlongequal[\substack{r_3+(-2)r_1 \\ r_4+(-1)r_1}]{r_2+r_1} \begin{vmatrix} 1 & 1 & -1 & 2 \\ 0 & 0 & -5 & 3 \\ 0 & 2 & -4 & -3 \\ 0 & 1 & 3 & 0 \end{vmatrix}$$

$$\xlongequal{r_2 \leftrightarrow r_4} -\begin{vmatrix} 1 & 1 & -1 & 2 \\ 0 & 1 & 3 & 0 \\ 0 & 2 & -4 & -3 \\ 0 & 0 & -5 & 3 \end{vmatrix} \xlongequal{r_3 + (-2) r_2} -\begin{vmatrix} 1 & 1 & -1 & 2 \\ 0 & 1 & 3 & 0 \\ 0 & 0 & -10 & -3 \\ 0 & 0 & -5 & 3 \end{vmatrix}$$

$$\xlongequal{r_3 \leftrightarrow r_4} \begin{vmatrix} 1 & 1 & -1 & 2 \\ 0 & 1 & 3 & 0 \\ 0 & 0 & -5 & 3 \\ 0 & 0 & -10 & -3 \end{vmatrix} \xlongequal{r_4 + (-2) r_3} \begin{vmatrix} 1 & 1 & -1 & 2 \\ 0 & 1 & 3 & 0 \\ 0 & 0 & -5 & 3 \\ 0 & 0 & 0 & -9 \end{vmatrix}$$

$$= 45.$$

利用行列式的性质将行列式转化为一个上三角行列式(或下三角行列式)再进行计算,这种方法称为**化三角形法**.

例 12　若 $D = \begin{vmatrix} a_{11} & a_{12} & a_{13} \\ a_{21} & a_{22} & a_{23} \\ a_{31} & a_{32} & a_{33} \end{vmatrix} = 3, D_1 = \begin{vmatrix} a_{11} & 5a_{11} + 2a_{12} & a_{13} \\ a_{21} & 5a_{21} + 2a_{22} & a_{23} \\ a_{31} & 5a_{31} + 2a_{32} & a_{33} \end{vmatrix}$, 求 D_1.

解

$$D_1 = \begin{vmatrix} a_{11} & 5a_{11} + 2a_{12} & a_{13} \\ a_{21} & 5a_{21} + 2a_{22} & a_{23} \\ a_{31} & 5a_{31} + 2a_{32} & a_{33} \end{vmatrix}$$

$$= \begin{vmatrix} a_{11} & 5a_{11} & a_{13} \\ a_{21} & 5a_{21} & a_{23} \\ a_{31} & 5a_{31} & a_{33} \end{vmatrix} + \begin{vmatrix} a_{11} & 2a_{12} & a_{13} \\ a_{21} & 2a_{22} & a_{23} \\ a_{31} & 2a_{32} & a_{33} \end{vmatrix}$$

$$= 5\begin{vmatrix} a_{11} & a_{11} & a_{13} \\ a_{21} & a_{21} & a_{23} \\ a_{31} & a_{31} & a_{33} \end{vmatrix} + 2\begin{vmatrix} a_{11} & a_{12} & a_{13} \\ a_{21} & a_{22} & a_{23} \\ a_{31} & a_{32} & a_{33} \end{vmatrix}$$

$$= 5 \times 0 + 2 \times 3 = 6.$$

例 13　设 $abcd = 1$, 求行列式

$$D = \begin{vmatrix} a^2 + \frac{1}{a^2} & a & \frac{1}{a} & 1 \\ b^2 + \frac{1}{b^2} & b & \frac{1}{b} & 1 \\ c^2 + \frac{1}{c^2} & c & \frac{1}{c} & 1 \\ d^2 + \frac{1}{d^2} & d & \frac{1}{d} & 1 \end{vmatrix}.$$

解

$$D=\begin{vmatrix} a^2 & a & \frac{1}{a} & 1 \\ b^2 & b & \frac{1}{b} & 1 \\ c^2 & c & \frac{1}{c} & 1 \\ d^2 & d & \frac{1}{d} & 1 \end{vmatrix}+\begin{vmatrix} \frac{1}{a^2} & a & \frac{1}{a} & 1 \\ \frac{1}{b^2} & b & \frac{1}{b} & 1 \\ \frac{1}{c^2} & c & \frac{1}{c} & 1 \\ \frac{1}{d^2} & d & \frac{1}{d} & 1 \end{vmatrix}$$

$$=abcd\begin{vmatrix} a & 1 & \frac{1}{a^2} & \frac{1}{a} \\ b & 1 & \frac{1}{b^2} & \frac{1}{b} \\ c & 1 & \frac{1}{c^2} & \frac{1}{c} \\ d & 1 & \frac{1}{d^2} & \frac{1}{d} \end{vmatrix}+(-1)^3\begin{vmatrix} a & 1 & \frac{1}{a^2} & \frac{1}{a} \\ b & 1 & \frac{1}{b^2} & \frac{1}{b} \\ c & 1 & \frac{1}{c^2} & \frac{1}{c} \\ d & 1 & \frac{1}{d^2} & \frac{1}{d} \end{vmatrix}$$

$$=0.$$

例 14 设

$$D=\begin{vmatrix} a_{11} & \cdots & a_{1k} & 0 & \cdots & 0 \\ \vdots & & \vdots & \vdots & & \vdots \\ a_{k1} & \cdots & a_{kk} & 0 & \cdots & 0 \\ c_{11} & \cdots & c_{1k} & b_{11} & \cdots & b_{1n} \\ \vdots & & \vdots & \vdots & & \vdots \\ c_{n1} & \cdots & c_{nk} & b_{n1} & \cdots & b_{nn} \end{vmatrix},$$

$$D_1=\det(a_{ij})=\begin{vmatrix} a_{11} & \cdots & a_{1k} \\ \vdots & & \vdots \\ a_{k1} & \cdots & a_{kk} \end{vmatrix},$$

$$D_2=\det(b_{ij})=\begin{vmatrix} b_{11} & \cdots & b_{1n} \\ \vdots & & \vdots \\ b_{n1} & \cdots & b_{nn} \end{vmatrix},$$

证明：$D = D_1D_2$.

证　对 D_1 作运算 $r_i + kr_j$，把 D_1 化为下三角形行列式，设为

$$D_1 = \det(a_{ij}) = \begin{vmatrix} p_{11} & \cdots & 0 \\ \vdots & \ddots & \vdots \\ p_{k1} & \cdots & p_{kk} \end{vmatrix} = p_{11}\cdots p_{kk}.$$

对 D_2 作运算 $c_i + kc_j$，把 D_2 化为下三角形行列式，设为

$$D_2 = \begin{vmatrix} q_{11} & \cdots & 0 \\ \vdots & \ddots & \vdots \\ q_{n1} & \cdots & q_{nn} \end{vmatrix} = q_{11}\cdots q_{nn}.$$

于是，对 D 的前 k 行作运算 $r_i + kr_j$，再对后 n 列作运算 $c_i + kc_j$，把 D 化为下三角形行列式，即

$$D = \begin{vmatrix} p_{11} & \cdots & 0 & 0 & \cdots & 0 \\ \vdots & \ddots & \vdots & \vdots & & \vdots \\ p_{k1} & \cdots & p_{kk} & 0 & \cdots & 0 \\ c_{11} & \cdots & c_{1k} & q_{11} & & 0 \\ \vdots & & \vdots & \vdots & \ddots & \vdots \\ c_{n1} & \cdots & c_{nk} & q_{n1} & \cdots & q_{nn} \end{vmatrix} = p_{11}\cdots p_{kk} \cdot q_{11}\cdots q_{nn} = D_1D_2 .$$

1.5　行列式的展开与计算

一般而言，低阶行列式的计算比高阶行列式的计算要简便. 因此，本节主要考虑如何用低阶行列式来表示高阶行列式. 首先引入余子式和代数余子式的概念.

定义 6　在 n 阶行列式

$$D = \begin{vmatrix} a_{11} & \cdots & a_{1j} & \cdots & a_{1n} \\ \vdots & & \vdots & & \vdots \\ a_{i1} & \cdots & a_{ij} & \cdots & a_{in} \\ \vdots & & \vdots & & \vdots \\ a_{n1} & \cdots & a_{nj} & \cdots & a_{nn} \end{vmatrix}$$

中,把元素 a_{ij} 所在的第 i 行与第 j 列元素全部划去后,留下来的 $n-1$ 阶行列式

$$\begin{vmatrix} a_{11} & \cdots & a_{1,j-1} & a_{1,j+1} & \cdots & a_{1n} \\ \vdots & & \vdots & \vdots & & \vdots \\ a_{i-1,1} & \cdots & a_{i-1,j-1} & a_{i-1,j+1} & \cdots & a_{i-1,n} \\ a_{i+1,1} & \cdots & a_{i+1,j-1} & a_{i+1,j+1} & \cdots & a_{i+1,n} \\ \vdots & & \vdots & \vdots & & \vdots \\ a_{n1} & \cdots & a_{n,j-1} & a_{n,j+1} & \cdots & a_{nn} \end{vmatrix},$$

称为元素 a_{ij} 的余子式,记作 M_{ij}, 称 $A_{ij}=(-1)^{i+j}M_{ij}$ 为元素 a_{ij} 的代数余子数,记作 A_{ij}.

例如,四阶行列式

$$\begin{vmatrix} a_{11} & a_{12} & a_{13} & a_{14} \\ a_{21} & a_{22} & a_{23} & a_{24} \\ a_{31} & a_{32} & a_{33} & a_{34} \\ a_{41} & a_{42} & a_{43} & a_{44} \end{vmatrix}$$

中,元素 a_{14} 的余子式 $M_{14}=\begin{vmatrix} a_{21} & a_{22} & a_{23} \\ a_{31} & a_{32} & a_{33} \\ a_{41} & a_{42} & a_{43} \end{vmatrix}$, 代数余子式 $A_{14}=(-1)^{1+4}M_{14}=-M_{14}$.

因为行标和列标可唯一标识行列式的元素,所以行列式中每一个元素都分别对应着一个余子式和一个代数余子式.

引理 如果一个 n 阶行列式的第 i 行元素除 a_{ij} 外都为零,那么该行列式等于 a_{ij} 与它的代数余子式的乘积,即 $D=a_{ij}A_{ij}$.

证 先证 a_{ij} 位于第一行第一列的情形,即

$$\begin{aligned} D &= \begin{vmatrix} a_{11} & 0 & \cdots & 0 \\ a_{21} & a_{22} & \cdots & a_{2n} \\ \vdots & \vdots & & \vdots \\ a_{n1} & a_{n2} & \cdots & a_{nn} \end{vmatrix} \\ &= \sum_{j_2\cdots j_n}(-1)^{\tau(1j_2\cdots j_n)}a_{11}a_{2j_2}\cdots a_{nj_n} \\ &= a_{11}\sum_{j_2\cdots j_n}(-1)^{\tau(j_2\cdots j_n)}a_{2j_2}\cdots a_{nj_n} \end{aligned}$$

$$= a_{11}\begin{vmatrix} a_{22} & \cdots & a_{2n} \\ \vdots & & \vdots \\ a_{n2} & \cdots & a_{nn} \end{vmatrix}$$

$$= a_{11}M_{11} = (-1)^{1+1}a_{11}M_{11}$$

$$= a_{11}A_{11},$$

从而 $D = a_{11}A_{11}$.

再证一般情形,若

$$D = \begin{vmatrix} a_{11} & \cdots & a_{1,j-1} & a_{1j} & a_{1,j+1} & \cdots & a_{1n} \\ \vdots & & \vdots & \vdots & \vdots & & \vdots \\ a_{i-1,1} & \cdots & a_{i-1,j-1} & a_{i-1,j} & a_{i-1,j+1} & \cdots & a_{i-1,n} \\ 0 & \cdots & 0 & a_{ij} & 0 & \cdots & 0 \\ a_{i+1,1} & \cdots & a_{i+1,j-1} & a_{i+1,j} & a_{i+1,j+1} & \cdots & a_{i+1,n} \\ \vdots & & \vdots & \vdots & \vdots & & \vdots \\ a_{n1} & \cdots & a_{n,j-1} & a_{nj} & a_{n,j+1} & \cdots & a_{nn} \end{vmatrix},$$

把 D 中第 i 行依次与第 $i-1$ 行、第 $i-2$ 行、… 、第 1 行对调,得

$$D = (-1)^{i-1}\begin{vmatrix} 0 & \cdots & 0 & a_{ij} & 0 & \cdots & 0 \\ a_{11} & \cdots & a_{1,j-1} & a_{1j} & a_{1,j+1} & \cdots & a_{1n} \\ \vdots & & \vdots & \vdots & \vdots & & \vdots \\ a_{i-1,1} & \cdots & a_{i-1,j-1} & a_{i-1,j} & a_{i-1,j+1} & \cdots & a_{i-1,n} \\ a_{i+1,1} & \cdots & a_{i+1,j-1} & a_{i+1,j} & a_{i+1,j+1} & \cdots & a_{i+1,n} \\ \vdots & & \vdots & \vdots & \vdots & & \vdots \\ a_{n1} & \cdots & a_{n,j-1} & a_{nj} & a_{n,j+1} & \cdots & a_{nn} \end{vmatrix},$$

再将第 j 列依次与第 $j-1$ 列、… 、第 1 列对调后,

$$D = (-1)^{(i-1)+(j-1)}\begin{vmatrix} a_{ij} & 0 & \cdots & 0 & 0 & \cdots & 0 \\ a_{1j} & a_{11} & \cdots & a_{1,j-1} & a_{1,j+1} & \cdots & a_{1n} \\ \vdots & \vdots & & \vdots & \vdots & & \vdots \\ a_{i-1,j} & a_{i-1,1} & \cdots & a_{i-1,j-1} & a_{i-1,j+1} & \cdots & a_{i-1,n} \\ a_{i+1,j} & a_{i+1,1} & \cdots & a_{i+1,j-1} & a_{i+1,j+1} & \cdots & a_{i+1,n} \\ \vdots & \vdots & & \vdots & \vdots & & \vdots \\ a_{nj} & a_{n1} & \cdots & a_{n,j-1} & a_{n,j+1} & \cdots & a_{nn} \end{vmatrix}$$

$$=(-1)^{i+j-2}a_{ij}M_{ij}=(-1)^{i+j}a_{ij}M_{ij}=a_{ij}A_{ij}.$$

例如,

$$D=\begin{vmatrix} a_{11} & a_{12} & a_{13} & a_{14} \\ a_{21} & a_{22} & a_{23} & a_{24} \\ 0 & 0 & a_{33} & 0 \\ a_{41} & a_{42} & a_{43} & a_{44} \end{vmatrix}=a_{33}A_{33}=(-1)^{3+3}a_{33}M_{33}$$

$$=(-1)^{3+3}a_{33}\begin{vmatrix} a_{11} & a_{12} & a_{14} \\ a_{21} & a_{22} & a_{24} \\ a_{41} & a_{42} & a_{44} \end{vmatrix}=a_{33}\begin{vmatrix} a_{11} & a_{12} & a_{14} \\ a_{21} & a_{22} & a_{24} \\ a_{41} & a_{42} & a_{44} \end{vmatrix}.$$

定理 4 行列式 D 等于它的任一行(列)元素与其对应的代数余子式乘积之和. 即

$$D=a_{i1}A_{i1}+a_{i2}A_{i2}+\cdots+a_{in}A_{in}(i=1,2,\cdots,n)$$

或

$$D=a_{1j}A_{1j}+a_{2j}A_{2j}+\cdots+a_{nj}A_{nj}(j=1,2,\cdots,n).$$

证

$$D=\begin{vmatrix} a_{11} & \cdots & a_{1j} & \cdots & a_{1n} \\ \vdots & & \vdots & & \vdots \\ a_{i1} & \cdots & a_{ij} & \cdots & a_{in} \\ \vdots & & \vdots & & \vdots \\ a_{n1} & \cdots & a_{nj} & \cdots & a_{nn} \end{vmatrix}$$

$$=\begin{vmatrix} a_{11} & a_{12} & \cdots & a_{1n} \\ \vdots & \vdots & & \vdots \\ a_{i1}+0+\cdots+0 & 0+a_{i2}+\cdots+0 & \cdots & 0+0+\cdots+a_{in} \\ \vdots & \vdots & & \vdots \\ a_{11} & a_{11} & \cdots & a_{11} \end{vmatrix}$$

$$=\begin{vmatrix} a_{11} & a_{12} & \cdots & a_{1n} \\ \vdots & \vdots & & \vdots \\ a_{i1} & 0 & \cdots & 0 \\ \vdots & \vdots & & \vdots \\ a_{11} & a_{11} & \cdots & a_{11} \end{vmatrix}+\begin{vmatrix} a_{11} & a_{12} & \cdots & a_{1n} \\ \vdots & \vdots & & \vdots \\ 0 & a_{i2} & \cdots & 0 \\ \vdots & \vdots & & \vdots \\ a_{11} & a_{11} & \cdots & a_{11} \end{vmatrix}+\cdots+\begin{vmatrix} a_{11} & a_{12} & \cdots & a_{1n} \\ \vdots & \vdots & & \vdots \\ 0 & 0 & \cdots & a_{in} \\ \vdots & \vdots & & \vdots \\ a_{11} & a_{11} & \cdots & a_{11} \end{vmatrix}$$

$$=a_{i1}A_{i1}+a_{i2}A_{i2}+\cdots+a_{in}A_{in}(i=1,2,\cdots,n).$$

同理,

$$D = a_{1j}A_{1j} + a_{2j}A_{2j} + \cdots + a_{nj}A_{nj}(j = 1,2,\cdots,n) .$$

定理 4 的结论也称为行列式的**按行(列)展开法则**.

推论 4 行列式任一行(列)的元素与另一行(列)的元素的代数余子式乘积之和为零.

即

$$a_{i1}A_{j1} + a_{i2}A_{j2} + \cdots + a_{in}A_{jn} = 0(i \neq j)$$

或

$$a_{1i}A_{1j} + a_{2i}A_{2j} + \cdots + a_{ni}A_{nj} = 0(i \neq j) .$$

证 将行列式按照第 j 行展开,则

$$\begin{vmatrix} a_{11} & \cdots & a_{1n} \\ \vdots & & \vdots \\ a_{i1} & \cdots & a_{in} \\ \vdots & & \vdots \\ a_{j1} & \cdots & a_{jn} \\ \vdots & & \vdots \\ a_{n1} & \cdots & a_{nn} \end{vmatrix} = a_{j1}A_{j1} + a_{j2}A_{j2} + \cdots + a_{jn}A_{jn}.$$

将行列式中 a_{jk} 换成 a_{ik} $(k = 1,\cdots,n)$, 依然按照第 j 行展开,得

$$\begin{vmatrix} a_{11} & \cdots & a_{1n} \\ \vdots & & \vdots \\ a_{i1} & \cdots & a_{in} \\ \vdots & & \vdots \\ a_{i1} & \cdots & a_{in} \\ \vdots & & \vdots \\ a_{n1} & \cdots & a_{nn} \end{vmatrix} = a_{i1}A_{j1} + a_{i2}A_{j2} + \cdots a_{in}A_{jn} = 0 .$$

由定理 4 及其推论,可得

$$a_{i1}A_{j1} + a_{i2}A_{j2} + \cdots + a_{in}A_{jn} = \begin{cases} D, i = j, \\ 0, i \neq j \end{cases}$$

或

$$a_{1i}A_{1j} + a_{2i}A_{2j} + \cdots + a_{ni}A_{nj} = \begin{cases} D, i = j, \\ 0, i \neq j. \end{cases}$$

例 15 计算四阶行列式

$$D=\begin{vmatrix}5&-1&-3&4\\-3&-1&1&-2\\-2&0&-1&1\\1&-5&3&-3\end{vmatrix}.$$

解 将上述行列式按第三行展开,有

$$\begin{aligned}D&=-2A_{31}+0A_{32}+(-1)A_{33}+1A_{34}\\&=(-1)^{3+1}\cdot(-2)M_{31}+(-1)^{3+2}\cdot 0M_{32}+(-1)^{3+3}\cdot(-1)M_{33}\\&\quad+(-1)^{3+4}\cdot 1\cdot M_{34}\\&=-2\begin{vmatrix}-1&-3&4\\-1&1&-2\\-5&3&-3\end{vmatrix}+0+(-1)\begin{vmatrix}5&-1&4\\-3&-1&-2\\1&-5&-3\end{vmatrix}+(-1)\begin{vmatrix}5&-1&-3\\-3&-1&1\\1&-5&3\end{vmatrix}\\&=40.\end{aligned}$$

例 16 计算四阶行列式

$$D=\begin{vmatrix}2&0&1&4\\3&1&4&-1\\1&0&3&2\\2&2&3&0\end{vmatrix}.$$

解 在利用行列式按行(列)展开法则计算行列式前,尽可能将某行(列)元素化为仅剩一个非零元素,然后按这一行(列)展开. 方法如下:

$$D=\begin{vmatrix}2&0&1&4\\3&1&4&-1\\1&0&3&2\\2&2&3&0\end{vmatrix}\xlongequal{r_4+(-2)r_2}\begin{vmatrix}2&0&1&4\\3&1&4&-1\\1&0&3&2\\-4&0&-5&2\end{vmatrix},$$

将上式右端的行列式按第 2 列展开,则有

$$D=(-1)^{2+2}\times 1\times\begin{vmatrix}2&1&4\\1&3&2\\-4&-5&2\end{vmatrix}\xlongequal[r_3+4r_2]{r_1+(-2)r_2}\begin{vmatrix}0&-5&0\\1&3&2\\0&7&10\end{vmatrix},$$

将上式右端的行列式按第 1 列展开,则有

$$D=(-1)^{2+1}\times 1\times\begin{vmatrix}-5&0\\7&10\end{vmatrix}=50.$$

从上述例题可以看出,若先利用行列式的性质将行列式的某一行(列)化为只剩下一个非零元后,利用按行(列)展开定理进行计算,可大大减小计算难度. 这样的方法可称为**降阶法**.

例 17　设四阶行列式

$$D=\begin{vmatrix} 2 & -3 & 1 & 5 \\ -1 & 5 & 7 & -8 \\ 2 & 1 & 3 & 4 \\ 6 & 1 & -5 & 3 \end{vmatrix},$$

求 $A_{11}+A_{21}+A_{31}+A_{41}$ 的值.

解　由于 a_{ij} 的代数余子式与第 i 行和第 j 列无关,若改变行列式的第一列,第一列各元素的代数余子式都不会发生变化. 因此,作行列式

$$D_1=\begin{vmatrix} 1 & -3 & 1 & 5 \\ 1 & 5 & 7 & -8 \\ 1 & 1 & 3 & 4 \\ 1 & 1 & -5 & 3 \end{vmatrix},$$

则 D_1 的值即为行列式 D 的第一列各元素的代数余子式之和,即

$$A_{11}+A_{21}+A_{31}+A_{41}=D_1 \xlongequal{c_2+(-1)c_1} \begin{vmatrix} 1 & -4 & 1 & 5 \\ 1 & 4 & 7 & -8 \\ 1 & 0 & 3 & 4 \\ 1 & 0 & -5 & 3 \end{vmatrix} \xlongequal{r_1+r_2} \begin{vmatrix} 2 & 0 & 8 & -3 \\ 1 & 4 & 7 & -8 \\ 1 & 0 & 3 & 4 \\ 1 & 0 & -5 & 3 \end{vmatrix}$$

$$=(-1)^{2+2}\times 4\begin{vmatrix} 2 & 8 & -3 \\ 1 & 3 & 4 \\ 1 & -5 & 3 \end{vmatrix}=360.$$

例 18　证明范德蒙德(Vandermonde)行列式

$$D_n=\begin{vmatrix} 1 & 1 & \cdots & 1 & 1 \\ x_1 & x_2 & \cdots & x_{n-1} & x_n \\ x_1^2 & x_2^2 & \cdots & x_{n-1}^2 & x_n^2 \\ \vdots & \vdots & & \vdots & \vdots \\ x_1^{n-1} & x_2^{n-1} & \cdots & x_{n-1}^{n-1} & x_n^{n-1} \end{vmatrix}=\prod_{1\leqslant j<i\leqslant n}(x_i-x_j).$$

证　利用数学归纳法.

当 $n=2$ 时，$D_2=\begin{vmatrix}1 & 1\\ x_1 & x_2\end{vmatrix}=x_2-x_1=\prod\limits_{1\leqslant j<i\leqslant 2}(x_i-x_j)$，公式成立.

假设 $n-1$ 阶范德蒙德行列式成立,则

$$D_n=\begin{vmatrix}1 & 1 & \cdots & 1\\ x_1 & x_2 & \cdots & x_n\\ x_1^2 & x_2^2 & \cdots & x_n^2\\ \vdots & \vdots & & \vdots\\ x_1^{n-1} & x_2^{n-1} & \cdots & x_n^{n-1}\end{vmatrix}$$

$$\xlongequal[\substack{r_{n-1}-x_nr_{n-2}\\ \cdots\\ r_2-x_nr_1}]{r_n-x_nr_{n-1}}\begin{vmatrix}1 & 1 & \cdots & 1 & 1\\ x_1-x_n & x_2-x_n & \cdots & x_{n-1}-x_n & 0\\ x_1(x_1-x_n) & x_2(x_2-x_n) & \cdots & x_{n-1}(x_{n-1}-x_n) & 0\\ \vdots & \vdots & & \vdots & \vdots\\ x_1^{n-2}(x_1-x_n) & x_2^{n-2}(x_2-x_n) & \cdots & x_{n-1}^{n-2}(x_{n-1}-x_n) & 0\end{vmatrix}$$

$$=(x_1-x_n)(x_2-x_n)\cdots(x_{n-1}-x_n)(-1)^{1+n}\prod_{1\leqslant j<i\leqslant n-1}(x_i-x_j)$$

$$=(x_n-x_1)(x_n-x_2)\cdots(x_n-x_{n-1})(-1)^{n-1}\cdot(-1)^{1+n}\prod_{1\leqslant j<i\leqslant n-1}(x_i-x_j)$$

$$=\prod_{1\leqslant j<i\leqslant n}(x_i-x_j).$$

综上,命题得证.

例 19 计算行列式

$$D=\begin{vmatrix}1 & 1 & 1 & 1\\ 1 & 2 & 3 & 4\\ 1 & 4 & 9 & 16\\ 1 & 8 & 27 & 64\end{vmatrix}.$$

解 D 为四阶范德蒙德行列式,即 $x_1=1,x_2=2,x_3=3,x_4=4$，则

$$D=\begin{vmatrix}1 & 1 & 1 & 1\\ 1 & 2 & 3 & 4\\ 1^2 & 2^2 & 3^2 & 4^2\\ 1^3 & 2^3 & 3^3 & 4^3\end{vmatrix}=\prod_{1\leqslant j<i\leqslant 4}(x_i-x_j)$$

$$=(2-1)(3-1)(4-1)(3-2)(4-2)(4-3)=12.$$

例 20　计算 n 阶行列式

$$D_n = \begin{vmatrix} 0 & a & a & \cdots & a & a \\ b & 0 & a & \cdots & a & a \\ b & b & 0 & \cdots & a & a \\ \vdots & \vdots & \vdots & & \vdots & \vdots \\ b & b & b & \cdots & 0 & a \\ b & b & b & \cdots & b & 0 \end{vmatrix}.$$

解　将第 n 行减去第 $n-1$ 行,再按第 n 行展开,得

$$D_n \xlongequal{r_n - r_{n-1}} \begin{vmatrix} 0 & a & a & \cdots & a & a \\ b & 0 & a & \cdots & a & a \\ b & b & 0 & \cdots & a & a \\ \vdots & \vdots & \vdots & & \vdots & \vdots \\ b & b & b & \cdots & 0 & a \\ 0 & 0 & 0 & \cdots & b & -a \end{vmatrix} = -b \begin{vmatrix} 0 & a & a & \cdots & a \\ b & 0 & a & \cdots & a \\ b & b & 0 & \cdots & a \\ \vdots & \vdots & \vdots & & \vdots \\ b & b & b & \cdots & a \end{vmatrix}_{n-1} - aD_{n-1}.$$

对上述计算结果中的第一个行列式,从第一行开始,逐行减去下一行,得

$$\begin{vmatrix} 0 & a & a & \cdots & a \\ b & 0 & a & \cdots & a \\ b & b & 0 & \cdots & a \\ \vdots & \vdots & \vdots & & \vdots \\ b & b & b & \cdots & a \end{vmatrix}_{n-1} = \begin{vmatrix} -b & a & 0 & \cdots & 0 \\ 0 & -b & a & \cdots & 0 \\ 0 & 0 & -b & \cdots & 0 \\ \vdots & \vdots & \vdots & & \vdots \\ b & b & b & \cdots & a \end{vmatrix}_{n-1} \xlongequal{\text{按最后一列展开}} a \cdot (-b)^{n-2},$$

即有

$$D_n = -aD_{n-1} + (-1)^{n-1}ab^{n-1},$$

递推计算,得

$$\begin{aligned} D_n &= -a[-aD_{n-2} + (-1)^{n-2}ab^{n-2}] + (-1)^{n-1}ab^{n-1} \\ &= (-a)^2D_{n-2} + (-1)^{n-1}(a^2b^{n-2} + ab^{n-1}) = \cdots \\ &= (-a)^{n-2}D_2 + (-1)^{n-1}(a^{n-2}b^2 + a^{n-3}b^3 + \cdots + a^2b^{n-2} + ab^{n-1}) \\ &= (-1)^{n-1}a^{n-1}b + (-1)^{n-1}(a^{n-2}b^2 + a^{n-3}b^3 + \cdots + a^2b^{n-2} + ab^{n-1}) \\ &= (-1)^{n-1}ab(a^{n-2} + a^{n-3}b + \cdots + ab^{n-3} + b^{n-2}), \end{aligned}$$

其中 $D_2 = \begin{vmatrix} 0 & a \\ b & 0 \end{vmatrix} = -ab$.

例 21 计算行列式

$$D=\begin{vmatrix} 2+a & 2 & 2 & 2 \\ 2 & 2+b & 2 & 2 \\ 2 & 2 & 2+a & 2 \\ 2 & 2 & 2 & 2+b \end{vmatrix}.$$

解 若 a,b 任一个等于零,则行列式为零. 现假设 $ab\neq 0$, 则

$$D=\begin{vmatrix} 1 & 1 & 1 & 1 & 1 \\ 0 & 2+a & 2 & 2 & 2 \\ 0 & 2 & 2+b & 2 & 2 \\ 0 & 2 & 2 & 2+a & 2 \\ 0 & 2 & 2 & 2 & 2+b \end{vmatrix}$$

$$\xlongequal[r_5-2r_1]{\substack{r_2-2r_1\\ r_3-2r_1\\ r_4-2r_1}}\begin{vmatrix} 1 & 1 & 1 & 1 & 1 \\ -2 & a & 0 & 0 & 0 \\ -2 & 0 & b & 0 & 0 \\ -2 & 0 & 0 & a & 0 \\ -2 & 0 & 0 & 0 & b \end{vmatrix}\xlongequal[\substack{c_1+\frac{2}{a}c_4\\ c_1+\frac{2}{b}c_5}]{\substack{c_1+\frac{2}{a}c_2\\ c_1+\frac{2}{b}c_3}}\begin{vmatrix} 1+\frac{4}{a}+\frac{4}{b} & 1 & 1 & 1 & 1 \\ 0 & a & 0 & 0 & 0 \\ 0 & 0 & b & 0 & 0 \\ 0 & 0 & 0 & a & 0 \\ 0 & 0 & 0 & 0 & b \end{vmatrix}$$

$$=\left(1+\frac{4}{a}+\frac{4}{b}\right)a^2b^2 .$$

一般来说,高阶行列式比低阶行列式的计算更复杂,但合理地选择添加一行和一列,使升阶后的行列式更便于利用行列式的性质. 注意,为了使行列式的值不变,常见做法如例 21,加上的某一行(列)为 1,0,0,$\cdots$,0.

1.6 克拉默法则

含有 n 个方程的 n 元线性方程组一般表示为

$$\begin{cases} a_{11}x_1+a_{12}x_2+\cdots+a_{1n}x_n=b_1, \\ a_{21}x_1+a_{22}x_2+\cdots+a_{2n}x_n=b_2, \\ \qquad\qquad\cdots\cdots \\ a_{n1}x_1+a_{n2}x_2+\cdots+a_{nn}x_n=b_n. \end{cases} \tag{1-2}$$

由它的系数 $a_{ij}(i,j=1,2,\cdots,n)$ 构成的行列式

$$D=\begin{vmatrix} a_{11} & a_{12} & \cdots & a_{1n} \\ a_{21} & a_{22} & \cdots & a_{2n} \\ \vdots & \vdots & & \vdots \\ a_{n1} & a_{n2} & \cdots & a_{nn} \end{vmatrix},$$

称为线性方程组(1-2)的系数行列式.

克拉默(Cramer)法则　若方程组(1-2)的系数行列式 $D\neq 0$, 则方程组(1-2)有唯一解

$$x_1=\frac{D_1}{D},x_2=\frac{D_2}{D},\cdots,x_n=\frac{D_n}{D},\tag{1-3}$$

其中 $D_j(j=1,2,\cdots,n)$ 是系数行列式 D 中第 j 列元素用方程组(1-2)右端的常数项代替后所得到的 n 阶行列式,即

$$D_j=\begin{vmatrix} a_{11} & \cdots & a_{1,j-1} & b_1 & a_{1,j+1} & \cdots & a_{1n} \\ a_{21} & \cdots & a_{2,j-1} & b_2 & a_{2,j+1} & \cdots & a_{2n} \\ \vdots & & \vdots & \vdots & \vdots & & \vdots \\ a_{n1} & \cdots & a_{n,j-1} & b_n & a_{n,j+1} & \cdots & a_{nn} \end{vmatrix}.$$

证　首先,将方程组(1-2)中各方程改写为

$$\sum_{j=1}^{n} a_{ij}x_j=b_i(i=1,2,\cdots,n),$$

将式(1-3)代入方程组(1-2)中的第 i 个方程,左端整理得

$$\sum_{j=1}^{n} a_{ij}\frac{D_j}{D}=\frac{1}{D}\sum_{j=1}^{n} a_{ij}D_j.$$

因为

$$D_j=b_1A_{1j}+b_2A_{2j}+\cdots+b_nA_{nj}=\sum_{s=1}^{n} b_sA_{sj},$$

所以

$$\begin{aligned}\frac{1}{D}\sum_{j=1}^{n} a_{ij}D_j&=\frac{1}{D}\sum_{j=1}^{n}\left(a_{ij}\sum_{s=1}^{n} b_sA_{sj}\right)=\frac{1}{D}\sum_{j=1}^{n}\sum_{s=1}^{n} a_{ij}A_{sj}b_s\\&=\frac{1}{D}\sum_{s=1}^{n}\sum_{j=1}^{n} a_{ij}A_{sj}b_s=\frac{1}{D}\sum_{s=1}^{n}\left(\sum_{j=1}^{n} a_{ij}A_{sj}\right)b_s\\&=\frac{1}{D}Db_i=b_i,\end{aligned}$$

即式(1-3)为方程组(1-2)的解.

接着,用 D 中第 j 列元素的代数余子式 $A_{1j},A_{2j},\cdots,A_{nj}$ 依次乘以方程组(1-2)的 n 个方程,得

$$\begin{cases}(a_{11}x_1+a_{12}x_2+\cdots+a_{1n}x_n)A_{1j}=b_1A_{1j},\\(a_{21}x_1+a_{22}x_2+\cdots+a_{2n}x_n)A_{2j}=b_2A_{2j},\\\cdots\cdots\\(a_{n1}x_1+a_{n2}x_2+\cdots+a_{nn}x_n)A_{nj}=b_nA_{nj}.\end{cases}$$

再把 n 个方程相加,得

$$\left(\sum_{k=1}^{n}a_{k1}A_{kj}\right)x_1+\cdots+\left(\sum_{k=1}^{n}a_{kj}A_{kj}\right)x_j+\cdots+\left(\sum_{k=1}^{n}a_{kn}A_{kj}\right)x_n=\sum_{k=1}^{n}b_kA_{kj},$$

即

$$Dx_j=D_j(j=1,2,\cdots,n).$$

当行列式 $D\neq 0$,则方程组(1-2)有唯一解

$$x_1=\frac{D_1}{D},x_2=\frac{D_2}{D},\cdots,x_n=\frac{D_n}{D}.$$

例 22 解方程组

$$\begin{cases}x_1-x_2+3x_3+2x_4=2,\\x_1+2x_2+6x_4=13,\\x_2-2x_3+3x_4=8,\\4x_1-3x_2+5x_3+x_4=1.\end{cases}$$

解 系数行列式为

$$D=\begin{vmatrix}1&-1&3&2\\1&2&0&6\\0&1&-2&3\\4&-3&5&1\end{vmatrix}=55\neq 0,$$

而

$$D_1=\begin{vmatrix}2&-1&3&2\\13&2&0&6\\8&1&-2&3\\1&-3&5&1\end{vmatrix}=55,\qquad D_2=\begin{vmatrix}1&2&3&2\\1&13&0&6\\0&8&-2&3\\4&1&5&1\end{vmatrix}=0,$$

$$D_3=\begin{vmatrix}1&-1&2&2\\1&2&13&6\\0&1&8&3\\4&-3&1&1\end{vmatrix}=-55,\qquad D_4=\begin{vmatrix}1&-1&3&2\\1&2&0&13\\0&1&-2&8\\4&-3&5&1\end{vmatrix}=110,$$

由克拉默法则,可得方程组唯一的解为

$$x_1=1,x_2=0,x_3=-1,x_4=2.$$

例 23 已知线性方程组

$$\begin{cases}2x_1+(k+1)x_2+3x_3=1,\\x_1+kx_2+2x_3=0,\\x_1+k^2x_2+4x_3=2\end{cases}$$

有唯一解,则常数 k 应满足什么条件?

解 由克拉默法则,知若要方程组有唯一解,则其系数行列式不为零,即

$$D=\begin{vmatrix}2&k+1&3\\1&k&2\\1&k^2&4\end{vmatrix}\xlongequal{r_1-r_2}\begin{vmatrix}1&1&1\\1&k&2\\1&k^2&4\end{vmatrix}\neq 0.$$

又由范德蒙德行列式,可得

$$D=(k-1)(2-1)(2-k)=(k-1)(2-k),$$

所以,当 $D\neq 0$, 即 $k\neq 1$ 且 $k\neq 2$ 时,方程组有唯一解.

克拉默法则及其逆否命题也可叙述如下 .

定理 5 若方程组(1-2)的系数行列式 $D\neq 0$, 则方程组(1-2)一定有解,且解是唯一存在的.

定理 5' 若方程组(1-2)无解或有两个不同的解,则它的系数行列式 $D=0$.

n 元线性方程组

$$\begin{cases}a_{11}x_1+a_{12}x_2+\cdots+a_{1n}x_n=0,\\a_{21}x_1+a_{22}x_2+\cdots+a_{2n}x_n=0,\\\qquad\cdots\cdots\\a_{n1}x_1+a_{n2}x_2+\cdots+a_{nn}x_n=0.\end{cases}\tag{1-4}$$

称为齐次线性方程组.

显然,齐次线性方程组(1-4)总是有零解 $x_1=x_2=\cdots=x_n=0$. 那么,齐次线性方程组除零解外是否还有非零解?根据克拉默法则,可得到如下判定定理.

定理 6 若齐次线性方程组(1-4)的系数行列式不为零,则该方程组只有零解.

推论 5 若齐次线性方程组(1-4)有非零解,其系数行列式必为零.

例 24 判定齐次线性方程组

$$\begin{cases}2x_1-x_2+3x_3+2x_4=0,\\3x_1-3x_2+3x_3+2x_4=0,\\3x_1-x_2-x_3+2x_4=0,\\3x_1-x_2+3x_3-x_4=0\end{cases}$$

是否仅有零解.

解 因为

$$D=\begin{vmatrix}2&-1&3&2\\3&-3&3&2\\3&-1&-1&2\\3&-1&3&-1\end{vmatrix}=-70\neq 0,$$

所以方程组仅有零解.

例 25 问 λ 为何值时,齐次线性方程组

$$\begin{cases}2x_1+(3-\lambda)x_2+x_3=0,\\x_1+x_2+(1-\lambda)x_3=0,\\(1-\lambda)x_1-2x_2+4x_3=0\end{cases}$$

有非零解.

解

$$D=\begin{vmatrix}2&3-\lambda&1\\1&1&1-\lambda\\1-\lambda&-2&4\end{vmatrix}=-\begin{vmatrix}1&1&1-\lambda\\2&3-\lambda&1\\1-\lambda&-2&4\end{vmatrix}$$

$$=-\begin{vmatrix}1&0&0\\2&1-\lambda&-1+2\lambda\\1-\lambda&-3+\lambda&3+2\lambda-\lambda^2\end{vmatrix}$$

$$=-[(1-\lambda)(3+2\lambda-\lambda^2)-(-1+2\lambda)(-3+\lambda)]$$

$$=(2\lambda-1)(\lambda-3)-(1-\lambda)(3+2\lambda-\lambda^2)$$

$$=-\lambda^3+5\lambda^2-6\lambda$$

$$=-\lambda(\lambda-2)(\lambda-3).$$

根据定理 6 的推论,可知当 $\lambda=0,2,3$(即 $D=0$)时,上述方程组有非零解.

本章小结

本章主要介绍了线性代数的重要组成部分——行列式. 作为研究矩阵、线性方程组、特征多项式不可或缺的工具,本章主要介绍 n 阶行列式的定义、性质、计算方法及其简单应用——克拉默(Cramer)法则.

1. 行列式的定义

(1)二阶行列式的定义:

$$\begin{vmatrix} a_{11} & a_{12} \\ a_{21} & a_{22} \end{vmatrix} = a_{11}a_{22} - a_{12}a_{21}.$$

(2)三阶行列式的定义:

$$\begin{vmatrix} a_{11} & a_{12} & a_{13} \\ a_{21} & a_{22} & a_{23} \\ a_{31} & a_{32} & a_{33} \end{vmatrix} = a_{11}a_{22}a_{33} + a_{12}a_{23}a_{31} + a_{13}a_{21}a_{32} - a_{11}a_{23}a_{32} - a_{12}a_{21}a_{33} - a_{13}a_{22}a_{31}.$$

(3) n 阶行列式的定义:

$$D = \begin{vmatrix} a_{11} & a_{12} & \cdots & a_{1n} \\ a_{21} & a_{22} & \cdots & a_{2n} \\ \vdots & \vdots & & \vdots \\ a_{n1} & a_{n2} & \cdots & a_{nn} \end{vmatrix} = \sum_{(j_1j_2\cdots j_n)} (-1)^{\tau(j_1j_2\cdots j_n)} a_{1j_1}a_{2j_2}\cdots a_{nj_n},$$

上式称为 n 阶行列式的完全展开式. 特别地,当 $n=1$ 时, $D=a_{11}$.

2. 行列式的性质

(1)行列式与它的转置行列式相等.

(2)互换行列式的两行(列),行列式变号.

(3)若行列式有两行(列)元素对应相等,则行列式为零.

(4)行列式某一行(列)的公因子可提出.

(5)若行列式某行(列)所有元素都是两个数之和,则行列式等于相应的两个行列式之和.

(6)把行列式中某一行(列)元素乘以数 k, 加到另一行(列)对应元素上去,行列式的值不变. 一般地,第 j 行(列)元素乘以数 k 加到第 i 行(列)上去($i \neq j$),记为 $r_i + kr_j$ ($c_i + kc_j$). 若 k 为负数,如 $k=-5$, 写为 $r_i + (-5)r_j$ 或直接写为 $r_i - 5r_j$.

(7)
$$\begin{vmatrix} a_{11} & \cdots & a_{1k} & 0 & \cdots & 0 \\ \vdots & & \vdots & \vdots & & \vdots \\ a_{k1} & \cdots & a_{kk} & 0 & \cdots & 0 \\ c_{11} & \cdots & c_{1k} & b_{11} & \cdots & b_{1n} \\ \vdots & & \vdots & \vdots & & \vdots \\ c_{n1} & \cdots & c_{nk} & b_{n1} & \cdots & b_{nn} \end{vmatrix} = \begin{vmatrix} a_{11} & \cdots & a_{1k} \\ \vdots & & \vdots \\ a_{k1} & \cdots & a_{kk} \end{vmatrix} \cdot \begin{vmatrix} b_{11} & \cdots & b_{1n} \\ \vdots & & \vdots \\ b_{n1} & \cdots & b_{nn} \end{vmatrix}.$$

3. 行列式的展开

(1)余子式与代数余子式.

在 n 阶行列式中,把元素 a_{ij} 所在的第 i 行第 j 列元素划去后,留下来的 $n-1$ 阶行列式,称为元素 a_{ij} 的余子式,记作 M_{ij};称 $(-1)^{i+j}M_{ij}$ 为元素 a_{ij} 的代数余子数,记作 A_{ij}.

(2)行列式 D 等于它的任一行(列)元素与其对应的代数余子式乘积之和.即

$$D = a_{i1}A_{i1} + a_{i2}A_{i2} + \cdots + a_{in}A_{in}\,(i = 1,2,\cdots,n)\text{(按第 } i \text{ 行展开)}$$
$$= a_{1j}A_{1j} + a_{2j}A_{2j} + \cdots + a_{nj}A_{nj}\,(j = 1,2,\cdots,n)\text{(按第 } j \text{ 列展开)}.$$

(3)行列式任一行(列)的元素与另一行(列)的元素的代数余子式乘积之和为零.

4. 克拉默法则

(1)若线性方程组的系数行列式 $D\neq 0$,则它有唯一解 $x_j=\dfrac{D_j}{D}(j=1,2,\cdots,n)$,其中 $D_j(j=1,2,\cdots,n)$ 是系数行列式 D 中第 j 列元素用该方程组右端的常数项代替后所得到的 n 阶行列式.

(2)若齐次线性方程组的系数行列式不为零,则该方程组只有零解.

5. 几类特殊的行列式

(1)上三角行列式

$$\begin{vmatrix} a_{11} & a_{12} & \cdots & a_{1n} \\ & a_{22} & \cdots & a_{2n} \\ & & \ddots & \vdots \\ & 0 & & a_{nn} \end{vmatrix} = a_{11}a_{22}\cdots a_{nn}.$$

(2)下三角行列式

$$\begin{vmatrix} a_{11} & & & \\ a_{21} & a_{22} & & 0 \\ \vdots & \vdots & \ddots & \\ a_{n1} & a_{n2} & \cdots & a_{nn} \end{vmatrix} = a_{11}a_{22}\cdots a_{nn}.$$

(3)对角行列式

$$\begin{vmatrix} a_{11} & & & \\ & a_{22} & & \\ & & \ddots & \\ & & & a_{nn} \end{vmatrix} = a_{11}a_{22}\cdots a_{nn}.$$

(4) 反对角行列式

$$\begin{vmatrix} & & & a_1 \\ & & a_2 & \\ & \iddots & & \\ a_n & & & \end{vmatrix} = (-1)^{\frac{n(n-1)}{2}} a_1 a_2 \cdots a_n.$$

(5) 范德蒙德(Vandermonde)行列式

$$\begin{vmatrix} 1 & 1 & \cdots & 1 & 1 \\ x_1 & x_2 & \cdots & x_{n-1} & x_n \\ x_1^2 & x_2^2 & \cdots & x_{n-1}^2 & x_n^2 \\ \vdots & \vdots & & \vdots & \vdots \\ x_1^{n-1} & x_2^{n-1} & \cdots & x_{n-1}^{n-1} & x_n^{n-1} \end{vmatrix} = \prod_{1 \leqslant j < i \leqslant n} (x_i - x_j).$$

习题一

1. 求下列行列式.

① $\begin{vmatrix} 1 & 3 \\ 2 & 4 \end{vmatrix}$. ② $\begin{vmatrix} 1 & \log_b a \\ \log_a b & 1 \end{vmatrix}$. ③ $\begin{vmatrix} 1 & 2 & 3 \\ 2 & 3 & 1 \\ 3 & 1 & 2 \end{vmatrix}$. ④ $\begin{vmatrix} x & y & x+y \\ y & x+y & x \\ x+y & x & y \end{vmatrix}$.

2. 已知 9 阶全排列 $137i894j2$ 是偶排列,则 i 、j 各等于多少.

3. 求下列各排列的逆序数.

① 41253.　　② $n(n-1)\cdots21$.　　③ $135\cdots(2n-1)246\cdots2n$.

4. 在六阶行列式中,下列各项应带什么符号?

① $a_{43}a_{32}a_{14}a_{25}a_{66}a_{51}$.　　② $a_{42}a_{31}a_{23}a_{56}a_{64}a_{14}$.

5. 写出四阶行列式中含有因子 $a_{11}a_{23}$ 且带负号的项.

6. 用定义计算下列行列式.

① $\begin{vmatrix} 0 & 1 & 0 & 0 \\ 0 & 0 & 2 & 0 \\ 0 & 0 & 0 & 3 \\ 4 & 0 & 0 & 0 \end{vmatrix}$. ② $\begin{vmatrix} 0 & a & 0 & 0 \\ b & c & 0 & 0 \\ 0 & 0 & d & e \\ 0 & 0 & 0 & f \end{vmatrix}$. ③ $\begin{vmatrix} 0 & 1 & 0 & \cdots & 0 \\ 0 & 0 & 2 & \cdots & 0 \\ \vdots & \vdots & \vdots & & \vdots \\ 0 & 0 & 0 & \cdots & n-1 \\ n & n-1 & n-2 & \cdots & 1 \end{vmatrix}$.

7. 计算下列行列式.

① $\begin{vmatrix} 2 & 1 & 3 & 5 \\ 1 & 0 & -1 & 2 \\ -6 & 2 & -2 & 4 \\ 1 & 1 & 3 & 1 \end{vmatrix}$.
② $\begin{vmatrix} x+a_1 & a_2 & \cdots & a_n \\ a_1 & x+a_2 & \cdots & a_n \\ \vdots & \vdots & & \vdots \\ a_1 & a_2 & \cdots & x+a_n \end{vmatrix}$.

③ $\begin{vmatrix} a_1 & 0 & 0 & b_1 \\ 0 & a_2 & b_2 & 0 \\ 0 & a_3 & b_3 & 0 \\ b_4 & 0 & 0 & a_4 \end{vmatrix}$.
④ $\begin{vmatrix} a^2 & (a+1)^2 & (a+2)^2 & (a+3)^2 \\ b^2 & (b+1)^2 & (b+2)^2 & (b+3)^2 \\ c^2 & (c+1)^2 & (c+2)^2 & (c+3)^2 \\ d^2 & (d+1)^2 & (d+2)^2 & (d+3)^2 \end{vmatrix}$.

⑤ $\begin{vmatrix} a_1b_1 & a_1b_2 & a_1b_3 & a_1b_4 \\ a_1b_2 & a_2b_2 & a_2b_3 & a_2b_4 \\ a_1b_2 & a_2b_3 & a_3b_3 & a_3b_4 \\ a_1b_4 & a_2b_4 & a_3b_4 & a_4b_4 \end{vmatrix}$.
⑥ $\begin{vmatrix} a & b & b & \cdots & b & b \\ c & a & b & \cdots & b & b \\ c & c & a & \cdots & b & b \\ \vdots & \vdots & \vdots & & \vdots & \vdots \\ c & c & c & \cdots & a & b \\ c & c & c & \cdots & c & a \end{vmatrix}$.

⑦ $\begin{vmatrix} a & b & c \\ a^2 & b^2 & c^2 \\ a+b+c & a+b+c & a+b+c \end{vmatrix}$.
⑧ $\begin{vmatrix} 1 & 2 & 3 & \cdots & n-1 & n \\ -1 & 0 & 3 & \cdots & n-1 & n \\ -1 & -2 & 0 & \cdots & n-1 & n \\ \vdots & \vdots & \vdots & & \vdots & \vdots \\ -1 & -2 & -3 & \cdots & 0 & n \\ -1 & -2 & -3 & \cdots & -(n-1) & 0 \end{vmatrix}$.

8. 计算下列 n 阶行列式.

① $\begin{vmatrix} 2 & 1 & 0 & \cdots & 0 & 0 \\ 1 & 2 & 1 & \cdots & 0 & 0 \\ 0 & 1 & 2 & \cdots & 0 & 0 \\ \vdots & \vdots & \vdots & & \vdots & \vdots \\ 0 & 0 & 0 & \cdots & 2 & 1 \\ 0 & 0 & 0 & \cdots & 1 & 2 \end{vmatrix}$.
② $\begin{vmatrix} a & b & e & f \\ c & d & g & h \\ 0 & 0 & a_1 & b_1 \\ 0 & 0 & c_1 & d_1 \end{vmatrix}$.

③ $\begin{vmatrix} 0 & 1 & 1 & \cdots & 1 & 1 \\ 1 & 0 & 1 & \cdots & 1 & 1 \\ 1 & 1 & 0 & \cdots & 1 & 1 \\ \vdots & \vdots & \vdots & & \vdots & \vdots \\ 1 & 1 & 1 & \cdots & 0 & 1 \\ 1 & 1 & 1 & \cdots & 1 & 0 \end{vmatrix}$.　　④ $\begin{vmatrix} a_1 & a_1^2 & \cdots & a_1^n \\ a_2 & a_2^2 & \cdots & a_2^n \\ \vdots & \vdots & \vdots & \vdots \\ a_n & a_n^2 & \cdots & a_n^n \end{vmatrix}$.

9. 设有四阶行列式 $\begin{vmatrix} 1 & 1 & 4 & -1 \\ 2 & 1 & 0 & 0 \\ 2 & 6 & 0 & -2 \\ 3 & 2 & 1 & 4 \end{vmatrix}$，求 $6A_{41} + A_{42}$.

10. 设行列式 $D = \begin{vmatrix} 1 & 0 & 4 & 0 \\ 2 & -1 & -1 & 2 \\ 0 & -6 & 0 & 0 \\ 2 & 4 & -1 & 2 \end{vmatrix}$，求第 4 行各元素余子式的和.

11. 设 $f(x) = \begin{vmatrix} 1 & 1 & 1 & 1 \\ -1 & x & 2 & 2 \\ 2 & 2 & x & -3 \\ 3 & 3 & 3 & x \end{vmatrix} = 0$，求 x .

12. 求 4 阶行列式 $\begin{vmatrix} 2x & -x & 1 & 3 \\ 2 & 3x & -1 & 2 \\ 1 & 2 & -x & 1 \\ 1 & 2 & 3 & x \end{vmatrix}$ 中 x^3 的系数.

13. 用克拉默法则解下列方程组.

① $\begin{cases} 5x - 4y + 3z = 9, \\ 2x + 5y - 2z = 10, \\ 4x - y + 2z = 8. \end{cases}$　　② $\begin{cases} x + y - 2z = -3, \\ 5x - 2y + 7z = 22, \\ 2x - 5y + 4z = 4. \end{cases}$

③ $\begin{cases} x + 2y + 3z - w = 3, \\ 3x + 3y + z + w = 5, \\ 5x + 5y + 2z = 10, \\ 2x + 3y + z - w = 5. \end{cases}$　　④ $\begin{cases} x + y + z + w = 5, \\ x + 2y - z + 4w = -2, \\ 2x - 3y - z - 5w = -2, \\ 3x + y + 2z + 11w = 0. \end{cases}$

14. 已知齐次线性方程组

$$\begin{cases} x_1 + 2x_2 - 2x_3 = 0, \\ 2x_1 - x_2 + \lambda x_3 = 0, \\ 3x_1 + x_2 - x_3 = 0 \end{cases}$$

有非零解,求 λ 的值.

第 2 章　矩阵及其运算

矩阵是数学中的一个重要概念，也是线性代数的主要研究对象，它在许多数学分支中都有重要作用. 矩阵的运算在矩阵理论中起着非常重要的作用，许多实际问题都可以用矩阵表示并通过矩阵理论得以解决.

2.1　矩阵的概念

例 1　某航空公司在 1,2,3,4 四个城市间开辟了若干航线. 用图 2-1 表示四个城市间的航班图. 其中若从城市 1 到城市 2 有航班，则用带箭头的线连接 1 与 2.

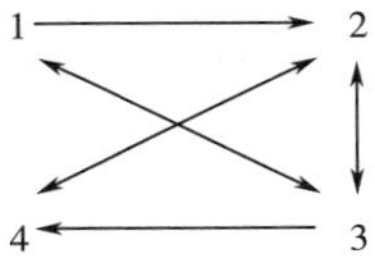

图 2-1　航班图

我们可以用一个 4 行 4 列的矩形数表表示这四个城市的航班情况. 若从城市 i 到城市 j 有航班，则此数表中第 i 行第 j 列的元素记为 1；若从城市 i 到城市 j 没有航班，则此数表中第 i 行第 j 列的元素记为 $0(i,j=1,2,3,4)$. 于是这四个城市的航班情况就可以由数表

$$\begin{pmatrix} 0 & 1 & 1 & 0 \\ 0 & 0 & 1 & 1 \\ 1 & 1 & 0 & 1 \\ 0 & 1 & 0 & 0 \end{pmatrix}$$

来表示.

例 2　含有 n 个未知量 m 个方程的齐次线性方程组

$$\begin{cases} a_{11}x_1 + a_{12}x_2 + \cdots + a_{1n}x_n = 0, \\ a_{21}x_1 + a_{22}x_2 + \cdots + a_{2n}x_n = 0, \\ \cdots\cdots \\ a_{m1}x_1 + a_{m2}x_2 + \cdots + a_{mn}x_n = 0 \end{cases}$$

的系数可排成一个 m 行 n 列的数表

$$\begin{pmatrix} a_{11} & a_{12} & \cdots & a_{1n} \\ a_{21} & a_{22} & \cdots & a_{2n} \\ \vdots & \vdots & & \vdots \\ a_{m1} & a_{m2} & \cdots & a_{mn} \end{pmatrix},$$

这样的数表称为 $m \times n$ 的矩阵.

定义 1 由 $m \times n$ 个数 $a_{ij}(i=1,2,\cdots,m;j=1,2,\cdots,n)$ 排成的 m 行 n 列的数表，记为

$$\boldsymbol{A} = \begin{pmatrix} a_{11} & a_{12} & \cdots & a_{1n} \\ a_{21} & a_{22} & \cdots & a_{2n} \\ \vdots & \vdots & & \vdots \\ a_{m1} & a_{m2} & \cdots & a_{mn} \end{pmatrix},$$

称为 m 行 n 列的矩阵，简称为 $m \times n$ 矩阵. 该矩阵可以简记为 $\boldsymbol{A}=(a_{ij})_{m\times n}$ 或 $\boldsymbol{A}_{m\times n}=(a_{ij})$. 其中 $m \times n$ 个数 $a_{ij}(i=1,2,\cdots,m;j=1,2,\cdots,n)$ 称为矩阵 $\boldsymbol{A}$ 的元素，a_{ij} 表示该矩阵第 i 行第 j 列的元素.

元素都是实数的矩阵称为实矩阵，含有复数元素的矩阵称为复矩阵. 如无特别说明，本书讨论的矩阵均指实矩阵.

称只有一行的矩阵

$$\boldsymbol{A} = (a_1, a_1, \cdots, a_n)$$

为行矩阵或**行向量**. 称只有一列的矩阵

$$\boldsymbol{B} = \begin{pmatrix} b_1 \\ b_2 \\ \vdots \\ b_n \end{pmatrix}$$

为列矩阵或**列向量**. 行向量和列向量也可以用小写字母 $\boldsymbol{a},\boldsymbol{b},\boldsymbol{\alpha},\boldsymbol{\beta}$ 等表示.

称两个行数和列数都相等的矩阵为同型矩阵.

两个同型矩阵 $\boldsymbol{A}_{m\times n}$ 与 $\boldsymbol{B}_{m\times n}$ 的对应元素相等,即 $a_{ij}=b_{ij}\ (i=1,2,\cdots,m;j=1,2,\cdots,n)$,则称它们是相等矩阵,即为 $\boldsymbol{A}=\boldsymbol{B}$.

元素都是0的矩阵称为**零矩阵**,记作 $\boldsymbol{O}$.

当 $m=n$ 时,$\boldsymbol{A}_{m\times n}$ 称为 n 阶方阵. 在 n 阶方阵 $\boldsymbol{A}$ 中,称 $a_{11},a_{22},\cdots,a_{nn}$ 为 $\boldsymbol{A}$ 的主对角线元素,简称为主对角元. 下面我们介绍几种常见的特殊矩阵.

1. 三角矩阵

如果在 n 阶方阵 $\boldsymbol{A}=(a_{ij})$ 中主对角线以下的元素全为0. 即 $\boldsymbol{A}=(a_{ij})$ 中元素满足条件 $a_{ij}=0(i>j;i,j=1,2,\cdots,n)$,则称 $\boldsymbol{A}$ 为 n 阶**上三角矩阵**,即

$$\boldsymbol{A}=\begin{pmatrix} a_{11} & a_{12} & \cdots & a_{1n} \\ 0 & a_{22} & \cdots & a_{2n} \\ \vdots & \vdots & & \vdots \\ 0 & 0 & \cdots & a_{nn} \end{pmatrix}.$$

如果在 n 阶方阵 $\boldsymbol{A}=(a_{ij})$ 中主对角线以上的元素全为0. 即 $\boldsymbol{A}=(a_{ij})$ 中元素满足条件 $a_{ij}=0(i<j;i,j=1,2,\cdots,n)$,则称 $\boldsymbol{A}$ 为 n 阶**下三角矩阵**,即

$$\boldsymbol{A}=\begin{pmatrix} a_{11} & 0 & \cdots & 0 \\ a_{21} & a_{22} & \cdots & 0 \\ \vdots & \vdots & & \vdots \\ a_{n1} & a_{n2} & \cdots & a_{nn} \end{pmatrix}.$$

上三角矩阵与下三角矩阵统称为三角矩阵.

2. 对角矩阵

如果在 n 阶方阵 $\boldsymbol{A}=(a_{ij})$ 中主对角线以外的元素全为0. 即 $\boldsymbol{A}=(a_{ij})$ 中元素满足条件 $a_{ij}=0(i\neq j;i,j=1,2,\cdots,n)$,则称 $\boldsymbol{A}$ 为 n 阶**对角矩阵**,记作 $\boldsymbol{\Lambda}$, 即

$$\boldsymbol{\Lambda}=\begin{pmatrix} a_{11} & 0 & \cdots & 0 \\ 0 & a_{22} & \cdots & 0 \\ \vdots & \vdots & & \vdots \\ 0 & 0 & \cdots & a_{nn} \end{pmatrix}.$$

n 阶对角矩阵 $\boldsymbol{\Lambda}$ 还可简记为 $\boldsymbol{\Lambda}=\mathrm{diag}(\lambda_1,\lambda_2,\cdots,\lambda_n)$,其中 $\lambda_1,\lambda_2,\cdots,\lambda_n$ 是主对角线上的元素.

3. 数量矩阵

如果 n 阶对角矩阵 $\boldsymbol{A}=(a_{ij})$ 的主对角元满足 $a_{ii}=a(i=1,2,\cdots,n)$,则称 $\boldsymbol{A}$ 为数

量矩阵,即

$$A = \begin{pmatrix} a & 0 & \cdots & 0 \\ 0 & a & \cdots & 0 \\ \vdots & \vdots & & \vdots \\ 0 & 0 & \cdots & a \end{pmatrix}.$$

4. 单位矩阵

如果 n 阶数量矩阵 $\boldsymbol{A}$ 的主对角元满足 $a = 1$, 则称 $\boldsymbol{A}$ 为**单位矩阵**,记为 $\boldsymbol{E}$, 即

$$\boldsymbol{E} = \begin{pmatrix} 1 & 0 & \cdots & 0 \\ 0 & 1 & \cdots & 0 \\ \vdots & \vdots & & \vdots \\ 0 & 0 & \cdots & 1 \end{pmatrix}.$$

数量矩阵又可以简记为 $a\boldsymbol{E}$,a 为其主对角元.

2.2 矩阵的运算

2.2.1 矩阵的加法

定义 2 设 $\boldsymbol{A} = (a_{ij})$ 与 $\boldsymbol{B} = (b_{ij})$ 是两个 $m \times n$ 的同型矩阵,则 $\boldsymbol{A}$ 与 $\boldsymbol{B}$ 的和记为 $\boldsymbol{A} + \boldsymbol{B}$, 并规定

$$\boldsymbol{A} + \boldsymbol{B} = (a_{ij} + b_{ij}) = \begin{pmatrix} a_{11} + b_{11} & a_{12} + b_{12} & \cdots & a_{1n} + b_{1n} \\ a_{21} + b_{21} & a_{22} + b_{22} & \cdots & a_{2n} + b_{2n} \\ \vdots & \vdots & & \vdots \\ a_{m1} + b_{m1} & a_{m2} + b_{m2} & \cdots & a_{mn} + b_{mn} \end{pmatrix}.$$

显然,矩阵的加法满足交换律和结合律($\boldsymbol{A},\boldsymbol{B},\boldsymbol{C}$ 是同型矩阵):

(1) $\boldsymbol{A} + \boldsymbol{B} = \boldsymbol{B} + \boldsymbol{A}$.

(2) $(\boldsymbol{A} + \boldsymbol{B}) + \boldsymbol{C} = \boldsymbol{A} + (\boldsymbol{B} + \boldsymbol{C})$.

例 3 某小组 3 位同学本学年第一学期的必修课和选修课所得学分用矩阵 $\boldsymbol{A}$ 表示,第二学期必修课和选修课所得学分用矩阵 $\boldsymbol{B}$ 表示,其中

$$\boldsymbol{A}=\begin{pmatrix}10&4\\10&4\\8&6\end{pmatrix},\boldsymbol{B}=\begin{pmatrix}12&4\\12&5\\12&6\end{pmatrix},$$

则该小组 3 位同学本学年所取得的必修课和选修课学分各是多少？

解
$$\boldsymbol{C}=\boldsymbol{A}+\boldsymbol{B}=\begin{pmatrix}10&4\\10&4\\8&6\end{pmatrix}+\begin{pmatrix}12&4\\12&5\\12&6\end{pmatrix}=\begin{pmatrix}22&8\\22&9\\20&12\end{pmatrix},$$

则矩阵 $\boldsymbol{C}$ 表示了 3 位同学本学年必修课和选修课所得学分.

2.2.2 矩阵的数乘

定义 3 数 λ 与矩阵 $\boldsymbol{A}$ 的乘积记作 $\lambda\boldsymbol{A}$，规定为

$$\lambda\boldsymbol{A}=\begin{pmatrix}\lambda a_{11}&\lambda a_{12}&\cdots&\lambda a_{1n}\\\lambda a_{21}&\lambda a_{22}&\cdots&\lambda a_{2n}\\\vdots&\vdots&&\vdots\\\lambda a_{m1}&\lambda a_{m2}&\cdots&\lambda a_{mn}\end{pmatrix}.$$

设 λ,μ 为数，$\boldsymbol{A},\boldsymbol{B}$ 为同型矩阵，则数乘矩阵满足如下运算规律：

(1) $(\lambda\mu)\boldsymbol{A}=\lambda(\mu\boldsymbol{A})$.

(2) $(\lambda+\mu)\boldsymbol{A}=\lambda\boldsymbol{A}+\mu\boldsymbol{A}$.

(3) $\lambda(\boldsymbol{A}+\boldsymbol{B})=\lambda\boldsymbol{A}+\lambda\boldsymbol{B}$.

设矩阵 $\boldsymbol{A}=(a_{ij})$，记 $-\boldsymbol{A}=(-1)\cdot\boldsymbol{A}=(-a_{ij})$，称 $-\boldsymbol{A}$ 为 $\boldsymbol{A}$ 的负矩阵. 显然

$$\boldsymbol{A}+(-\boldsymbol{A})=\boldsymbol{O},$$

其中 $\boldsymbol{O}$ 为与 $\boldsymbol{A}$ 同型的零矩阵. 于是同型矩阵 $\boldsymbol{A}$ 与 $\boldsymbol{B}$ 的**减法**定义为

$$\boldsymbol{A}-\boldsymbol{B}=\boldsymbol{A}+(-\boldsymbol{B}).$$

例 4 设

$$\boldsymbol{A}=\begin{pmatrix}2&1&3&-1\\0&3&1&2\\2&4&0&-1\end{pmatrix},\boldsymbol{B}=\begin{pmatrix}-2&1&-1&1\\1&2&2&1\\0&2&1&3\end{pmatrix},$$

且有 $2\boldsymbol{A}-3\boldsymbol{X}=\boldsymbol{B}$，求矩阵 $\boldsymbol{X}$.

解 根据矩阵的加法与数乘的性质，由 $2\boldsymbol{A}-3\boldsymbol{X}=\boldsymbol{B}$，可知

$$X = \frac{1}{3}(2A - B) = \frac{1}{3}\begin{pmatrix} 6 & 1 & 7 & -3 \\ -1 & 4 & 0 & 3 \\ 4 & 6 & -1 & -5 \end{pmatrix} = \begin{pmatrix} 2 & \frac{1}{3} & \frac{7}{3} & -1 \\ -\frac{1}{3} & \frac{4}{3} & 0 & 1 \\ \frac{4}{3} & 2 & -\frac{1}{3} & -\frac{5}{3} \end{pmatrix}.$$

2.2.3 矩阵的乘法

首先看一个实例.

例 5 某地区有 3 个工厂Ⅰ、Ⅱ、Ⅲ,生产甲、乙、丙 3 种产品. 矩阵 A 表示一年中各工厂生产各种产品的数量,矩阵 B 表示各种产品的单位价格(元)和单位利润,矩阵 C 表示各工厂的总收入及总利润,即

$$A = \begin{pmatrix} a_{11} & a_{12} & a_{13} \\ a_{21} & a_{22} & a_{23} \\ a_{31} & a_{32} & a_{33} \end{pmatrix}, B = \begin{pmatrix} b_{11} & b_{12} \\ b_{21} & b_{22} \\ b_{31} & b_{32} \end{pmatrix}, C = \begin{pmatrix} c_{11} & c_{12} \\ c_{21} & c_{22} \\ c_{31} & c_{32} \end{pmatrix},$$

其中 $a_{ik}(i,k = 1,2,3)$ 表示第 i 个工厂生产第 k 种产品的数量, b_{k1} 及 $b_{k2}(k = 1,2,3)$ 分别表示第 k 种产品的单位价格和单位利润, c_{i1} 及 $c_{i2}(i = 1,2,3)$ 分别是第 i 个工厂生产 3 种产品的总收入和总利润,则:

工厂Ⅰ的总收入为 $c_{11} = a_{11}b_{11} + a_{12}b_{21} + a_{13}b_{31}$,

总利润为 $c_{12} = a_{11}b_{12} + a_{12}b_{22} + a_{13}b_{32}$;

工厂Ⅱ的总收入为 $c_{21} = a_{21}b_{11} + a_{22}b_{21} + a_{23}b_{31}$,

总利润为 $c_{22} = a_{21}b_{12} + a_{22}b_{22} + a_{23}b_{32}$;

工厂Ⅲ的总收入为 $c_{31} = a_{31}b_{11} + a_{32}b_{21} + a_{33}b_{31}$,

总利润为 $c_{32} = a_{31}b_{12} + a_{32}b_{22} + a_{33}b_{32}$.

因此,矩阵 A,B,C 的元素之间有如下关系:

$$c_{ij} = a_{i1}b_{1j} + a_{i2}b_{2j} + a_{i3}b_{3j}(i = 1,2,3;j = 1,2).$$

即矩阵 C 的元素 c_{ij} 是矩阵 A 的第 i 行元素与矩阵 B 的第 j 列对应元素乘积之和. 我们称矩阵 C 是矩阵 A 与矩阵 B 的乘积.

定义 4 设 $A =(a_{ij})_{m\times s}, B =(b_{ij})_{s\times n}$, 规定矩阵 A 与矩阵 B 的乘积是一个 $m \times n$ 的矩阵 $C = (c_{ij})$, 其中

$$c_{ij} = a_{i1}b_{1j} + a_{i2}b_{2j} + \cdots + a_{is}b_{sj} = \sum_{k=1}^{s} a_{ik}b_{kj}(i = 1,2,\cdots,m;j = 1,2,\cdots,n),$$

并把此乘积记作 $\boldsymbol{C}=\boldsymbol{AB}$. 记号 $\boldsymbol{AB}$ 常读作 $\boldsymbol{A}$ 左乘 $\boldsymbol{B}$ 或 $\boldsymbol{B}$ 右乘 $\boldsymbol{A}$.

注　只有当矩阵 $\boldsymbol{A}$ 的列数等于矩阵 $\boldsymbol{B}$ 的行数时,乘积 $\boldsymbol{AB}$ 才是有意义的;并且 $\boldsymbol{AB}$ 的行数等于 $\boldsymbol{A}$ 的行数,列数等于 $\boldsymbol{B}$ 的列数.

矩阵的乘法满足以下运算规律:

(1) $(\boldsymbol{AB})\boldsymbol{C}=\boldsymbol{A}(\boldsymbol{BC})$;

(2) $\boldsymbol{A}(\boldsymbol{B}+\boldsymbol{C})=\boldsymbol{AB}+\boldsymbol{AC},(\boldsymbol{B}+\boldsymbol{C})\boldsymbol{A}=\boldsymbol{BA}+\boldsymbol{CA}$;

(3) $\lambda(\boldsymbol{AB})=(\lambda\boldsymbol{A})\boldsymbol{B}=\boldsymbol{A}(\lambda\boldsymbol{B})$ (λ 为数).

例 6　设变量 $y_1,y_2,\cdots,y_m$ 均可表示为变量 $x_1,x_2,\cdots,x_n$ 的线性函数,即

$$\begin{cases} y_1=a_{11}x_1+a_{12}x_2+\cdots+a_{1n}x_n, \\ y_2=a_{21}x_1+a_{22}x_2+\cdots+a_{2n}x_n, \\ \qquad\qquad\cdots\cdots \\ y_m=a_{m1}x_1+a_{m2}x_2+\cdots+a_{mn}x_n, \end{cases} \tag{2-1}$$

其中 $a_{ij}(i=1,2,\cdots m;j=1,2,\cdots,n)$ 为常数. 方程组(2-1)称为从变量 $x_1,x_2,\cdots,x_n$ 到变量 $y_1,y_2,\cdots,y_m$ 的**线性变换**.

令

$$\boldsymbol{A}=\begin{pmatrix} a_{11} & a_{12} & \cdots & a_{1n} \\ a_{21} & a_{22} & \cdots & a_{2n} \\ \vdots & \vdots & & \vdots \\ a_{m1} & a_{m2} & \cdots & a_{mn} \end{pmatrix},\boldsymbol{x}=\begin{pmatrix} x_1 \\ x_2 \\ \vdots \\ x_n \end{pmatrix},\boldsymbol{y}=\begin{pmatrix} y_1 \\ y_2 \\ \vdots \\ y_m \end{pmatrix},$$

则由矩阵的乘法,可得线性变换(2-1)写成矩阵形式为 $\boldsymbol{y}=\boldsymbol{Ax}$, 这里 $\boldsymbol{A}$ 称为线性变换的矩阵.

类似地,线性方程组

$$\begin{cases} a_{11}x_1+a_{12}x_2+\cdots+a_{1n}x_n=b_1, \\ a_{21}x_1+a_{22}x_2+\cdots+a_{2n}x_n=b_2, \\ \qquad\qquad\cdots\cdots \\ a_{m1}x_1+a_{m2}x_2+\cdots+a_{mn}x_n=b_m, \end{cases} \tag{2-2}$$

也可表示为矩阵形式 $\boldsymbol{Ax}=\boldsymbol{b}$, 其中

$$\boldsymbol{A}=\begin{pmatrix} a_{11} & a_{12} & \cdots & a_{1n} \\ a_{21} & a_{22} & \cdots & a_{2n} \\ \vdots & \vdots & & \vdots \\ a_{m1} & a_{m2} & \cdots & a_{mn} \end{pmatrix},\boldsymbol{x}=\begin{pmatrix} x_1 \\ x_2 \\ \vdots \\ x_n \end{pmatrix},\boldsymbol{b}=\begin{pmatrix} b_1 \\ b_2 \\ \vdots \\ b_m \end{pmatrix}.$$

$\boldsymbol{A},\boldsymbol{x},\boldsymbol{b}$ 分别称为线性方程组(2-2)的系数矩阵、未知量矩阵和常数项矩阵.

例 7 已知两个线性变换

$$\begin{cases} z_1 = 4y_1 + 2y_3, \\ z_2 = -4y_1 + 6y_2 + 4y_3, \\ z_3 = 8y_1 + 2y_2 + 10y_3, \end{cases} \quad \begin{cases} y_1 = -3x_1 + x_2, \\ y_2 = 2x_1 + x_3, \\ y_3 = -x_2 + 3x_3, \end{cases}$$

求从 x_1,x_2,x_3 到 z_1,z_2,z_3 的线性变换.

解 上述两个线性变换的矩阵分别为

$$\boldsymbol{A} = \begin{pmatrix} 4 & 0 & 2 \\ -4 & 6 & 4 \\ 8 & 2 & 10 \end{pmatrix}, \boldsymbol{B} = \begin{pmatrix} -3 & 1 & 0 \\ 2 & 0 & 1 \\ 0 & -1 & 3 \end{pmatrix},$$

记

$$\boldsymbol{z} = \begin{pmatrix} z_1 \\ z_2 \\ z_3 \end{pmatrix}, \boldsymbol{y} = \begin{pmatrix} y_1 \\ y_2 \\ y_3 \end{pmatrix}, \boldsymbol{x} = \begin{pmatrix} x_1 \\ x_2 \\ x_3 \end{pmatrix},$$

则上述两个线性变换分别表示为 $\boldsymbol{z} = \boldsymbol{A}\boldsymbol{y}, \boldsymbol{y} = \boldsymbol{B}\boldsymbol{x}$. 于是

$$\boldsymbol{z} = \boldsymbol{A}\boldsymbol{y} = \boldsymbol{A}(\boldsymbol{B}\boldsymbol{x}) = (\boldsymbol{A}\boldsymbol{B})\boldsymbol{x}.$$

而

$$\boldsymbol{A}\boldsymbol{B} = \begin{pmatrix} 4 & 0 & 2 \\ -4 & 6 & 4 \\ 8 & 2 & 10 \end{pmatrix}\begin{pmatrix} -3 & 1 & 0 \\ 2 & 0 & 1 \\ 0 & -1 & 3 \end{pmatrix} = \begin{pmatrix} -12 & 2 & 6 \\ 24 & -8 & 18 \\ -20 & -2 & 32 \end{pmatrix},$$

所以

$$z = \begin{pmatrix} z_1 \\ z_2 \\ z_3 \end{pmatrix} = (\boldsymbol{A}\boldsymbol{B})\boldsymbol{x} = \begin{pmatrix} -12 & 2 & 6 \\ 24 & -8 & 18 \\ -20 & -2 & 32 \end{pmatrix}\begin{pmatrix} x_1 \\ x_2 \\ x_3 \end{pmatrix} = \begin{pmatrix} -12x_1 + 2x_2 + 6x_3 \\ 24x_1 - 8x_2 + 18x_3 \\ -20x_1 - 2x_2 + 32x_3 \end{pmatrix},$$

即

$$\begin{cases} z_1 = -12x_1 + 2x_2 + 6x_3, \\ z_2 = 24x_1 - 8x_2 + 18x_3, \\ z_3 = -20x_1 - 2x_2 + 32x_3 \end{cases}$$

是由 x_1,x_2,x_3 到 z_1,z_2,z_3 的线性变换.

例 8　设 $\boldsymbol{A}=\begin{pmatrix}-2 & -4\\ 3 & 6\end{pmatrix}$，$\boldsymbol{B}=\begin{pmatrix}-2 & 4\\ 1 & -2\end{pmatrix}$，求 $\boldsymbol{AB}$，$\boldsymbol{BA}$.

解
$$\boldsymbol{AB}=\begin{pmatrix}-2 & -4\\ 3 & 6\end{pmatrix}\begin{pmatrix}-2 & 4\\ 1 & -2\end{pmatrix}=\begin{pmatrix}0 & 0\\ 0 & 0\end{pmatrix}.$$
$$\boldsymbol{BA}=\begin{pmatrix}-2 & 4\\ 1 & -2\end{pmatrix}\begin{pmatrix}-2 & -4\\ 3 & 6\end{pmatrix}=\begin{pmatrix}16 & 32\\ -8 & -16\end{pmatrix}.$$

此例中 $\boldsymbol{AB}\neq\boldsymbol{BA}$，说明了矩阵的乘法不满足交换律. 此外，在本例中我们还可发现，虽然 $\boldsymbol{A}\neq\boldsymbol{O}$，$\boldsymbol{B}\neq\boldsymbol{O}$，但是却有 $\boldsymbol{AB}=\boldsymbol{O}$. 这又说明了矩阵乘法不满足消去律，即由 $\boldsymbol{A}\neq\boldsymbol{O}$，$\boldsymbol{AB}=\boldsymbol{AC}$，未必可得 $\boldsymbol{B}=\boldsymbol{C}$.

根据矩阵的乘法，可以定义 n 阶方阵的幂和方阵的多项式，设 $\boldsymbol{A}$ 是 n 阶方阵，规定
$$\boldsymbol{A}^0=\boldsymbol{E},\boldsymbol{A}^1=\boldsymbol{A},\boldsymbol{A}^2=\boldsymbol{A}^1\boldsymbol{A},\cdots,\boldsymbol{A}^{k+1}=\boldsymbol{A}^k\boldsymbol{A}(k\in\mathbf{N}).$$

显然只有方阵才有幂运算，且方阵的幂运算满足下列性质：

(1) $\boldsymbol{A}^k\boldsymbol{A}^l=\boldsymbol{A}^{k+l}$；

(2) $(\boldsymbol{A}^k)^l=\boldsymbol{A}^{kl}$，

其中 k,l 为自然数.

但是因为矩阵的乘法不满足交换律，所以对于 n 阶方阵 $\boldsymbol{A}$ 和 $\boldsymbol{B}$，$(\boldsymbol{AB})^k\neq\boldsymbol{A}^k\boldsymbol{B}^k$. 不难验证，当 n 阶方阵 $\boldsymbol{A}$ 和 $\boldsymbol{B}$ 满足 $\boldsymbol{AB}=\boldsymbol{BA}$（此时，称 $\boldsymbol{A}$ 与 $\boldsymbol{B}$ 是可交换的）时，有 $(\boldsymbol{AB})^k=\boldsymbol{A}^k\boldsymbol{B}^k$.

设 $\boldsymbol{A}$ 为 n 阶方阵，且
$$f(x)=a_0+a_1x+\cdots+a_mx^m,$$
记
$$f(\boldsymbol{A})=a_0\boldsymbol{E}+a_1\boldsymbol{A}+\cdots+a_m\boldsymbol{A}^m,$$
则称 $f(\boldsymbol{A})$ 为矩阵 $\boldsymbol{A}$ 的 m 次多项式.

对于方阵 $\boldsymbol{A}$ 的多项式 $f(\boldsymbol{A})$ 与 $g(\boldsymbol{A})$，显然有 $f(\boldsymbol{A})g(\boldsymbol{A})=g(\boldsymbol{A})f(\boldsymbol{A})$.

例如，设 $f(\boldsymbol{A})=\boldsymbol{A}^2+3\boldsymbol{A}-\boldsymbol{E}$，$g(\boldsymbol{A})=2\boldsymbol{A}-3\boldsymbol{E}$，则
$$\begin{aligned}f(\boldsymbol{A})g(\boldsymbol{A})&=(\boldsymbol{A}^2+3\boldsymbol{A}-\boldsymbol{E})(2\boldsymbol{A}-3\boldsymbol{E})=2\boldsymbol{A}^3+3\boldsymbol{A}^2-11\boldsymbol{A}+3\boldsymbol{E}\\&=(2\boldsymbol{A}-3\boldsymbol{E})(\boldsymbol{A}^2+3\boldsymbol{A}-\boldsymbol{E})=g(\boldsymbol{A})f(\boldsymbol{A}).\end{aligned}$$

再如，设 $\boldsymbol{\Lambda}=\mathrm{diag}(\lambda_1,\lambda_2,\cdots,\lambda_n)$，$f(x)=a_0+a_1x+\cdots+a_mx^m$，则

$f(\boldsymbol{\Lambda})=a_0\boldsymbol{E}+a_1\boldsymbol{\Lambda}+\cdots+a_m\boldsymbol{\Lambda}^m$

$$
= a_0\begin{pmatrix} 1 & 0 & \cdots & 0 \\ 0 & 1 & \cdots & 0 \\ \vdots & \vdots & & \vdots \\ 0 & 0 & 0 & 1 \end{pmatrix} + a_1\begin{pmatrix} \lambda_1 & 0 & \cdots & 0 \\ 0 & \lambda_2 & \cdots & 0 \\ \vdots & \vdots & & \vdots \\ 0 & 0 & \cdots & \lambda_n \end{pmatrix} + \cdots + a_m\begin{pmatrix} \lambda_1^m & 0 & \cdots & 0 \\ 0 & \lambda_2^m & \cdots & 0 \\ \vdots & \vdots & & \vdots \\ 0 & 0 & \cdots & \lambda_n^m \end{pmatrix}
$$

$$
= \begin{pmatrix} a_0 + a_1\lambda_1 + \cdots + a_m\lambda_1^m & 0 & \cdots & 0 \\ 0 & a_0 + a_1\lambda_2 + \cdots + a_m\lambda_2^m & \cdots & 0 \\ \vdots & \vdots & & \vdots \\ 0 & 0 & \cdots & a_0 + a_1\lambda_1 + \cdots + a_m\lambda_1^m \end{pmatrix}
$$

$$
= \begin{pmatrix} f(\lambda_1) & 0 & \cdots & 0 \\ 0 & f(\lambda_2) & \cdots & 0 \\ \vdots & \vdots & & \vdots \\ 0 & 0 & \cdots & f(\lambda_n) \end{pmatrix}.
$$

2.2.4 矩阵的转置

定义 5 把 $m \times n$ 矩阵

$$
\boldsymbol{A} = \begin{pmatrix} a_{11} & a_{12} & \cdots & a_{1n} \\ a_{21} & a_{22} & \cdots & a_{2n} \\ \vdots & \vdots & & \vdots \\ a_{m1} & a_{m2} & \cdots & a_{mn} \end{pmatrix}
$$

的行与列互换后得到的一个 $n \times m$ 的矩阵，称为 $\boldsymbol{A}$ 的转置矩阵，记为 $\boldsymbol{A}^{\mathrm{T}}$ 或 $\boldsymbol{A}'$，即

$$
\boldsymbol{A}^{\mathrm{T}} = \begin{pmatrix} a_{11} & a_{21} & \cdots & a_{m1} \\ a_{12} & a_{22} & \cdots & a_{m2} \\ \vdots & \vdots & & \vdots \\ a_{1n} & a_{2n} & \cdots & a_{mn} \end{pmatrix}.
$$

矩阵的转置满足如下运算规律：

(1) $(\boldsymbol{A}^{\mathrm{T}})^{\mathrm{T}} = \boldsymbol{A}$；

(2) $(\boldsymbol{A} + \boldsymbol{B})^{\mathrm{T}} = \boldsymbol{A}^{\mathrm{T}} + \boldsymbol{B}^{\mathrm{T}}$；

(3) $(\lambda\boldsymbol{A})^{\mathrm{T}} = \lambda\boldsymbol{A}^{\mathrm{T}}$；

(4) $(\boldsymbol{AB})^{\mathrm{T}}=\boldsymbol{B}^{\mathrm{T}}\boldsymbol{A}^{\mathrm{T}}$.

式(1)~式(3)显然正确,这里对式(4)说明如下:

设 $\boldsymbol{A}=(a_{ij})_{m\times s}$,$\boldsymbol{B}=(b_{ij})_{s\times n}$,$\boldsymbol{C}=\boldsymbol{AB}=(c_{ij})_{m\times n}$,则

$$c_{ij}=a_{i1}b_{1j}+a_{i2}b_{2j}+\cdots+a_{is}b_{sj}=\sum_{k=1}^{s}a_{ik}b_{kj}.$$

再设 $\boldsymbol{B}^{\mathrm{T}}\boldsymbol{A}^{\mathrm{T}}=\boldsymbol{D}=(d_{ji})_{n\times m}$,$\boldsymbol{B}^{\mathrm{T}}$ 的第 j 行为 $(b_{1j},b_{2j},\cdots,b_{sj})$,$\boldsymbol{A}^{\mathrm{T}}$ 的第 i 列为 $(a_{i1},a_{i2},\cdots,a_{is})^{\mathrm{T}}$,因此 $d_{ji}=(b_{1j},b_{2j},\cdots,b_{sj})\begin{pmatrix}a_{i1}\\a_{i2}\\\vdots\\a_{is}\end{pmatrix}=\sum_{k=1}^{s}b_{kj}a_{ik}=\sum_{k=1}^{s}a_{ik}b_{kj}$.

所以 $d_{ji}=c_{ij}\ (i=1,2,\cdots,m;j=1,2,\cdots,n)$,即 $\boldsymbol{C}^{\mathrm{T}}=\boldsymbol{D}$,也即 $(\boldsymbol{AB})^{\mathrm{T}}=\boldsymbol{B}^{\mathrm{T}}\boldsymbol{A}^{\mathrm{T}}$.

设 $\boldsymbol{A}$ 为 n 阶方阵,若 $\boldsymbol{A}^{\mathrm{T}}=\boldsymbol{A}$,即

$$a_{ij}=a_{ji}(i,j=1,2,\cdots,n),$$

则称 $\boldsymbol{A}$ 为对称矩阵;若 $\boldsymbol{A}^{\mathrm{T}}=-\boldsymbol{A}$,即

$$a_{ij}=-a_{ji}(i,j=1,2,\cdots,n),$$

则称 $\boldsymbol{A}$ 为反对称矩阵.

例如,

$$\boldsymbol{A}_1=\begin{pmatrix}1&2&3\\2&-1&-4\\3&-4&0\end{pmatrix},\boldsymbol{A}_2=\begin{pmatrix}0&1&-2\\-1&0&-3\\2&3&0\end{pmatrix}$$

分别为 3 阶对称矩阵和 3 阶反对称矩阵.

例 9　设 $\boldsymbol{A}=\begin{pmatrix}0&2&1\\1&2&-1\end{pmatrix}$,$\boldsymbol{B}=\begin{pmatrix}1&1&3\\0&-2&0\\2&2&1\end{pmatrix}$,求 $\boldsymbol{AB}$ 及 $\boldsymbol{B}^{\mathrm{T}}\boldsymbol{A}^{\mathrm{T}}$.

解　$\boldsymbol{AB}=\begin{pmatrix}0&2&1\\1&2&-1\end{pmatrix}\begin{pmatrix}1&1&3\\0&-2&0\\2&2&1\end{pmatrix}=\begin{pmatrix}2&-2&1\\-1&-5&2\end{pmatrix}$,

$$\boldsymbol{B}^{\mathrm{T}}\boldsymbol{A}^{\mathrm{T}}=(\boldsymbol{AB})^{\mathrm{T}}=\begin{pmatrix}2&-2&1\\-1&-5&2\end{pmatrix}^{\mathrm{T}}=\begin{pmatrix}2&-1\\-2&-5\\1&2\end{pmatrix}.$$

例 10　证明:设 $\boldsymbol{A}$ 为 n 阶方阵,则 $\boldsymbol{A}^{\mathrm{T}}+\boldsymbol{A}$ 为对称方阵,$\boldsymbol{A}^{\mathrm{T}}-\boldsymbol{A}$ 为反对称方阵.

证 显然 $(\boldsymbol{A}^{\mathrm{T}}+\boldsymbol{A})^{\mathrm{T}}=\boldsymbol{A}+\boldsymbol{A}^{\mathrm{T}}$, 所以 $\boldsymbol{A}^{\mathrm{T}}+\boldsymbol{A}$ 是对称矩阵. 而

$$(\boldsymbol{A}^{\mathrm{T}}-\boldsymbol{A})^{\mathrm{T}}=\boldsymbol{A}-\boldsymbol{A}^{\mathrm{T}}=-(\boldsymbol{A}^{\mathrm{T}}-\boldsymbol{A}),$$

所以 $\boldsymbol{A}^{\mathrm{T}}-\boldsymbol{A}$ 是反对称矩阵.

注 对 n 阶方阵 $\boldsymbol{A}$, 总有 $\boldsymbol{A}=\frac{1}{2}(\boldsymbol{A}^{\mathrm{T}}+\boldsymbol{A})-\frac{1}{2}(\boldsymbol{A}^{\mathrm{T}}-\boldsymbol{A})$, 即任一 n 阶方阵都可以表示为一个对称矩阵与一个反对称矩阵的差.

2.2.5 方阵的行列式

由 n 阶方阵 $\boldsymbol{A}$ 可以确定一个 n 阶行列式,称此行列式为方阵 $\boldsymbol{A}$ 的行列式,记为 $|\boldsymbol{A}|$ 或 $\det \boldsymbol{A}$. 设

$$\boldsymbol{A}=\begin{pmatrix} a_{11} & a_{12} & \cdots & a_{1n} \\ a_{21} & a_{22} & \cdots & a_{2n} \\ \vdots & \vdots & & \vdots \\ a_{n1} & a_{n2} & \cdots & a_{nn} \end{pmatrix},$$

则

$$\det \boldsymbol{A}=|\boldsymbol{A}|=\begin{vmatrix} a_{11} & a_{12} & \cdots & a_{1n} \\ a_{21} & a_{22} & \cdots & a_{2n} \\ \vdots & \vdots & & \vdots \\ a_{n1} & a_{n2} & \cdots & a_{nn} \end{vmatrix}.$$

注 n 阶方阵是 n 行 n 列的数表,而它的行列式是此数表中 n^2 个元素按一定的运算法则所确定的一个数,因此方阵和行列式是两个不同的概念.

设 $\boldsymbol{A},\boldsymbol{B}$ 是 n 阶方阵, λ 是数,则下列各式成立:

(1) $|\boldsymbol{A}^{\mathrm{T}}|=|\boldsymbol{A}|$;

(2) $|\lambda\boldsymbol{A}|=\lambda^{n}|\boldsymbol{A}|$;

(3) $|\boldsymbol{A}\boldsymbol{B}|=|\boldsymbol{A}||\boldsymbol{B}|$;

(4) $|\boldsymbol{A}^{n}|=|\boldsymbol{A}|^{n}$.

例 11 设 $\boldsymbol{A}$ 为 4 阶方阵,且满足 $\boldsymbol{A}^{\mathrm{T}}\boldsymbol{A}=E$, $|\boldsymbol{A}|=-1$, 求 $|\boldsymbol{A}-\boldsymbol{E}|$.

解 $|\boldsymbol{A}-\boldsymbol{E}|=|\boldsymbol{A}-\boldsymbol{A}^{\mathrm{T}}\boldsymbol{A}|=|(\boldsymbol{E}-\boldsymbol{A}^{\mathrm{T}})\boldsymbol{A}|=|(\boldsymbol{E}-\boldsymbol{A})^{\mathrm{T}}||\boldsymbol{A}|=-|\boldsymbol{E}-\boldsymbol{A}|=-|\boldsymbol{A}-\boldsymbol{E}|$, 因此, $|\boldsymbol{A}-\boldsymbol{E}|=0$.

2.3　可逆矩阵

在实数的乘法运算中，对于实数 a，有 $a\cdot 1=1\cdot a=a$；而在矩阵的乘法运算中，我们知道 n 阶方阵 $\boldsymbol{A}$ 和 n 阶单位矩阵 $\boldsymbol{E}$ 满足 $\boldsymbol{AE}=\boldsymbol{EA}=\boldsymbol{A}$，可见，$n$ 阶单位矩阵 $\boldsymbol{E}$ 在矩阵乘法中有着与数的乘法中 1 类似的作用. 对于非零实数 a，有 $a\cdot a^{-1}=a^{-1}\cdot a=1$，那么对于 n 阶方阵 $\boldsymbol{A}$ 来说，是否也有类似的结果呢？这就是我们要讨论的逆矩阵问题.

定义 6　对于 n 阶方阵 $\boldsymbol{A}$，如果存在 n 阶方阵 $\boldsymbol{B}$，使 $\boldsymbol{AB}=\boldsymbol{BA}=\boldsymbol{E}$，则称 $\boldsymbol{A}$ 为可逆矩阵，$\boldsymbol{B}$ 称为 $\boldsymbol{A}$ 的逆矩阵，记作 $\boldsymbol{A}^{-1}=\boldsymbol{B}$.

注　(1)若 $\boldsymbol{B}$ 是 $\boldsymbol{A}$ 的逆矩阵，则 $\boldsymbol{A}$ 是 $\boldsymbol{B}$ 的逆矩阵. 即 $\boldsymbol{A}$ 与 $\boldsymbol{B}$ 互为逆矩阵.

(2)若 $\boldsymbol{B},\boldsymbol{B}_1$ 都是 $\boldsymbol{A}$ 的逆矩阵，则 $\boldsymbol{B}=\boldsymbol{BE}=\boldsymbol{B}(\boldsymbol{AB}_1)=(\boldsymbol{BA})\boldsymbol{B}_1=\boldsymbol{EB}_1=\boldsymbol{B}_1$. 即可逆矩阵的逆矩阵是唯一的.

例 12　设 $\boldsymbol{A}=\begin{pmatrix}\lambda_1 & 0 & \cdots & 0\\ 0 & \lambda_2 & \cdots & 0\\ \vdots & \vdots & & \vdots\\ 0 & 0 & \cdots & \lambda_n\end{pmatrix}$，问 $\lambda_1,\lambda_2,\cdots,\lambda_n$ 满足什么条件时 $\boldsymbol{A}$ 可逆，并求出 $\boldsymbol{A}^{-1}$.

解　若 $\lambda_1\neq 0,\lambda_2\neq 0,\cdots,\lambda_n\neq 0$，则

$$\begin{pmatrix}\lambda_1 & 0 & \cdots & 0\\ 0 & \lambda_2 & \cdots & 0\\ \vdots & \vdots & & \vdots\\ 0 & 0 & \cdots & \lambda_n\end{pmatrix}\begin{pmatrix}\frac{1}{\lambda_1} & 0 & \cdots & 0\\ 0 & \frac{1}{\lambda_2} & \cdots & 0\\ \vdots & \vdots & & \vdots\\ 0 & 0 & \cdots & \frac{1}{\lambda_n}\end{pmatrix}=\begin{pmatrix}\frac{1}{\lambda_1} & 0 & \cdots & 0\\ 0 & \frac{1}{\lambda_2} & \cdots & 0\\ \vdots & \vdots & & \vdots\\ 0 & 0 & \cdots & \frac{1}{\lambda_n}\end{pmatrix}\begin{pmatrix}\lambda_1 & 0 & \cdots & 0\\ 0 & \lambda_2 & \cdots & 0\\ \vdots & \vdots & & \vdots\\ 0 & 0 & \cdots & \lambda_n\end{pmatrix}=\boldsymbol{E},$$

由定义 6，可知 $\begin{pmatrix}\lambda_1 & 0 & \cdots & 0\\ 0 & \lambda_2 & \cdots & 0\\ \vdots & \vdots & & \vdots\\ 0 & 0 & \cdots & \lambda_n\end{pmatrix}^{-1}=\begin{pmatrix}\frac{1}{\lambda_1} & 0 & \cdots & 0\\ 0 & \frac{1}{\lambda_2} & \cdots & 0\\ \vdots & \vdots & & \vdots\\ 0 & 0 & \cdots & \frac{1}{\lambda_n}\end{pmatrix}$.

例 13 设 n 阶方阵 $\boldsymbol{A}=(a_{ij})$，A_{ij} 为 n 阶行列式 $|\boldsymbol{A}|$ 的各元素 a_{ij} 的代数余子式 $(i,j=1,2,\cdots n)$，记

$$\boldsymbol{A}^*=\begin{pmatrix}A_{11}&A_{21}&\cdots&A_{n1}\\A_{12}&A_{22}&\cdots&A_{n2}\\\vdots&\vdots&&\vdots\\A_{1n}&A_{2n}&\cdots&A_{nn}\end{pmatrix},$$

称 $\boldsymbol{A}^*$ 为矩阵 $\boldsymbol{A}$ 的**伴随矩阵**. 证明：$\boldsymbol{AA}^*=\boldsymbol{A}^*\boldsymbol{A}=|\boldsymbol{A}|\boldsymbol{E}$.

证 设 $\boldsymbol{AA}^*=(b_{ij})$，则

$$b_{ij}=a_{i1}A_{j1}+a_{i2}A_{j2}+\cdots+a_{in}A_{jn}=\begin{cases}|\boldsymbol{A}|, & j=i,\\0, & j\neq i,\end{cases}(i,j=1,2,\cdots n).$$

于是

$$\boldsymbol{AA}^*=\begin{pmatrix}|\boldsymbol{A}|&0&\cdots&0\\0&|\boldsymbol{A}|&\cdots&0\\\vdots&\vdots&&\vdots\\0&0&\cdots&|\boldsymbol{A}|\end{pmatrix}=|\boldsymbol{A}|\boldsymbol{E}.$$

同理可得 $\boldsymbol{A}^*\boldsymbol{A}=|\boldsymbol{A}|\boldsymbol{E}$. 故有 $\boldsymbol{AA}^*=\boldsymbol{A}^*\boldsymbol{A}=|\boldsymbol{A}|\boldsymbol{E}$.

一般用定义判断矩阵是否可逆以及求逆矩阵是很困难的，下面我们来看一个矩阵可逆的充要条件，它同时也给出了求逆矩阵的一种方法.

定理 1 n 阶矩阵 $\boldsymbol{A}$ 可逆的充要条件是 $|\boldsymbol{A}|\neq 0$，并且当 $\boldsymbol{A}$ 可逆时，有

$$\boldsymbol{A}^{-1}=\frac{1}{|\boldsymbol{A}|}\boldsymbol{A}^*.$$

证 先证充分性. 由例 2 可知 $\boldsymbol{AA}^*=\boldsymbol{A}^*\boldsymbol{A}=|\boldsymbol{A}|\boldsymbol{E}$，又因为 $|\boldsymbol{A}|\neq 0$，所以

$$\boldsymbol{A}\left(\frac{\boldsymbol{A}^*}{|\boldsymbol{A}|}\right)=\left(\frac{\boldsymbol{A}^*}{|\boldsymbol{A}|}\right)\boldsymbol{A}=\boldsymbol{E},$$

则由定义 6 可知 $\boldsymbol{A}$ 是可逆的，且 $\boldsymbol{A}^{-1}=\dfrac{1}{|\boldsymbol{A}|}\boldsymbol{A}^*$.

再证必要性. 由于 $\boldsymbol{A}$ 是可逆的，则有 $\boldsymbol{A}^{-1}$ 使得 $\boldsymbol{AA}^{-1}=\boldsymbol{E}$，故 $|\boldsymbol{A}||\boldsymbol{A}^{-1}|=|\boldsymbol{AA}^{-1}|=|\boldsymbol{E}|=1$，所以 $|\boldsymbol{A}|\neq 0$.

对于 n 阶矩阵 $\boldsymbol{A}$，若 $|\boldsymbol{A}|=0$，则称 $\boldsymbol{A}$ 为**奇异矩阵**；若 $|\boldsymbol{A}|\neq 0$，则称 $\boldsymbol{A}$ 为**非奇异矩阵**. 定理 1 说明，矩阵 $\boldsymbol{A}$ 可逆的充要条件是 $\boldsymbol{A}$ 是非奇异矩阵.

推论 1 对于 n 阶方阵 $\boldsymbol{A}$，如果存在 n 阶方阵 $\boldsymbol{B}$，使 $\boldsymbol{AB}=\boldsymbol{E}$ 或 $\boldsymbol{BA}=\boldsymbol{E}$，则 $\boldsymbol{A}$ 为

可逆矩阵,且 $\boldsymbol{A}^{-1}=\boldsymbol{B}$.

证　由 $\boldsymbol{AB}=\boldsymbol{E}$ 可得 $|\boldsymbol{A}||\boldsymbol{B}|=|\boldsymbol{E}|=1$, 故 $|\boldsymbol{A}|\neq 0$, 从而 $\boldsymbol{A}^{-1}$ 存在,且

$$\boldsymbol{B}=\boldsymbol{EB}=(\boldsymbol{A}^{-1}\boldsymbol{A})\boldsymbol{B}=\boldsymbol{A}^{-1}(\boldsymbol{AB})=\boldsymbol{A}^{-1}\boldsymbol{E}=\boldsymbol{A}^{-1}.$$

由推论 1 不难得到逆矩阵的如下性质:

(1)若 $\boldsymbol{A}$ 可逆,则 $\boldsymbol{A}^{-1}$ 也可逆,且 $(\boldsymbol{A}^{-1})^{-1}=\boldsymbol{A}$.

(2)若 $\lambda(\neq 0)\in\mathbf{R}$,$\boldsymbol{A}$ 可逆,则 $(\lambda\boldsymbol{A})^{-1}=\dfrac{1}{\lambda}\boldsymbol{A}^{-1}$.

(3)若 $\boldsymbol{A}$,$\boldsymbol{B}$ 为同阶可逆矩阵,则 $\boldsymbol{AB}$ 也可逆,且 $(\boldsymbol{AB})^{-1}=\boldsymbol{B}^{-1}\boldsymbol{A}^{-1}$.

(4)若 $\boldsymbol{A}$ 可逆,则 $\boldsymbol{A}^{\mathrm{T}}$ 也可逆,且 $(\boldsymbol{A}^{\mathrm{T}})^{-1}=(\boldsymbol{A}^{-1})^{\mathrm{T}}$.

(5)若 $\boldsymbol{A}$ 可逆,则 $|\boldsymbol{A}^{-1}|=\dfrac{1}{|\boldsymbol{A}|}$.

例 14　判断矩阵 $\boldsymbol{A}=\begin{pmatrix}a_{11}&a_{12}\\a_{21}&a_{22}\end{pmatrix}$ 何时可逆,当 $\boldsymbol{A}$ 可逆时,求 $\boldsymbol{A}^{-1}$.

解　当且仅当 $|\boldsymbol{A}|=\begin{vmatrix}a_{11}&a_{12}\\a_{21}&a_{22}\end{vmatrix}=a_{11}a_{22}-a_{12}a_{21}\neq 0$ 时 $\boldsymbol{A}$ 可逆. 此时

$$\boldsymbol{A}^{-1}=\frac{1}{|\boldsymbol{A}|}\boldsymbol{A}^{*}=\frac{1}{a_{11}a_{22}-a_{12}a_{21}}\begin{pmatrix}a_{22}&-a_{12}\\-a_{21}&a_{11}\end{pmatrix}.$$

例 15　求 $\boldsymbol{A}=\begin{pmatrix}3&-2&-4\\7&-5&-10\\-3&2&3\end{pmatrix}$ 的逆矩阵.

解　由于 $|\boldsymbol{A}|=\begin{vmatrix}3&-2&-4\\7&-5&-10\\-3&2&3\end{vmatrix}=1\neq 0$, 且

$$A_{11}=\begin{vmatrix}-5&-10\\2&3\end{vmatrix}=5, A_{12}=-\begin{vmatrix}7&-10\\-3&3\end{vmatrix}=9, A_{13}=\begin{vmatrix}7&-5\\-3&2\end{vmatrix}=-1,$$

类似可得: $A_{21}=-2$, $A_{22}=-3$, $A_{23}=0$, $A_{31}=0$, $A_{32}=2$, $A_{33}=-1$, 所以

$$\boldsymbol{A}^{-1}=\frac{1}{|\boldsymbol{A}|}\boldsymbol{A}^{*}=\begin{pmatrix}5&-2&0\\9&-3&2\\-1&0&-1\end{pmatrix}.$$

例 16 求解线性方程组

$$\begin{cases} x_1 + x_2 - x_3 = 3, \\ 2x_1 + x_3 = 0, \\ x_1 - x_2 + 3x_3 = 1. \end{cases}$$

解 方程组的系数矩阵为

$$\boldsymbol{A} = \begin{pmatrix} 1 & 1 & -1 \\ 2 & 0 & 1 \\ 1 & -1 & 3 \end{pmatrix},$$

其行列式为

$$|\boldsymbol{A}| = \begin{vmatrix} 1 & 1 & -1 \\ 2 & 0 & 1 \\ 1 & -1 & 3 \end{vmatrix} = -2 \neq 0,$$

所以 $\boldsymbol{A}$ 可逆,求得其逆矩阵为

$$\boldsymbol{A}^{-1} = -\frac{1}{2}\begin{pmatrix} 1 & -2 & 1 \\ -5 & 4 & -3 \\ -2 & 2 & -2 \end{pmatrix}.$$

所以该线性方程组的解为

$$\boldsymbol{x} = \boldsymbol{A}^{-1}\boldsymbol{b} = -\frac{1}{2}\begin{pmatrix} 1 & -2 & 1 \\ -5 & 4 & -3 \\ -2 & 2 & -2 \end{pmatrix}\begin{pmatrix} 3 \\ 0 \\ 1 \end{pmatrix} = \begin{pmatrix} -2 \\ 9 \\ 4 \end{pmatrix},$$

即 $x_1 = -2, x_2 = 9, x_3 = 4$.

例 17 设 3 阶方阵 $\boldsymbol{A}, \boldsymbol{B}$ 满足 $\boldsymbol{A}^2 + \boldsymbol{B} = \boldsymbol{AB} + \boldsymbol{E}$, 其中 $\boldsymbol{A} = \begin{pmatrix} 1 & 0 & 1 \\ 0 & 2 & 0 \\ 1 & 0 & 1 \end{pmatrix}$, 求 $\boldsymbol{B}$.

解 由方程 $\boldsymbol{A}^2 + \boldsymbol{B} = \boldsymbol{AB} + \boldsymbol{E}$, 可得

$$(\boldsymbol{A} - \boldsymbol{E})\boldsymbol{B} = \boldsymbol{A}^2 - \boldsymbol{E} = (\boldsymbol{A} - \boldsymbol{E})(\boldsymbol{A} + \boldsymbol{E}).$$

又

$$\boldsymbol{A} - \boldsymbol{E} = \begin{pmatrix} 0 & 0 & 1 \\ 0 & 1 & 0 \\ 1 & 0 & 0 \end{pmatrix}, \ |\boldsymbol{A} - \boldsymbol{E}| = -1 \neq 0,$$

所以 $\boldsymbol{A} - \boldsymbol{E}$ 可逆,从而等式 $(\boldsymbol{A} - \boldsymbol{E})\boldsymbol{B} = \boldsymbol{A}^2 - \boldsymbol{E} = (\boldsymbol{A} - \boldsymbol{E})(\boldsymbol{A} + \boldsymbol{E})$ 两边同时左乘$(\boldsymbol{A}-$

$\boldsymbol{E})^{-1}$,可得

$$\boldsymbol{B}=\boldsymbol{A}+\boldsymbol{E}=\begin{pmatrix}2&0&1\\0&3&0\\1&0&2\end{pmatrix}.$$

例 18　设 $\boldsymbol{A}$ 为 3 阶方阵,且 $|\boldsymbol{A}|=2$, 求 $\left|\left(\frac{1}{2}\boldsymbol{A}\right)^{-1}-3\boldsymbol{A}^*\right|$.

解　因为 $|\boldsymbol{A}|=2$, 所以 $\boldsymbol{A}$ 可逆,且 $\boldsymbol{A}^{-1}=\frac{1}{|\boldsymbol{A}|}A^*$, 于是

$$\left(\frac{1}{2}\boldsymbol{A}\right)^{-1}-3\boldsymbol{A}^*=2\boldsymbol{A}^{-1}-3\boldsymbol{A}^*=2\frac{1}{|\boldsymbol{A}|}\boldsymbol{A}^*-3\boldsymbol{A}^*=-2A^*.$$

又由 $\boldsymbol{A}\boldsymbol{A}^*=\boldsymbol{A}^*\boldsymbol{A}=|\boldsymbol{A}|\boldsymbol{E}$,可知 $|\boldsymbol{A}^*|=|\boldsymbol{A}|^{3-1}=|\boldsymbol{A}|^2=4$, 故

$$\left|\left(\frac{1}{2}\boldsymbol{A}\right)^{-1}-3\boldsymbol{A}^*\right|=|-2\boldsymbol{A}^*|=(-2)^3|\boldsymbol{A}^*|=-32.$$

例 19　设方阵 $\boldsymbol{A}$ 满足矩阵方程 $\boldsymbol{A}^2+2\boldsymbol{A}-5\boldsymbol{E}=\boldsymbol{O}$, 证明:$\boldsymbol{A}+3\boldsymbol{E}$ 可逆,并求 $(\boldsymbol{A}+3\boldsymbol{E})^{-1}$.

证　由 $\boldsymbol{A}^2+2\boldsymbol{A}-5\boldsymbol{E}=\boldsymbol{O}$, 可得 $(\boldsymbol{A}+3\boldsymbol{E})(\boldsymbol{A}-\boldsymbol{E})=2\boldsymbol{E}$, 即 $(\boldsymbol{A}+3\boldsymbol{E})\left[\frac{1}{2}(\boldsymbol{A}-\boldsymbol{E})\right]=\boldsymbol{E}$, 由推论 1,可知 $\boldsymbol{A}+3\boldsymbol{E}$ 可逆,并且 $(\boldsymbol{A}+3\boldsymbol{E})^{-1}=\frac{1}{2}(\boldsymbol{A}-\boldsymbol{E})$.

2.4　分块矩阵

把矩阵 $\boldsymbol{A}$ 用若干条横线和纵线分成许多个小矩阵,每个小矩阵称为矩阵 $\boldsymbol{A}$ 的子块,以子块为元素的形式矩阵叫作**分块矩阵**. 如对矩阵

$$\boldsymbol{A}=\begin{pmatrix}1&3&1&0\\0&-1&0&1\\0&0&3&1\\0&0&4&6\end{pmatrix}$$

可以采取不同的分块方法,下面举出四种分块形式:

$$\boldsymbol{A}=\left(\begin{array}{cc:cc}1&3&1&0\\0&-1&0&1\\\hdashline 0&0&3&1\\0&0&4&6\end{array}\right),\boldsymbol{A}=\left(\begin{array}{ccc:c}1&3&1&0\\0&-1&0&1\\0&0&3&1\\\hdashline 0&0&4&6\end{array}\right),$$

$$A = \begin{pmatrix} 1 & 3 & 1 & 0 \\ \hdashline 0 & -1 & 0 & 1 \\ \hdashline 0 & 0 & 3 & 1 \\ \hdashline 0 & 0 & 4 & 6 \end{pmatrix}, A = \left(\begin{array}{c:c:c:c} 1 & 3 & 1 & 0 \\ 0 & -1 & 0 & 1 \\ 0 & 0 & 3 & 1 \\ 0 & 0 & 4 & 6 \end{array}\right).$$

第一种分法可以记为

$$A = \begin{pmatrix} A_1 & E \\ O & A_2 \end{pmatrix},$$

其中 $A_1 = \begin{pmatrix} 1 & 3 \\ 0 & -1 \end{pmatrix}, A_2 = \begin{pmatrix} 3 & 1 \\ 4 & 6 \end{pmatrix}, E = \begin{pmatrix} 1 & 0 \\ 0 & 1 \end{pmatrix}, O = \begin{pmatrix} 0 & 0 \\ 0 & 0 \end{pmatrix}$.

第三种分法是按行分块，记为

$$A = \begin{pmatrix} \boldsymbol{\alpha}_1 \\ \boldsymbol{\alpha}_2 \\ \boldsymbol{\alpha}_3 \\ \boldsymbol{\alpha}_4 \end{pmatrix},$$

其中 $\boldsymbol{\alpha}_i$ 是矩阵 A 的第 $i(i = 1,2,3,4)$ 行元素构成的行向量，称为矩阵 A 的行向量.

第四种分法是按列分块，记为

$$A = (\boldsymbol{a}_1, \boldsymbol{a}_2, \boldsymbol{a}_3, \boldsymbol{a}_4),$$

其中 $\boldsymbol{a}_i$ 是矩阵 A 的第 $i(i = 1,2,3,4)$ 列元素构成的列向量，称为矩阵 A 的列向量.

在高阶矩阵的运算中使用分块运算的方法可以使运算简便. 分块矩阵的运算与普通矩阵的运算法则类似，而分块方法则根据运算需要而定.

2.4.1 分块矩阵的加法

设 A,B 为同型矩阵，且用同样的分块方法进行分块，即

$$A = \begin{pmatrix} A_{11} & A_{12} & \cdots & A_{1s} \\ A_{21} & A_{22} & \cdots & A_{2s} \\ \vdots & \vdots & & \vdots \\ A_{r1} & A_{r2} & \cdots & A_{rs} \end{pmatrix}, B = \begin{pmatrix} B_{11} & B_{12} & \cdots & B_{1s} \\ B_{21} & B_{22} & \cdots & B_{2s} \\ \vdots & \vdots & & \vdots \\ B_{r1} & B_{r2} & \cdots & B_{rs} \end{pmatrix},$$

其中 A_{ij} 与 $B_{ij}(i = 1,2,\cdots,r;j = 1,2,\cdots,t)$ 也是同型矩阵，则

$$A \pm B = \begin{pmatrix} A_{11} \pm B_{11} & A_{12} \pm B_{12} & \cdots & A_{1s} \pm B_{1s} \\ A_{21} \pm B_{21} & A_{22} \pm B_{22} & \cdots & A_{2s} \pm B_{2s} \\ \vdots & \vdots & & \vdots \\ A_{r1} \pm B_{r1} & A_{r2} \pm B_{r2} & \cdots & A_{rs} \pm B_{rs} \end{pmatrix}.$$

2.4.2　分块矩阵的数乘

用数 λ 乘一个分块矩阵,等于用数 λ 去乘矩阵的每一子块,即

$$\lambda A = \lambda \begin{pmatrix} A_{11} & A_{12} & \cdots & A_{1s} \\ A_{21} & A_{22} & \cdots & A_{2s} \\ \vdots & \vdots & & \vdots \\ A_{r1} & A_{r2} & \cdots & A_{rs} \end{pmatrix} = \begin{pmatrix} \lambda A_{11} & \lambda A_{12} & \cdots & \lambda A_{1s} \\ \lambda A_{21} & \lambda A_{22} & \cdots & \lambda A_{2s} \\ \vdots & \vdots & & \vdots \\ \lambda A_{r1} & \lambda A_{r2} & \cdots & \lambda A_{rs} \end{pmatrix}.$$

2.4.3　分块矩阵的乘法

设 A 为 $m \times l$ 的矩阵, B 为 $l \times n$ 的矩阵,分块成

$$A = \begin{pmatrix} A_{11} & A_{12} & \cdots & A_{1s} \\ A_{21} & A_{22} & \cdots & A_{2s} \\ \vdots & \vdots & & \vdots \\ A_{r1} & A_{r2} & \cdots & A_{rs} \end{pmatrix}, B = \begin{pmatrix} B_{11} & B_{12} & \cdots & B_{1t} \\ B_{21} & B_{22} & \cdots & B_{2t} \\ \vdots & \vdots & & \vdots \\ B_{s1} & B_{s2} & \cdots & B_{st} \end{pmatrix}$$

其中 $A_{i1}, A_{i2}, \cdots, A_{is} (i = 1, 2, \cdots, r)$ 的列数分别等于 $B_{1j}, B_{2j}, \cdots, B_{sj} (j = 1, 2, \cdots, t)$ 的行数,则

$$AB = \begin{pmatrix} C_{11} & C_{12} & \cdots & C_{1t} \\ C_{21} & C_{22} & \cdots & C_{2t} \\ \vdots & \vdots & & \vdots \\ C_{r1} & C_{r2} & \cdots & C_{rt} \end{pmatrix},$$

其中 $C_{ij} = \sum_{k=1}^{s} A_{ik} B_{kj} (i = 1, 2, \cdots, r; j = 1, 2, \cdots, t)$.

例 20　设 $A = \begin{pmatrix} 2 & 0 & 0 & 0 \\ 0 & 1 & 0 & 0 \\ 1 & -1 & 1 & 0 \\ 1 & 1 & 0 & 1 \end{pmatrix}, B = \begin{pmatrix} 1 & 0 \\ -1 & 1 \\ 1 & 2 \\ 0 & 1 \end{pmatrix}$, 求 AB.

解 把 $\boldsymbol{A},\boldsymbol{B}$ 分块成

$$\boldsymbol{A}=\left(\begin{array}{cc:cc}2&0&0&0\\0&1&0&0\\ \hdashline 1&-1&1&0\\1&1&0&1\end{array}\right)=\begin{pmatrix}\boldsymbol{A}_1&\boldsymbol{O}\\\boldsymbol{A}_2&\boldsymbol{E}\end{pmatrix},\boldsymbol{B}=\left(\begin{array}{cc}1&0\\-1&1\\ \hdashline 1&2\\0&1\end{array}\right)=\begin{pmatrix}\boldsymbol{B}_1\\\boldsymbol{B}_2\end{pmatrix},$$

则 $\boldsymbol{AB}=\begin{pmatrix}\boldsymbol{A}_1&\boldsymbol{O}\\\boldsymbol{A}_2&\boldsymbol{E}\end{pmatrix}\begin{pmatrix}\boldsymbol{B}_1\\\boldsymbol{B}_2\end{pmatrix}=\begin{pmatrix}\boldsymbol{A}_1\boldsymbol{B}_1\\\boldsymbol{A}_2\boldsymbol{B}_1+\boldsymbol{B}_2\end{pmatrix}$. 又

$$\boldsymbol{A}_1\boldsymbol{B}_1=\begin{pmatrix}2&0\\0&1\end{pmatrix}\begin{pmatrix}1&0\\-1&1\end{pmatrix}=\begin{pmatrix}2&0\\-1&1\end{pmatrix},\boldsymbol{A}_2\boldsymbol{B}_1=\begin{pmatrix}1&-1\\1&1\end{pmatrix}\begin{pmatrix}1&0\\-1&1\end{pmatrix}=\begin{pmatrix}2&-1\\0&1\end{pmatrix},$$

所以

$$\boldsymbol{AB}=\begin{pmatrix}\boldsymbol{A}_1\boldsymbol{B}_1\\\boldsymbol{A}_2\boldsymbol{B}_1+\boldsymbol{B}_2\end{pmatrix}=\begin{pmatrix}2&0\\-1&1\\3&1\\0&2\end{pmatrix}.$$

2.4.4 分块矩阵的转置

设矩阵 $\boldsymbol{A}$ 为分块矩阵

$$\begin{pmatrix}\boldsymbol{A}_{11}&\boldsymbol{A}_{12}&\cdots&\boldsymbol{A}_{1s}\\\boldsymbol{A}_{21}&\boldsymbol{A}_{22}&\cdots&\boldsymbol{A}_{2s}\\\vdots&\vdots&&\vdots\\\boldsymbol{A}_{r1}&\boldsymbol{A}_{r2}&\cdots&\boldsymbol{A}_{rs}\end{pmatrix},$$

则矩阵 $\boldsymbol{A}$ 的转置矩阵为

$$\boldsymbol{A}^{\mathrm{T}}=\begin{pmatrix}\boldsymbol{A}_{11}^{\mathrm{T}}&\boldsymbol{A}_{21}^{\mathrm{T}}&\cdots&\boldsymbol{A}_{r1}^{\mathrm{T}}\\\boldsymbol{A}_{12}^{\mathrm{T}}&\boldsymbol{A}_{22}^{\mathrm{T}}&\cdots&\boldsymbol{A}_{r2}^{\mathrm{T}}\\\vdots&\vdots&&\vdots\\\boldsymbol{A}_{1s}^{\mathrm{T}}&\boldsymbol{A}_{2s}^{\mathrm{T}}&\cdots&\boldsymbol{A}_{rs}^{\mathrm{T}}\end{pmatrix}.$$

2.4.5 分块对角矩阵

设 $\boldsymbol{A}$ 为 n 阶方阵,若 $\boldsymbol{A}$ 的分块矩阵只有在主对角线上有非零子块,其余子块都

是零子块，且非零子块都为方阵，即

$$\boldsymbol{A}=\begin{pmatrix}\boldsymbol{A}_1 & \boldsymbol{O} & \cdots & \boldsymbol{O}\\ \boldsymbol{O} & \boldsymbol{A}_2 & \cdots & \boldsymbol{O}\\ \vdots & \vdots & & \vdots\\ \boldsymbol{O} & \boldsymbol{O} & \cdots & \boldsymbol{A}_s\end{pmatrix},$$

其中 $\boldsymbol{A}_i(i=1,2,\cdots,s)$ 都是方阵，则称 $\boldsymbol{A}$ 为分块对角矩阵.

根据分块矩阵的加法、数乘和乘法运算法则，不难发现，两个同阶的分块对角矩阵（主对角线上对应子块分别为同阶矩阵）的和与乘积仍是分块对角矩阵，一个分块对角矩阵的数乘矩阵及其方幂也仍是分块对角矩阵. 如

$$\boldsymbol{A}=\begin{pmatrix}\boldsymbol{A}_1 & \boldsymbol{O} & \cdots & \boldsymbol{O}\\ \boldsymbol{O} & \boldsymbol{A}_2 & \cdots & \boldsymbol{O}\\ \vdots & \vdots & & \vdots\\ \boldsymbol{O} & \boldsymbol{O} & \cdots & \boldsymbol{A}_s\end{pmatrix},\boldsymbol{B}=\begin{pmatrix}\boldsymbol{B}_1 & \boldsymbol{O} & \cdots & \boldsymbol{O}\\ \boldsymbol{O} & \boldsymbol{B}_2 & \cdots & \boldsymbol{O}\\ \vdots & \vdots & & \vdots\\ \boldsymbol{O} & \boldsymbol{O} & \cdots & \boldsymbol{B}_s\end{pmatrix},$$

则

$$\boldsymbol{AB}=\begin{pmatrix}\boldsymbol{A}_1\boldsymbol{B}_1 & \boldsymbol{O} & \cdots & \boldsymbol{O}\\ \boldsymbol{O} & \boldsymbol{A}_2\boldsymbol{B}_2 & \cdots & \boldsymbol{O}\\ \vdots & \vdots & & \vdots\\ \boldsymbol{O} & \boldsymbol{O} & \cdots & \boldsymbol{A}_n\boldsymbol{B}_n\end{pmatrix},$$

$$\boldsymbol{A}^k=\begin{pmatrix}\boldsymbol{A}_1^k & \boldsymbol{O} & \cdots & \boldsymbol{O}\\ \boldsymbol{O} & \boldsymbol{A}_2^k & \cdots & \boldsymbol{O}\\ \vdots & \vdots & & \vdots\\ \boldsymbol{O} & \boldsymbol{O} & \cdots & \boldsymbol{A}_s^k\end{pmatrix}\ (k\text{ 为正整数}).$$

由第 1 章 1.4 节的例 14，不难得到 $|\boldsymbol{A}|=|\boldsymbol{A}_1||\boldsymbol{A}_2|\cdots|\boldsymbol{A}_s|$. 若 $|\boldsymbol{A}_i|\neq 0(i=1,2,\cdots,s)$，则 $|\boldsymbol{A}|\neq 0$. 即若 $\boldsymbol{A}_i(i=1,2,\cdots,s)$ 都是可逆矩阵，则 $\boldsymbol{A}$ 是可逆矩阵，且

$$\begin{pmatrix}\boldsymbol{A}_1 & \boldsymbol{O} & \cdots & \boldsymbol{O}\\ \boldsymbol{O} & \boldsymbol{A}_2 & \cdots & \boldsymbol{O}\\ \vdots & \vdots & & \vdots\\ \boldsymbol{O} & \boldsymbol{O} & \cdots & \boldsymbol{A}_s\end{pmatrix}\begin{pmatrix}\boldsymbol{A}_1^{-1} & \boldsymbol{O} & \cdots & \boldsymbol{O}\\ \boldsymbol{O} & \boldsymbol{A}_2^{-1} & \cdots & \boldsymbol{O}\\ \vdots & \vdots & & \vdots\\ \boldsymbol{O} & \boldsymbol{O} & \cdots & \boldsymbol{A}_s^{-1}\end{pmatrix}=\boldsymbol{E},$$

所以

$$A^{-1}=\begin{pmatrix}A_1 & O & \cdots & O\\ O & A_2 & \cdots & O\\ \vdots & \vdots & & \vdots\\ O & O & \cdots & A_s\end{pmatrix}^{-1}=\begin{pmatrix}A_1^{-1} & O & \cdots & O\\ O & A_2^{-1} & \cdots & O\\ \vdots & \vdots & & \vdots\\ O & O & \cdots & A_s^{-1}\end{pmatrix}.$$

例 21 设矩阵 $A=\begin{pmatrix}3 & 2 & 0 & 0\\ 4 & 3 & 0 & 0\\ 0 & 0 & 2 & 7\\ 0 & 0 & 3 & 11\end{pmatrix}$，求 A^{-1}，$|A^{10}|$.

解 设 $A=\begin{pmatrix}A_1 & O\\ O & A_2\end{pmatrix}$，其中 $A_1=\begin{pmatrix}3 & 2\\ 4 & 3\end{pmatrix}$，$A_2=\begin{pmatrix}2 & 7\\ 3 & 11\end{pmatrix}$，则

$$|A|=|A_1||A_2|=1\cdot 1=1\neq 0,$$

所以

$$A^{-1}=\begin{pmatrix}A_1^{-1} & O\\ O & A_2^{-1}\end{pmatrix}=\begin{pmatrix}3 & -2 & 0 & 0\\ -4 & 3 & 0 & 0\\ 0 & 0 & 11 & -7\\ 0 & 0 & -3 & 2\end{pmatrix},\ |A^{10}|=|A|^{10}=1.$$

例 22 设 n 阶方阵 A 和 m 阶方阵 B 都是可逆矩阵，求 $P=\begin{pmatrix}A & O\\ C & B\end{pmatrix}$ 的逆矩阵.

解 设

$$\begin{pmatrix}A & O\\ C & B\end{pmatrix}^{-1}=\begin{pmatrix}X_{11} & X_{12}\\ X_{21} & X_{22}\end{pmatrix},$$

则有

$$\begin{pmatrix}A & O\\ C & B\end{pmatrix}\begin{pmatrix}X_{11} & X_{12}\\ X_{21} & X_{22}\end{pmatrix}=\begin{pmatrix}AX_{11} & AX_{12}\\ CX_{11}+BX_{21} & CX_{12}+BX_{22}\end{pmatrix}=\begin{pmatrix}E_n & O\\ O & E_m\end{pmatrix},$$

于是

$$\begin{cases}AX_{11}=E_n,\\ AX_{12}=O,\\ CX_{11}+BX_{21}=O,\\ CX_{12}+BX_{22}=E_m.\end{cases}$$

解此矩阵方程组，得

$$X_{11}=A^{-1}, X_{12}=O, X_{21}=-B^{-1}CA^{-1}, X_{22}=B^{-1},$$

所以

$$P^{-1}=\begin{pmatrix} A^{-1} & O \\ -B^{-1}CA^{-1} & B^{-1} \end{pmatrix}.$$

2.5　矩阵的初等变换和初等矩阵

2.5.1　矩阵的初等变换

初等变换是线性代数的一种基本运算,它在化简矩阵、计算行列式、解线性方程组、求矩阵的秩等方面起着重要的作用.

矩阵的初等变换包括初等行变换和初等列变换.

定义 7　对矩阵施以以下三种变换均称为矩阵的初等行(列)变换.

(1)交换矩阵的第 i 行(列)和第 j 行(列),记为 $r_i \leftrightarrow r_j$($c_i \leftrightarrow c_j$).

(2)以非零数 k 乘矩阵的第 i 行(列),记为 kr_i(kc_i).

(3)把矩阵的第 i 行(列)的元素的 k 倍加到第 j 行(列)对应的元素上,记为 r_j+kr_i(c_j+kc_i).

定义 8　如果矩阵 $\boldsymbol{A}$ 经过有限次初等变换化为矩阵 $\boldsymbol{B}$, 则称矩阵 $\boldsymbol{A}$ 与矩阵 $\boldsymbol{B}$ 等价,记为 $\boldsymbol{A} \simeq \boldsymbol{B}$.

矩阵的等价关系满足下列 3 个性质:

(1)自反性: $\boldsymbol{A}$ 与其自身等价,即 $\boldsymbol{A} \simeq \boldsymbol{A}$.

(2)对称性: $\boldsymbol{A}$ 与 $\boldsymbol{B}$ 等价,则 $\boldsymbol{B}$ 与 $\boldsymbol{A}$ 等价.

(3)传递性: 若 $\boldsymbol{A}$ 与 $\boldsymbol{B}$ 等价,且 $\boldsymbol{B}$ 与 $\boldsymbol{C}$ 等价,则 $\boldsymbol{A}$ 与 $\boldsymbol{C}$ 等价.

例 23　已知 $\boldsymbol{A}=\begin{pmatrix} 1 & 1 & 1 & 4 & 1 \\ 1 & 1 & -1 & -2 & 1 \\ 2 & 2 & 1 & 5 & 2 \\ 3 & 3 & 1 & 6 & 5 \end{pmatrix}$, 对其作初等行变换如下:

$$A=\begin{pmatrix}1&1&1&4&1\\1&1&-1&-2&1\\2&2&1&5&2\\3&3&1&6&5\end{pmatrix}\xrightarrow[r_4-3r_1]{\substack{r_2-r_1\\r_3-2r_1}}\begin{pmatrix}1&1&1&4&1\\0&0&-2&-6&0\\0&0&-1&-3&0\\0&0&-2&-6&2\end{pmatrix}$$

$$\xrightarrow[r_4-r_2]{r_3-\frac{1}{2}r_2}\begin{pmatrix}1&1&1&4&1\\0&0&-2&-6&0\\0&0&0&0&0\\0&0&0&0&2\end{pmatrix}\xrightarrow[r_3\leftrightarrow r_4]{\left(-\frac{1}{2}\right)r_2}\begin{pmatrix}1&1&1&4&1\\0&0&1&3&0\\0&0&0&0&2\\0&0&0&0&0\end{pmatrix}=A_1.$$

我们称形如矩阵 A_1 为**行阶梯形矩阵**,它具有以下特征:

(1)元素全为零的行(简称为零行)位于非零行的下方;

(2)各非零行的非零首元(该行从左至右的第一个不为零的元素)的列标随着行标的增大而严格增大.

对矩阵 A_1 再作初等行变换:

$$A_1=\begin{pmatrix}1&1&1&4&1\\0&0&1&3&0\\0&0&0&0&2\\0&0&0&0&0\end{pmatrix}\xrightarrow[r_1-r_2-r_3]{\frac{1}{2}r_3}\begin{pmatrix}1&1&0&1&0\\0&0&1&3&0\\0&0&0&0&1\\0&0&0&0&0\end{pmatrix}=A_2.$$

我们称形如矩阵 A_2 的矩阵为**行最简形矩阵**, 行最简形矩阵具有如下特征:

(1)它是行阶梯形矩阵;

(2)各非零行的非零首元都是1;

(3)各非零首元所在列的其余元素都是零.

如果对矩阵 A_2 再作如下初等列变换:

$$A_2=\begin{pmatrix}1&1&0&1&0\\0&0&1&3&0\\0&0&0&0&1\\0&0&0&0&0\end{pmatrix}\xrightarrow[c_4-c_1-3c_3]{c_2-c_1}\begin{pmatrix}1&0&0&0&0\\0&0&1&0&0\\0&0&0&0&1\\0&0&0&0&0\end{pmatrix}$$

$$\xrightarrow[c_3\leftrightarrow c_5]{c_2\leftrightarrow c_3}\left(\begin{array}{ccc|cc}1&0&0&0&0\\0&1&0&0&0\\0&0&1&0&0\\\hline 0&0&0&0&0\end{array}\right)=\begin{pmatrix}E_3&O\\O&O\end{pmatrix}=F.$$

分块矩阵 F 的左上角为一个单位矩阵,其他子块都是零矩阵,这样的矩阵称为标准形矩阵.

显然，$\boldsymbol{A} \simeq \boldsymbol{A}_1 \simeq \boldsymbol{A}_2 \simeq \boldsymbol{F}$，矩阵 $\boldsymbol{A}_1, \boldsymbol{A}_2, \boldsymbol{F}$ 分别称为矩阵 $\boldsymbol{A}$ 的等价行阶梯形、等价行最简形、等价标准形. 事实上，对于任意矩阵 $\boldsymbol{A}$ 有下列结论：

定理 2　任何一个矩阵 $\boldsymbol{A}$ 都可以经过有限次初等行变换化为行阶梯形矩阵，并进一步化为行最简形矩阵.

定理 3　任何一个矩阵都有等价标准形，矩阵 $\boldsymbol{A}$ 与矩阵 $\boldsymbol{B}$ 等价，当且仅当它们有相同的等价标准形.

应当注意的是，与矩阵 $\boldsymbol{A}$ 等价的行阶梯形是不唯一的，在初等行变换下与矩阵 $\boldsymbol{A}$ 等价的行最简形是唯一的，与矩阵 $\boldsymbol{A}$ 等价的标准形也是唯一的.

为了进一步研究两个等价的矩阵之间的关系，下面引入初等矩阵的概念.

2.5.2　初等矩阵

定义 9　由单位矩阵经过一次初等变换得到的矩阵称为初等矩阵.

初等变换有 3 种，于是对应地有 3 种初等矩阵.

(1) 对调 n 阶单位矩阵 $\boldsymbol{E}_n$ 的第 i 行和第 j 行（或第 i 列和第 j 列）得到的初等矩阵记为 $\boldsymbol{E}_n(i,j)$，即

$$\boldsymbol{E}_n(i,j)=\begin{pmatrix}1&&&&&&&&\\&\ddots&&&&&&&\\&&1&&&&&&\\&&&0&\cdots&1&&&\\&&&&1&&&&\\&&&\vdots&\ddots&\vdots&&&\\&&&&&1&&&\\&&&1&\cdots&0&&&\\&&&&&&1&&\\&&&&&&&\ddots&\\&&&&&&&&1\end{pmatrix}\begin{matrix}\\\\\\\leftarrow \text{第 } i \text{ 行}\\\\\\\\\leftarrow \text{第 } j \text{ 行}\\\\\\\\\end{matrix};$$

(2) 以数 $k(\neq 0)$ 乘 $\boldsymbol{E}_n$ 的第 i 行（或第 i 列）得到的矩阵，记为 $\boldsymbol{E}_n[i(k)]$，即

$$
E_n[i(k)]=\begin{pmatrix}1&&&&&&\\&\ddots&&&&&\\&&1&&&&\\&&&k&&&\\&&&&1&&\\&&&&&\ddots&\\&&&&&&1\end{pmatrix}\begin{matrix}\\\\\\\leftarrow 第\,i\,行;\\\\\\\\\end{matrix}
$$

(3)将 E_n 的第 j 行元素的 k 倍加到第 i 行对应元素上(第 i 列元素的 k 倍加到第 j 列对应元素上)得到的矩阵,记为 $E_n[i+j(k)]$, 即

$$
E_n[i+j(k)]=\begin{pmatrix}1&&&&&\\&\ddots&&&&\\&&1&\cdots&k&&\\&&&\ddots&\vdots&&\\&&&&1&&\\&&&&&\ddots&\\&&&&&&1\end{pmatrix}\begin{matrix}\\\\\leftarrow 第\,i\,行\\\\\leftarrow 第\,j\,行\\\\\\\end{matrix}.
$$

定理 4 对一个 $m\times n$ 的矩阵 A 施行一次初等行变换,相当于用相应的 m 阶初等矩阵左乘 A; 对 A 施行一次初等列变换,相当于用相应的 n 阶初等矩阵右乘 A.

证 我们只对初等行变换的情形加以证明,初等列变换的情形可类似证明. 将矩阵 A 按行分块,即

$$
A=\begin{pmatrix}A_1\\\vdots\\A_i\\\vdots\\A_j\\\vdots\\A_m\end{pmatrix},
$$

其中 $A_i,A_j(i=1,2,\cdots,m)(j=1,2,\cdots,m)$ 是矩阵 A 的第 i 行和第 j 行. 由分块矩阵的乘法,得

$$
\boldsymbol{E}_m(i,j)\boldsymbol{A}=\begin{pmatrix}1&&&&&&&&\\&\ddots&&&&&&&\\&&1&&&&&&\\&&&0&\cdots&1&&&\\&&&&1&&&&\\&&&\vdots&\ddots&\vdots&&&\\&&&&&1&&&\\&&&1&\cdots&0&&&\\&&&&&&1&&\\&&&&&&&\ddots&\\&&&&&&&&1\end{pmatrix}\begin{pmatrix}\boldsymbol{A}_1\\\vdots\\\boldsymbol{A}_i\\\vdots\\\boldsymbol{A}_j\\\vdots\\\boldsymbol{A}_m\end{pmatrix}=\begin{pmatrix}\boldsymbol{A}_1\\\vdots\\\boldsymbol{A}_j\\\vdots\\\boldsymbol{A}_i\\\vdots\\\boldsymbol{A}_m\end{pmatrix},
$$

结果相当于交换 $\boldsymbol{A}$ 的第 i 行和第 j 行；

$$
\boldsymbol{E}_m[i(k)]\boldsymbol{A}=\begin{pmatrix}1&&&&&&\\&\ddots&&&&&\\&&1&&&&\\&&&k&&&\\&&&&1&&\\&&&&&\ddots&\\&&&&&&1\end{pmatrix}\begin{pmatrix}\boldsymbol{A}_1\\\vdots\\\boldsymbol{A}_{i-1}\\\boldsymbol{A}_i\\\boldsymbol{A}_{i+1}\\\vdots\\\boldsymbol{A}_m\end{pmatrix}=\begin{pmatrix}\boldsymbol{A}_1\\\vdots\\\boldsymbol{A}_{i-1}\\k\boldsymbol{A}_i\\\boldsymbol{A}_{i+1}\\\vdots\\\boldsymbol{A}_m\end{pmatrix},
$$

结果相当于以数 k 乘 $\boldsymbol{A}$ 的第 i 行；

$$
\boldsymbol{E}[i+j(k)]\boldsymbol{A}=\begin{pmatrix}1&&&&&&\\&\ddots&&&&&\\&&1&\cdots&k&&\\&&&\ddots&\vdots&&\\&&&&1&&\\&&&&&\ddots&\\&&&&&&1\end{pmatrix}\begin{pmatrix}\boldsymbol{A}_1\\\vdots\\\boldsymbol{A}_i\\\vdots\\\boldsymbol{A}_j\\\vdots\\\boldsymbol{A}_m\end{pmatrix}=\begin{pmatrix}\boldsymbol{A}_1\\\vdots\\\boldsymbol{A}_i+k\boldsymbol{A}_j\\\vdots\\\boldsymbol{A}_j\\\vdots\\\boldsymbol{A}_m\end{pmatrix},
$$

结果相当于把 $\boldsymbol{A}$ 的第 j 行元素的 k 倍加到第 i 行对应元素上.

例如,对于矩阵

$$A=\begin{pmatrix}10 & 0 & 2 & 5\\ 2 & 3 & 4 & 1\end{pmatrix},$$

有

$$E_2(1,2)A=\begin{pmatrix}0 & 1\\ 1 & 0\end{pmatrix}\begin{pmatrix}10 & 0 & 2 & 5\\ 2 & 3 & 4 & 1\end{pmatrix}=\begin{pmatrix}2 & 3 & 4 & 1\\ 10 & 0 & 2 & 5\end{pmatrix},$$

这相当于交换 A 的两行元素；

$$AE_4[2+3(2)]=\begin{pmatrix}10 & 0 & 2 & 5\\ 2 & 3 & 4 & 1\end{pmatrix}\begin{pmatrix}1 & 0 & 0 & 0\\ 0 & 1 & 2 & 0\\ 0 & 0 & 1 & 0\\ 0 & 0 & 0 & 1\end{pmatrix}=\begin{pmatrix}10 & 0 & 2 & 5\\ 2 & 3 & 10 & 1\end{pmatrix},$$

这相当于把 A 的第 2 列元素的 2 倍加到第 3 列上.

由定理 4,可知

$$E_n(i,j)E_n(i,j)=E_n;$$

$$E_n[i(k)]E_n\left[i\left(\frac{1}{k}\right)\right]=E_n(k\neq 0);$$

$$E_n[i+j(k)]E_n[i+j(-k)]=E_n.$$

所以

$$E_n(i,j)^{-1}=E_n(i,j);$$

$$E_n[i(k)]^{-1}=E_n\left[i\left(\frac{1}{k}\right)\right](k\neq 0);$$

$$E_n[i+j(k)]^{-1}=E_n[i+j(-k)].$$

推论 2 初等矩阵都是可逆矩阵,且初等矩阵的逆矩阵还是同类型的初等矩阵.

推论 3 矩阵 A 与 B 等价的充要条件是存在初等矩阵 $P_1,P_2,\cdots,P_s,Q_1,Q_2,\cdots,Q_t$,使 $A=P_1P_2\cdots P_sBQ_1Q_2\cdots Q_t$.

2.5.3 用矩阵的初等变换求逆矩阵

用公式 $A^{-1}=\frac{1}{|A|}A^*$ 求矩阵 A 的逆矩阵,计算量往往很大. 下面讨论求逆矩阵的一种简便可行的方法——初等变换法.

定理 5 n 阶方阵 A 可逆的充要条件是 $A\simeq E$.

证 (充分性)若 $A\simeq E$,由推论 3,可知存在初等矩阵 $R_1,R_2,\cdots,R_i,R_{i+1},\cdots,$

$\boldsymbol{R}_m$, 使

$$\boldsymbol{A}=\boldsymbol{R}_1\boldsymbol{R}_2\cdots\boldsymbol{R}_i\boldsymbol{E}\boldsymbol{R}_{i+1}\cdots\boldsymbol{R}_m=\boldsymbol{R}_1\boldsymbol{R}_2\cdots\boldsymbol{R}_m.$$

而初等矩阵都是可逆矩阵,故 $|\boldsymbol{A}|=|\boldsymbol{R}_1||\boldsymbol{R}_2|\cdots|\boldsymbol{R}_m|\neq 0$, 所以 $\boldsymbol{A}$ 可逆.

(必要性)由定理3,可知矩阵 $\boldsymbol{A}$ 可以经过初等变换化为与之等价的标准形. 再由推论3,可知存在初等矩阵 $\boldsymbol{P}_1,\boldsymbol{P}_2,\cdots,\boldsymbol{P}_s,\boldsymbol{Q}_1,\boldsymbol{Q}_2,\cdots,\boldsymbol{Q}_t$, 使

$$\boldsymbol{P}_1\boldsymbol{P}_2\cdots\boldsymbol{P}_s\boldsymbol{A}\boldsymbol{Q}_1\boldsymbol{Q}_2\cdots\boldsymbol{Q}_t=\begin{pmatrix}\boldsymbol{E}_r & 0\\ 0 & 0\end{pmatrix}=\boldsymbol{F}.$$

若 $\boldsymbol{A}$ 可逆,则 $|\boldsymbol{A}|\neq 0$, 从而 $|\boldsymbol{F}|\neq 0$, 所以 $\boldsymbol{F}=\boldsymbol{E}$, 即 $\boldsymbol{A}\simeq\boldsymbol{E}$. 证毕.

若 $\boldsymbol{A}$ 可逆,则由定理5的证明,可知存在初等矩阵 $\boldsymbol{P}_1,\boldsymbol{P}_2,\cdots,\boldsymbol{P}_m$, 使 $\boldsymbol{A}=\boldsymbol{P}_1\boldsymbol{P}_2\cdots\boldsymbol{P}_m$,则 $\boldsymbol{P}_m^{-1}\cdots\boldsymbol{P}_2^{-1}\boldsymbol{P}_1^{-1}=\boldsymbol{A}^{-1}$. 而初等矩阵的逆矩阵还是初等矩阵,故令 $\boldsymbol{P}_i^{-1}=\boldsymbol{Q}_{m-i+1}(i=1,2,\cdots,m)$, 则有

$$\boldsymbol{Q}_1\boldsymbol{Q}_2\cdots\boldsymbol{Q}_m\boldsymbol{E}=\boldsymbol{A}^{-1}.$$

上式两边同时右乘矩阵 $\boldsymbol{A}$,得

$$\boldsymbol{Q}_1\boldsymbol{Q}_2\cdots\boldsymbol{Q}_m\boldsymbol{A}=\boldsymbol{E}.$$

以上两式说明,对可逆矩阵 $\boldsymbol{A}$ 进行一系列初等行变换可以化为 $\boldsymbol{E}$, 而对 $\boldsymbol{E}$ 进行相同的初等行变换就可化为 $\boldsymbol{A}^{-1}$. 这样就可以得到初等变换法求逆矩阵的方法:构造一个 $n\times 2n$ 的矩阵 $(\boldsymbol{A}\mid\boldsymbol{E})$, 对此矩阵进行初等行变换,当左边 $\boldsymbol{A}$ 化为 $\boldsymbol{E}$ 时,右边的 $\boldsymbol{E}$ 就化为了 $\boldsymbol{A}^{-1}$, 即

$$(\boldsymbol{A}\mid\boldsymbol{E})\xrightarrow{\text{初等行变换}}(\boldsymbol{E}\mid\boldsymbol{A}^{-1}).$$

例 24 设 $\boldsymbol{A}=\begin{pmatrix}1 & 0 & 1\\ -3 & 2 & -1\\ 0 & 2 & 3\end{pmatrix}$, 求 $\boldsymbol{A}^{-1}$.

解 $$(\boldsymbol{A}\mid\boldsymbol{E})=\left(\begin{array}{ccc|ccc}1 & 0 & 1 & 1 & 0 & 0\\ -3 & 2 & -1 & 0 & 1 & 0\\ 0 & 2 & 3 & 0 & 0 & 1\end{array}\right)\xrightarrow{r_2+3r_1}\left(\begin{array}{ccc|ccc}1 & 0 & 1 & 1 & 0 & 0\\ 0 & 2 & 2 & 3 & 1 & 0\\ 0 & 2 & 3 & 0 & 0 & 1\end{array}\right)$$

$$\xrightarrow{r_3-r_2}\left(\begin{array}{ccc|ccc}1 & 0 & 1 & 1 & 0 & 0\\ 0 & 2 & 2 & 3 & 1 & 0\\ 0 & 0 & 1 & -3 & -1 & 1\end{array}\right)\xrightarrow{\frac{1}{2}r_2}\left(\begin{array}{ccc|ccc}1 & 0 & 1 & 1 & 0 & 0\\ 0 & 1 & 1 & \frac{3}{2} & \frac{1}{2} & 0\\ 0 & 0 & 1 & -3 & -1 & 1\end{array}\right)$$

$$\xrightarrow[r_1 - r_3]{r_2 - r_3} \left(\begin{array}{ccc:ccc} 1 & 0 & 0 & 4 & 1 & -1 \\ 0 & 1 & 0 & \frac{9}{2} & \frac{3}{2} & -1 \\ 0 & 0 & 1 & -3 & -1 & 1 \end{array}\right) = (\boldsymbol{E} \mid \boldsymbol{A}^{-1}),$$

所以

$$\boldsymbol{A}^{-1} = \begin{pmatrix} 4 & 1 & -1 \\ \frac{9}{2} & \frac{3}{2} & -1 \\ -3 & -1 & 1 \end{pmatrix}.$$

注 也可以用初等列变换的方法求逆矩阵,即

$$\begin{pmatrix} \boldsymbol{A} \\ \boldsymbol{E} \end{pmatrix} \xrightarrow{\text{初等列变换}} \begin{pmatrix} \boldsymbol{E} \\ \boldsymbol{A}^{-1} \end{pmatrix}.$$

用矩阵的初等变换还可以解矩阵方程. 对于矩阵方程 $\boldsymbol{AX}=\boldsymbol{B}$, 若 $\boldsymbol{A}$ 可逆,则可构造矩阵 $(\boldsymbol{A} \mid \boldsymbol{B})$, 对其进行初等行变换,如果左边子块 $\boldsymbol{A}$ 化成了 $\boldsymbol{E}$, 所进行的初等行变换相当于以 $\boldsymbol{A}^{-1}$ 左乘 $\boldsymbol{A}$, 从而右边子块 $\boldsymbol{B}$ 在相同的初等行变换下化为 $\boldsymbol{A}^{-1}\boldsymbol{B}$, 而 $\boldsymbol{X}=\boldsymbol{A}^{-1}\boldsymbol{B}$ 就是该矩阵方程的解,即

$$(\boldsymbol{A} \mid \boldsymbol{B}) \xrightarrow{\text{初等行变换}} (\boldsymbol{E} \mid \boldsymbol{A}^{-1}\boldsymbol{B}) = (\boldsymbol{E} \mid \boldsymbol{X}).$$

例 25 已知 $\boldsymbol{A} = \begin{pmatrix} 4 & 0 & 1 \\ 1 & 2 & 0 \\ 0 & 1 & 5 \end{pmatrix}$, 且满足矩阵方程 $\boldsymbol{AX} = 3\boldsymbol{X} + \boldsymbol{A}$, 求矩阵 $\boldsymbol{X}$.

解 由 $\boldsymbol{AX} = 3\boldsymbol{X} + \boldsymbol{A}$, 知 $(\boldsymbol{A} - 3\boldsymbol{E})\boldsymbol{X} = \boldsymbol{A}$, 且

$$|\boldsymbol{A} - 3\boldsymbol{E}| = \begin{vmatrix} 1 & 0 & 1 \\ 1 & -1 & 0 \\ 0 & 1 & 2 \end{vmatrix} = -1 \neq 0,$$

所以 $\boldsymbol{A} - 3\boldsymbol{E}$ 为可逆矩阵,

$$(\boldsymbol{A} - 3\boldsymbol{E} \mid \boldsymbol{A}) = \left(\begin{array}{ccc:ccc} 1 & 0 & 1 & 4 & 0 & 1 \\ 1 & -1 & 0 & 1 & 2 & 0 \\ 0 & 1 & 2 & 0 & 1 & 5 \end{array}\right) \xrightarrow{r_2 - r_1} \left(\begin{array}{ccc:ccc} 1 & 0 & 1 & 4 & 0 & 1 \\ 0 & -1 & -1 & -3 & 2 & -1 \\ 0 & 1 & 2 & 0 & 1 & 5 \end{array}\right)$$

$$\xrightarrow{r_3 + r_2} \left(\begin{array}{ccc:ccc} 1 & 0 & 1 & 4 & 0 & 1 \\ 0 & -1 & -1 & -3 & 2 & -1 \\ 0 & 0 & 1 & -3 & 3 & 4 \end{array}\right) \xrightarrow[r_1 - r_3]{r_2 + r_3} \left(\begin{array}{ccc:ccc} 1 & 0 & 0 & 7 & -3 & -3 \\ 0 & -1 & 0 & -6 & 5 & 3 \\ 0 & 0 & 1 & -3 & 3 & 4 \end{array}\right)$$

$$\xrightarrow{(-1)r_2}\left(\begin{array}{ccc:ccc}1&0&0&7&-3&-3\\0&1&0&6&-5&-3\\0&0&1&-3&3&4\end{array}\right),$$

所以

$$\boldsymbol{X}=(\boldsymbol{A}-3\boldsymbol{E})^{-1}\boldsymbol{A}=\begin{pmatrix}7&-3&-3\\6&-5&-3\\-3&3&4\end{pmatrix}.$$

类似地,对于矩阵方程 $\boldsymbol{XA}=\boldsymbol{B}$, 可通过初等列变换求解,即

$$\begin{pmatrix}\boldsymbol{A}\\\boldsymbol{B}\end{pmatrix}\xrightarrow{\text{初等列变换}}\begin{pmatrix}\boldsymbol{E}\\\boldsymbol{BA}^{-1}\end{pmatrix}=\begin{pmatrix}\boldsymbol{E}\\\boldsymbol{X}\end{pmatrix}.$$

还可以通过对 $(\boldsymbol{A}^{\mathrm{T}}\,\vdots\,\boldsymbol{B}^{\mathrm{T}})$ 进行初等行变换求解此矩阵方程,即

$$(\boldsymbol{A}^{\mathrm{T}}\,\vdots\,\boldsymbol{B}^{\mathrm{T}})\xrightarrow{\text{初等行变换}}(\boldsymbol{E}\,\vdots\,(\boldsymbol{A}^{\mathrm{T}})^{-1}\boldsymbol{B}^{\mathrm{T}})=(\boldsymbol{E}\,\vdots\,(\boldsymbol{BA}^{-1})^{\mathrm{T}}),$$

再对 $(\boldsymbol{BA}^{-1})^{\mathrm{T}}$ 取转置,得 $\boldsymbol{X}=[(\boldsymbol{BA}^{-1})^{\mathrm{T}}]^{\mathrm{T}}=\boldsymbol{BA}^{-1}$.

2.5.4　矩阵的秩

定义 10　在矩阵 $\boldsymbol{A}=(a_{ij})_{m\times n}$ 中任选 k 行 k 列 $(1\leqslant k\leqslant m,1\leqslant k\leqslant n)$ 其相交位置的 k^2 个元素,按原来的次序所组成的 k 阶行列式,称为矩阵 $\boldsymbol{A}$ 的一个 k 阶子式.

例 26　矩阵

$$\boldsymbol{A}=\begin{pmatrix}1&-1&-3&0\\0&2&1&6\\-2&1&2&3\end{pmatrix},$$

选取其第 1,2 行与第 2,3 列,则位于所选行和列交叉位置的元素所组成的 2 阶行列式

$$\begin{vmatrix}-1&-3\\2&1\end{vmatrix}$$

就是矩阵 $\boldsymbol{A}$ 的一个 2 阶子式,而

$$\begin{vmatrix}-1&-3&0\\2&1&6\\1&2&3\end{vmatrix},$$

是矩阵 $\boldsymbol{A}$ 的一个 3 阶子式. 易知, $\boldsymbol{A}$ 共有 $C_3^2 \cdot C_4^2 = 18$ 个 2 阶子式, $C_4^3 = 4$ 个 3 阶子式.

一般地, $m \times n$ 矩阵的 $k(1 \leqslant k \leqslant m, 1 \leqslant k \leqslant n)$ 阶子式共有 $C_m^k \cdot C_n^k$ 个. 其中值不为 0 的子式称为**非零子式**.

定义 11 如果在 $m \times n$ 的矩阵 $\boldsymbol{A}$ 中有一个 r 阶非零子式,且所有 $r+1$ 阶子式(如果存在的话)全为 0,则称 r 为矩阵 $\boldsymbol{A}$ 的秩,记为 $\mathrm{R}(\boldsymbol{A}) = r$.

如在例 1 中,已知 $\boldsymbol{A}$ 有一个 3 阶子式

$$\begin{vmatrix} -1 & -3 & 0 \\ 2 & 1 & 6 \\ 1 & 2 & 3 \end{vmatrix} = 9 \neq 0,$$

所以 $\mathrm{R}(\boldsymbol{A}) = 3$.

注 (1)若矩阵 $\boldsymbol{A}$ 的所有 $r+1$ 阶子式全为 0,则由行列式的按行(列)展开法,可知 $\boldsymbol{A}$ 的所有 $r+2$ 阶子式(如果存在的话)也全为 0,因此矩阵 $\boldsymbol{A}$ 的秩就是 $\boldsymbol{A}$ 的最高阶非零子式的阶数.

(2)规定零矩阵的秩为 0.

(3)对于 $m \times n$ 的矩阵 $\boldsymbol{A}$, 显然有 $0 \leqslant \mathrm{R}(\boldsymbol{A}) \leqslant \min\{m, n\}$. 当 $\mathrm{R}(\boldsymbol{A}) = \min\{m, n\}$ 时,称 $\boldsymbol{A}$ 为**满秩矩阵**,否则称 $\boldsymbol{A}$ 为**降秩矩阵**.

(4) $\mathrm{R}(\boldsymbol{A}) = \mathrm{R}(\boldsymbol{A}^{\mathrm{T}})$.

(5)若 $\boldsymbol{A}$ 是 n 阶方阵,则 $\mathrm{R}(\boldsymbol{A}) = n$ 当且仅当 $|\boldsymbol{A}| \neq 0$, 即 $\mathrm{R}(\boldsymbol{A}) = n$ 当且仅当 $\boldsymbol{A}$ 是可逆矩阵.

例 27 求矩阵 $\boldsymbol{B} = \begin{pmatrix} 1 & -1 & 1 & -2 & 0 \\ 0 & 5 & 0 & 0 & 1 \\ 0 & 0 & 0 & 3 & 0 \\ 0 & 0 & 0 & 0 & 0 \end{pmatrix}$ 的秩.

解 $\boldsymbol{B}$ 是一个行阶梯形矩阵,它的最后一行元素全为 0,所以 $\boldsymbol{B}$ 的所有 4 阶子式全为 0,选取 $\boldsymbol{B}$ 的非零行的非零首元所在的行和列,得到 $\boldsymbol{B}$ 的一个 3 阶子式

$$\begin{vmatrix} 1 & -1 & -2 \\ 0 & 5 & 0 \\ 0 & 0 & 3 \end{vmatrix} = 15 \neq 0,$$

所以矩阵 $\boldsymbol{B}$ 的秩为 3.

一般来说,用定义求矩阵的秩是非常烦琐的. 根据行阶梯形矩阵的特征,我们不难看出,行阶梯形矩阵的秩就等于其非零行的行数. 而任一矩阵都可以经过初等变

换化为行阶梯形矩阵. 那么,初等变换会不会改变矩阵的秩呢?

定理 6　$\boldsymbol{A},\boldsymbol{B}$ 都是 $m\times n$ 的矩阵,若 $\boldsymbol{A}\simeq\boldsymbol{B}$, 则 $\mathrm{R}(\boldsymbol{A})=\mathrm{R}(\boldsymbol{B})$.

证　由于对 $\boldsymbol{A}$ 进行初等列变换变为 $\boldsymbol{B}$ 再取转置,相当于 $\boldsymbol{A}^{\mathrm{T}}$ 经过相应的初等行变换变为 $\boldsymbol{B}^{\mathrm{T}}$. 而转置不改变矩阵的秩,因此我们只需证明初等行变换不改变矩阵的秩.

设 $\mathrm{R}(\boldsymbol{A})=r$, 则 $\boldsymbol{A}$ 有 r 阶子式 $D\neq 0$, 且 $\boldsymbol{A}$ 的所有 $r+1$ 阶子式全为 0.

当 $\boldsymbol{A}$ 经过第一类或第二类初等行变换化为 $\boldsymbol{B}$ 时,显然在 $\boldsymbol{B}$ 中总能找到与 D 对应的 r 阶非零子式 D_1, 所以 $\mathrm{R}(\boldsymbol{B})\geqslant r=\mathrm{R}(\boldsymbol{A})$, 而 $\boldsymbol{B}$ 经过同类型的初等行变换又可以化为 $\boldsymbol{A}$, 同理可得 $\mathrm{R}(\boldsymbol{A})\geqslant\mathrm{R}(\boldsymbol{B})$, 因此 $\mathrm{R}(\boldsymbol{B})=\mathrm{R}(\boldsymbol{A})$.

设 $\boldsymbol{A}\xrightarrow{r_i+kr_j}\boldsymbol{B}$, 我们讨论矩阵 $\boldsymbol{B}$ 的 $r+1$ 阶子式 $|\boldsymbol{B}_1|$.

若 $\boldsymbol{B}_1$ 不含 $\boldsymbol{B}$ 的第 i 行,则 $|\boldsymbol{B}_1|$ 也是 $\boldsymbol{A}$ 的 $r+1$ 阶子式,从而 $|\boldsymbol{B}_1|=0$;

若 $\boldsymbol{B}_1$ 既含 $\boldsymbol{B}$ 的第 i 行,也含 $\boldsymbol{B}$ 的第 j 行,由行列式的性质, 可知 $|\boldsymbol{B}_1|$ 与 $\boldsymbol{A}$ 对应的一个 $r+1$ 阶子式相等,从而 $|\boldsymbol{B}_1|=0$;

若 $\boldsymbol{B}_1$ 含有 $\boldsymbol{B}$ 的第 i 行,而不含 $\boldsymbol{B}$ 的第 j 行,由行列式的性质,可知 $|\boldsymbol{B}_1|=|\boldsymbol{A}_1|+k|\boldsymbol{A}_2|$, 这里 $|\boldsymbol{A}_1|$ 和 $|\boldsymbol{A}_2|$ 都是 $\boldsymbol{A}$ 的 $r+1$ 阶子式, 从而 $|\boldsymbol{B}_1|=0$.

综上所述, $\boldsymbol{B}$ 的任意 $r+1$ 阶子式全为 0,所以, $\mathrm{R}(\boldsymbol{B})\leqslant r$, 即 $\mathrm{R}(\boldsymbol{B})\leqslant\mathrm{R}(\boldsymbol{A})$.

又因为 $\boldsymbol{B}\xrightarrow{r_i-kr_j}\boldsymbol{A}$, 同理可知 $\mathrm{R}(\boldsymbol{A})\leqslant\mathrm{R}(\boldsymbol{B})$. 从而 $\mathrm{R}(\boldsymbol{A})=\mathrm{R}(\boldsymbol{B})$.

推论 4　$\boldsymbol{A}$ 是 $m\times n$ 的矩阵, $\boldsymbol{P},\boldsymbol{Q}$ 分别是 m 阶和 n 阶的可逆矩阵,则 $\mathrm{R}(\boldsymbol{PAQ})=\mathrm{R}(\boldsymbol{A})$.

定理 6 为求矩阵的秩提供了一种简单有效的方法,即通过初等变换把已知矩阵化为行阶梯形矩阵,其非零行数就是所求矩阵的秩.

例 28　设矩阵

$$\boldsymbol{A}=\begin{pmatrix}1&-1&0&2\\0&1&-1&2\\2&1&1&0\\-1&2&-1&0\end{pmatrix},\widetilde{\boldsymbol{A}}=(\boldsymbol{A}\ \vdots\ \boldsymbol{b})=\left(\begin{array}{cccc:c}1&-1&0&2&1\\0&1&-1&2&2\\2&1&1&0&-1\\-1&2&-1&0&3\end{array}\right),$$

求 $\mathrm{R}(\boldsymbol{A}),\mathrm{R}(\widetilde{\boldsymbol{A}})$.

解　$$\widetilde{\boldsymbol{A}}=(\boldsymbol{A}\ \vdots\ \boldsymbol{b})=\left(\begin{array}{cccc:c}1&-1&0&2&1\\0&1&-1&2&2\\2&1&1&0&-1\\-1&2&-1&0&3\end{array}\right)\xrightarrow[r_4+r_1]{r_3-2r_1}\left(\begin{array}{cccc:c}1&-1&0&2&1\\0&1&-1&2&2\\0&3&1&-4&-3\\0&1&-1&2&4\end{array}\right)$$

$$\xrightarrow[r_4 - r_2]{r_3 - 3r_2} \left(\begin{array}{cccc:c} 1 & -1 & 0 & 2 & 1 \\ 0 & 1 & -1 & 2 & 2 \\ 0 & 0 & 4 & -10 & -9 \\ 0 & 0 & 0 & 0 & 2 \end{array}\right).$$

所以，$R(\boldsymbol{A}) = 3, R(\widetilde{\boldsymbol{A}}) = 4$.

例 29 证明：(1) $\max\{R(\boldsymbol{A}), R(\boldsymbol{B})\} \leqslant R(\boldsymbol{A} \vdots \boldsymbol{B}) \leqslant R(\boldsymbol{A}) + R(\boldsymbol{B})$；

(2) $R(\boldsymbol{A}+\boldsymbol{B}) \leqslant R(\boldsymbol{A}) + R(\boldsymbol{B})$

证 (1) 因为 $\boldsymbol{A}$ 的非零子式也是 $(\boldsymbol{A} \vdots \boldsymbol{B})$ 的非零子式，所以 $R(\boldsymbol{A}) \leqslant R(\boldsymbol{A} \vdots \boldsymbol{B})$. 同理，$R(\boldsymbol{B}) \leqslant R(\boldsymbol{A} \vdots \boldsymbol{B})$. 于是，

$$\max\{R(\boldsymbol{A}), R(\boldsymbol{B})\} \leqslant R(\boldsymbol{A} \vdots \boldsymbol{B}).$$

设 $R(\boldsymbol{A}) = r, R(\boldsymbol{B}) = t$，则 $R(\boldsymbol{A}^{\mathrm{T}}) = r, R(\boldsymbol{B}^{\mathrm{T}}) = t$，把 $\boldsymbol{A}^{\mathrm{T}}$ 和 $\boldsymbol{B}^{\mathrm{T}}$ 分别化为行阶梯形矩阵 $\boldsymbol{A}_1^{\mathrm{T}}, \boldsymbol{B}_1^{\mathrm{T}}$，则 $\boldsymbol{A}_1^{\mathrm{T}}, \boldsymbol{B}_1^{\mathrm{T}}$ 的非零行数分别为 r 和 t，有

$$\begin{pmatrix} \boldsymbol{A}^{\mathrm{T}} \\ \boldsymbol{B}^{\mathrm{T}} \end{pmatrix} \xrightarrow{\text{初等行变换}} \begin{pmatrix} \boldsymbol{A}_1^{\mathrm{T}} \\ \boldsymbol{B}_1^{\mathrm{T}} \end{pmatrix}.$$

而 $\begin{pmatrix} \boldsymbol{A}_1^{\mathrm{T}} \\ \boldsymbol{B}_1^{\mathrm{T}} \end{pmatrix}$ 中只有 $r+t$ 个非零行，所以，$R(\boldsymbol{A} \vdots \boldsymbol{B}) = R\begin{pmatrix} \boldsymbol{A}^{\mathrm{T}} \\ \boldsymbol{B}^{\mathrm{T}} \end{pmatrix} = R\begin{pmatrix} \boldsymbol{A}_1^{\mathrm{T}} \\ \boldsymbol{B}_1^{\mathrm{T}} \end{pmatrix} \leqslant r+t$，即

$$R(\boldsymbol{A} \vdots \boldsymbol{B}) \leqslant R(\boldsymbol{A}) + R(\boldsymbol{B}).$$

(2) 设 $\boldsymbol{A}, \boldsymbol{B}$ 都是 $m \times n$ 的矩阵，对 $(\boldsymbol{A}+\boldsymbol{B} \vdots \boldsymbol{B})$ 作如下初等列变换：

$$(\boldsymbol{A}+\boldsymbol{B} \vdots \boldsymbol{B}) \xrightarrow[i=1,2,\cdots,n]{c_i - c_{n+i}} (\boldsymbol{A} \vdots \boldsymbol{B})$$

则由 (1) 和定理 6，可知 $R(\boldsymbol{A}+\boldsymbol{B}) \leqslant R(\boldsymbol{A}+\boldsymbol{B} \vdots \boldsymbol{B}) = R(\boldsymbol{A} \vdots \boldsymbol{B}) \leqslant R(\boldsymbol{A}) + R(\boldsymbol{B})$.

本章小结

矩阵是线性代数的一个基本概念，矩阵运算也是线性代数的基本运算，线性代数中的许多计算及理论与矩阵的运算及其性质都有着密切的联系. 因此，掌握并能灵活运用矩阵运算及其性质是学好线性代数的基础.

矩阵的线性运算包括矩阵的加、减法和矩阵的数乘，这两种运算比较简单，但是

需要注意下述两点：

（1）只有同型矩阵才能进行加、减运算.

（2）矩阵的数乘是以某个数乘以矩阵的每一个元素，这一点不可与行列式乘以一个数的运算相混淆.

关于矩阵的乘法需要注意以下几点：

（1）只有左矩阵的列数等于右矩阵的行数时两个矩阵才能相乘，且相乘所得矩阵的行数等于左矩阵的行数，列数等于右矩阵的列数.

（2）矩阵乘法满足结合律、分配律，但却不满足交换律和消去律，即对于矩阵 $\boldsymbol{AB}$ 和 $\boldsymbol{BA}$ 未必有 $\boldsymbol{AB}=\boldsymbol{BA}$（若 $\boldsymbol{AB}=\boldsymbol{BA}$，则称 $\boldsymbol{A}$ 与 $\boldsymbol{B}$ 是可交换的），并且不能由 $\boldsymbol{AB}=\boldsymbol{AC}$ 且 $\boldsymbol{A}\neq\boldsymbol{O}$ 推出 $\boldsymbol{B}=\boldsymbol{C}$.

（3）只有方阵才可以自乘，因此只有方阵才可以规定幂运算.

对称矩阵与反对称矩阵是由矩阵的转置与其自身的关系来定义的，当 $\boldsymbol{A}^{\mathrm{T}}=\boldsymbol{A}$ 时，$\boldsymbol{A}$ 为对称矩阵，当 $\boldsymbol{A}^{\mathrm{T}}=-\boldsymbol{A}$ 时，$\boldsymbol{A}$ 为反对称矩阵. 因此，可以由转置矩阵的性质来研究对称矩阵和反对称矩阵的性质.

矩阵的运算中没有除法运算，但是有逆矩阵的概念. 判断一个矩阵是否可逆及求其逆矩阵主要有三种方法：

（1）定义法. 若方阵 $\boldsymbol{A},\boldsymbol{B}$ 满足 $\boldsymbol{AB}=\boldsymbol{BA}=\boldsymbol{E}$（实际上由第 2. 3 节的推论 1 可知，只需满足 $\boldsymbol{AB}=\boldsymbol{E}$ 或 $\boldsymbol{BA}=\boldsymbol{E}$ 即可），则 $\boldsymbol{A}$ 是可逆的，且 $\boldsymbol{A}^{-1}=\boldsymbol{B}$.

（2）公式法. 若方阵 $\boldsymbol{A}$ 满足 $|\boldsymbol{A}|\neq 0$，则 $\boldsymbol{A}$ 可逆，且 $\boldsymbol{A}^{-1}=\dfrac{1}{|\boldsymbol{A}|}\boldsymbol{A}^{*}$，其中 $\boldsymbol{A}^{*}$ 是 $\boldsymbol{A}$ 的伴随矩阵. 因此，此方法又称为伴随矩阵法.

（3）初等变换法. 构造分块矩阵 $(\boldsymbol{A}\mid\boldsymbol{E})$，对其进行初等行变换，若左子块 $\boldsymbol{A}$ 经过初等行变换化为 $\boldsymbol{E}$，则 $\boldsymbol{A}$ 是可逆的，且右子块 $\boldsymbol{E}$ 就化为了 $\boldsymbol{A}^{-1}$，即

$$(\boldsymbol{A}\mid\boldsymbol{E})\xrightarrow{\text{初等行变换}}(\boldsymbol{E}\mid\boldsymbol{A}^{-1}).$$

方阵的行列式与矩阵是两个不同的概念，n 阶方阵是 n^2 个数按照一定次序排成的一个数表，而 n 阶方阵的行列式是这个数表中的 n^2 个数按照一定法则确定的一个数值. 对于阶数较高的矩阵，为了简化计算，在运算中常采用矩阵分块法，使高阶矩阵的运算转换为低阶矩阵的运算. 分块矩阵的运算与普通矩阵的运算完全类似，对于矩阵的分块方式，则可根据矩阵的结构特点和运算的需要而定. 分块对角矩阵与对角矩阵具有相同的运算性质，如分块对角矩阵的乘积还是分块对角矩阵，且对角线子块即为两分块对角矩阵的对应子块的乘积；分块对角矩阵的行列式即为其对角

线子块的行列式的乘积……可见,对分块对角矩阵采用矩阵分块法进行运算可以使运算更为简便.

矩阵的秩是矩阵的一个内在特性,是初等变换下的一个不变量,它对于研究矩阵理论和解线性方程组的理论起着非常重要的作用. 关于矩阵秩的计算,主要有两种方法:

(1)定义法. 即通过确定矩阵的最高阶非零子式的阶数来确定矩阵的秩.

(2)初等变换法. 即对矩阵进行初等变换化为行阶梯形矩阵,行阶梯形矩阵的非零行数即为所求矩阵的秩.

习题二

1. 设 $\boldsymbol{A}=\begin{pmatrix}1&2&3\\2&0&1\end{pmatrix}$, $\boldsymbol{B}=\begin{pmatrix}4&1&2\\-1&2&0\end{pmatrix}$.

(1) 求 $3\boldsymbol{A}-2\boldsymbol{B}$.

(2) 求 $\boldsymbol{A}\boldsymbol{B}^{\mathrm{T}}$.

(3) 若矩阵 $\boldsymbol{A},\boldsymbol{B},\boldsymbol{X}$ 满足 $3\boldsymbol{A}^{\mathrm{T}}+2\boldsymbol{X}=\boldsymbol{B}^{\mathrm{T}}$, 求矩阵 $\boldsymbol{X}$.

2. 计算下列矩阵的乘积.

①$(1,\ 2,\ 3)\begin{pmatrix}4\\5\\6\end{pmatrix}$.　　②$\begin{pmatrix}-2\\1\\3\end{pmatrix}(1,\ 2)$.

③$\begin{pmatrix}-2&1&2\\1&2&3\end{pmatrix}\begin{pmatrix}1&2&0\\0&1&1\\3&0&-1\end{pmatrix}$.　　④$(x_1,x_2,x_3)\begin{pmatrix}a_{11}&a_{12}&a_{13}\\a_{12}&a_{22}&a_{23}\\a_{13}&a_{23}&a_{33}\end{pmatrix}\begin{pmatrix}x_1\\x_2\\x_3\end{pmatrix}$.

3. 设 $\boldsymbol{A}=\begin{pmatrix}1&1&0\\0&1&1\\0&0&1\end{pmatrix}$, 计算 $\boldsymbol{A}^n$,其中 n 是正整数.

4. 设 $\boldsymbol{A}=\begin{pmatrix}1&3\\0&1\end{pmatrix}$, 求与 $\boldsymbol{A}$ 可交换的全体实矩阵.

5. 举例说明下列命题是错误的.

(1) 若 $\boldsymbol{A}^2=\boldsymbol{O}$, 则 $\boldsymbol{A}=\boldsymbol{O}$.

(2) $(\boldsymbol{A}-\boldsymbol{B})(\boldsymbol{A}+\boldsymbol{B})=\boldsymbol{A}^2-\boldsymbol{B}^2$.

6. 设 $\boldsymbol{A},\boldsymbol{B}$ 为 n 阶对称矩阵,证明:$\boldsymbol{AB}$ 为对称矩阵当且仅当 $\boldsymbol{AB}=\boldsymbol{BA}$.

7. 求下列矩阵的逆矩阵.

① $\begin{pmatrix}1&2\\3&5\end{pmatrix}$.　② $\begin{pmatrix}1&3&-2\\0&1&4\\0&0&1\end{pmatrix}$.　③ $\begin{pmatrix}4&4&-3\\2&3&-2\\-1&-1&1\end{pmatrix}$.　④ $\begin{pmatrix}1&1&2&1\\0&2&1&2\\0&0&3&1\\0&0&0&4\end{pmatrix}$.

8. 已知线性变换

$$\begin{cases}x_1=y_1+2y_2-y_3,\\x_2=3y_1+4y_2-2y_3;\\x_3=5y_1-4y_2-y_3.\end{cases}$$

求从 x_1,x_2,x_3 到 y_1,y_2,y_3 的线性变换.

9. 解下列矩阵方程.

(1) $\begin{pmatrix}1&1\\3&4\end{pmatrix}\boldsymbol{X}\begin{pmatrix}2&1\\5&3\end{pmatrix}=\begin{pmatrix}1&-2\\0&1\end{pmatrix}$.

(2) $\begin{pmatrix}-2&-5&2\\-4&-10&3\\3&7&-3\end{pmatrix}\boldsymbol{X}=\begin{pmatrix}1\\3\\2\end{pmatrix}$.

10. 设 $\boldsymbol{A}=\begin{pmatrix}1&0&0\\1&1&0\\1&1&1\end{pmatrix},\boldsymbol{B}=\begin{pmatrix}0&1&1\\1&0&1\\1&1&0\end{pmatrix}$, 且有 $\boldsymbol{AX}-\boldsymbol{A}=\boldsymbol{BX}$, 求矩阵 $\boldsymbol{X}$.

11. 设方阵 $\boldsymbol{A}$ 满足 $\boldsymbol{A}^2+\boldsymbol{A}-7\boldsymbol{E}=\boldsymbol{O}$, 证明:$\boldsymbol{A}-2\boldsymbol{E}$ 可逆,并求其逆矩阵.

12. 设 $\boldsymbol{A}$ 与 $\boldsymbol{B}$ 是同阶方阵,且 $\boldsymbol{A},\boldsymbol{B},\boldsymbol{A}+\boldsymbol{B}$ 均可逆,证明:$\boldsymbol{A}^{-1}+\boldsymbol{B}^{-1}$ 也可逆.

13. 设 $\boldsymbol{A}^k=\boldsymbol{O}$,$k$ 是正整数,证明:$(\boldsymbol{E}-\boldsymbol{A})^{-1}=(\boldsymbol{E}+\boldsymbol{A}+\boldsymbol{A}^2+\cdots+\boldsymbol{A}^{k-1})$.

14. 设 $\boldsymbol{A}^*$ 为 n 阶方阵 $\boldsymbol{A}$ 的伴随矩阵. 证明:

(1) $|\boldsymbol{A}^*|=|\boldsymbol{A}|^{n-1}$.

(2)若 $\boldsymbol{A}$ 可逆,则 $\boldsymbol{A}^*$ 也可逆,且 $(\boldsymbol{A}^*)^{-1}=(\boldsymbol{A}^{-1})^*$.

15. 证明下列命题:

(1)若 $\boldsymbol{A},\boldsymbol{B}$ 是同阶可逆矩阵,则 $(\boldsymbol{AB})^*=\boldsymbol{B}^*\boldsymbol{A}^*$.

(2)若 $AA^{\mathrm{T}}=E$, 则 $(A^*)^{\mathrm{T}}=(A^*)^{-1}$.

16. 设 $P^{-1}AP=\Lambda$, 其中 $P=\begin{pmatrix}1&1\\2&3\end{pmatrix}$, $\Lambda=\begin{pmatrix}1&0\\0&2\end{pmatrix}$.

(1)求 A^n, n 是正整数.

(2)设 $f(x)=x^2-2x-1$, 求 $f(A)$.

17. 设 A 为 4 阶方阵,且 $|A|=\dfrac{1}{3}$, 求 $|(-2A)^{-1}+3A^*|$.

18. 设 $A=\begin{pmatrix}1&2&0&0\\1&1&0&0\\0&0&3&1\\0&0&6&3\end{pmatrix}$, $B=\begin{pmatrix}1&0&0&0\\0&1&0&0\\2&1&-1&2\\1&0&0&-3\end{pmatrix}$.

求① AB. ② $|A^2B^2|$. ③ $|A^n|$. ④ A^{-1}. ⑤ B^{-1}.

19. 已知 $a=\left(1,\dfrac{1}{2},\dfrac{1}{3}\right)$, $b=\begin{pmatrix}1\\2\\3\end{pmatrix}$, $A=ba$, 求 A^n (n 为正整数).

20. 求作一个秩为 4 的方阵,使它的列向量包含是

$$(1,0,2,1)^{\mathrm{T}},(1,1,3,0)^{\mathrm{T}}.$$

21. 求下列矩阵的行阶梯形和行最简形,并求出 A 的一个最高阶非零子式.

①$A=\begin{pmatrix}2&-4&2&7\\4&-8&4&15\\3&-6&4&4\end{pmatrix}$.　　②$A=\begin{pmatrix}3&0&2&0&5\\3&3&-2&-1&6\\2&1&0&-3&5\\1&-4&6&4&-1\end{pmatrix}$.

22. 利用矩阵的初等变换求下列矩阵的逆矩阵.

① $A=\begin{pmatrix}3&3&3\\2&1&2\\1&5&3\end{pmatrix}$.　　② $A=\begin{pmatrix}3&0&1&0\\-2&2&-2&1\\0&2&-3&2\\-1&1&-2&1\end{pmatrix}$.

23. 设 $\begin{pmatrix}1&0&0\\0&\frac{1}{2}&0\\0&0&1\end{pmatrix}A\begin{pmatrix}1&0&0&0\\0&1&0&0\\-3&0&1&0\\0&0&0&1\end{pmatrix}=\begin{pmatrix}4&6&-2&1\\1&5&0&2\\2&-3&1&4\end{pmatrix}$, 求 A.

24. 设 $\boldsymbol{A}=\begin{pmatrix}1&-1&0\\0&1&-1\\-1&0&1\end{pmatrix}$，且满足 $\boldsymbol{AX}=\boldsymbol{A}+2\boldsymbol{X}$，求 $\boldsymbol{X}$.

25. 设 $\boldsymbol{A}=\begin{pmatrix}1&1&\lambda\\1&-1&2\\-1&\lambda&1\end{pmatrix}$，则 λ 取何值时，矩阵 $\boldsymbol{A}$ 是奇异矩阵？

26. 设 $\boldsymbol{A}=\begin{pmatrix}1&-1&\lambda\\-2&2\lambda&-2\\3\lambda&-3&3\end{pmatrix}$，问 λ 分别为何值时满足以下情况.

① $\mathrm{R}(\boldsymbol{A})=1$. ② $\mathrm{R}(\boldsymbol{A})=2$. ③ $\mathrm{R}(\boldsymbol{A})=3$.

第3章　向量与线性方程组

第一章讨论了用克拉默法则解 n 元线性方程组,但它只适用于方程的个数与变量的个数相同且系数行列式不等于零的特殊方程组的求解. 而许多科学技术问题,往往归结为一般方程组的求解. 为此,本章首先讨论线性方程组解的存在条件和求解的方法. 为了完善和发展方程组理论与解法,还将引入向量的基本概念,讨论向量组的线性关系,并在此基础上,研究方程组解的性质和解的结构问题.

3.1　线性方程组解的存在性

n 元线性方程组的一般形式是

$$\begin{cases} a_{11}x_1+a_{12}x_2+\cdots+a_{1n}x_n=b_1, \\ a_{21}x_1+a_{22}x_2+\cdots+a_{2n}x_n=b_2, \\ \cdots\cdots \\ a_{m1}x_1+a_{m2}x_2+\cdots+a_{mn}x_n=b_m. \end{cases} \tag{3-1}$$

若右端的常数项 $b_1,b_2,\cdots,b_m$ 不全为零,则方程组(3-1)称为非齐次线性方程组.

若右端的常数项 $b_1,b_2,\cdots,b_m$ 全为零,则方程组(3-1)变成齐次线性方程组

$$\begin{cases} a_{11}x_1+a_{12}x_2+\cdots+a_{1n}x_n=0, \\ a_{21}x_1+a_{22}x_2+\cdots+a_{2n}x_n=0, \\ \cdots\cdots \\ a_{m1}x_1+a_{m2}x_2+\cdots+a_{mn}x_n=0. \end{cases} \tag{3-2}$$

对于一般线性方程组,主要讨论下面三个问题:

(1)线性方程组有解的充要条件是什么?

(2)当线性方程组有解时,它有多少个解?如何求解?

(3)当线性方程组解不唯一时,这些解之间有什么关系?

对于齐次线性方程组(3-2)来说,它一定有解. 因为 $x_1 = x_2 = \cdots = x_n = 0$ 总是它的一组解,称这组解为方程组(3-2)的零解. 如果存在一组不全为零的数是方程组(3-2)的解,则称其为方程组(3-2)的非零解.

线性方程组(3-1)与方程组(3-2)分别可以写成矩阵形式,即

$$\boldsymbol{Ax} = \boldsymbol{b}, \tag{3-3}$$

$$\boldsymbol{Ax} = \boldsymbol{0}, \tag{3-4}$$

其中 $\boldsymbol{A} = \begin{pmatrix} a_{11} & a_{12} & \cdots & a_{1n} \\ a_{21} & a_{22} & \cdots & a_{2n} \\ \vdots & \vdots & & \vdots \\ a_{m1} & a_{m2} & \cdots & a_{mn} \end{pmatrix}, \boldsymbol{x} = \begin{pmatrix} x_1 \\ x_2 \\ \vdots \\ x_n \end{pmatrix}, \boldsymbol{b} = \begin{pmatrix} b_1 \\ b_2 \\ \vdots \\ b_m \end{pmatrix}, \boldsymbol{0} = \begin{pmatrix} 0 \\ 0 \\ \vdots \\ 0 \end{pmatrix}$.

把式(3-3)的系数矩阵 $\boldsymbol{A}$ 与常数项矩阵 $\boldsymbol{b}$ 放在一起,构成矩阵

$$(\boldsymbol{A}, \boldsymbol{b}) = \begin{pmatrix} a_{11} & a_{12} & \cdots & a_{1n} & b_1 \\ a_{21} & a_{22} & \cdots & a_{2n} & b_2 \\ \vdots & \vdots & & \vdots & \vdots \\ a_{m1} & a_{m2} & \cdots & a_{mn} & b_m \end{pmatrix},$$

称为方程组(3-1)的增广矩阵.

已知系数矩阵 $\boldsymbol{A}$ 和常数矩阵 $\boldsymbol{b}$,求未知量矩阵 $\boldsymbol{x}$ 是线性代数的基本问题之一.

3.1.1 线性方程组的消元解法

在中学,已经学过用消元解法解简单的线性方程组,这一方法也适用于一般的线性方程组.

例 1 解线性方程组

$$\begin{cases} 2x_1 - x_2 + x_3 + x_4 = 1, \\ x_1 + x_2 + 2x_3 - x_4 = 2, \\ x_1 + 2x_2 + x_3 + x_4 = 3. \end{cases}$$

解 交换第 1 个方程与第 2 个方程的位置,得

$$\begin{cases} x_1 + x_2 + 2x_3 - x_4 = 2, \\ 2x_1 - x_2 + x_3 + x_4 = 1, \\ x_1 + 2x_2 + x_3 + x_4 = 3. \end{cases}$$

将第 1 个方程分别乘以-2 和-1 加到第 2 和第 3 个方程,得

$$\begin{cases} x_1 + x_2 + 2x_3 - x_4 = 2, \\ -3x_2 - 3x_3 + 3x_4 = -3, \\ x_2 - x_3 + 2x_4 = 1. \end{cases}$$

再将第 2 个方程左右两边同乘以 $-\dfrac{1}{3}$, 得

$$\begin{cases} x_1 + x_2 + 2x_3 - x_4 = 2, \\ x_2 + x_3 - x_4 = 1, \\ x_2 - x_3 + 2x_4 = 1. \end{cases}$$

再将第 2 个方程乘以-1 加到第 3 个方程,得

$$\begin{cases} x_1 + x_2 + 2x_3 - x_4 = 2, \\ x_2 + x_3 - x_4 = 1, \\ -2x_3 + 3x_4 = 0. \end{cases}$$

再将第 3 个方程乘以 $-\dfrac{1}{2}$, 得

$$\begin{cases} x_1 + x_2 + 2x_3 - x_4 = 2, \\ x_2 + x_3 - x_4 = 1, \\ x_3 - \dfrac{3}{2}x_4 = 0. \end{cases}$$

再将第 3 个方程分别乘以-1 和-2 加到第 2 和第 1 个方程,得

$$\begin{cases} x_1 + x_2 + 2x_4 = 2, \\ x_2 + \dfrac{1}{2}x_4 = 1, \\ x_3 - \dfrac{3}{2}x_4 = 0. \end{cases}$$

再将第 2 个方程乘以-1 加到第 1 个方程,得

$$\begin{cases} x_1 \quad\quad\quad + \dfrac{3}{2}x_4 = 1, \\ \quad x_2 \quad\quad + \dfrac{1}{2}x_4 = 1, \\ \quad\quad x_3 - \dfrac{3}{2}x_4 = 0. \end{cases}$$

于是原方程组的解为

$$\begin{cases} x_1 = -\dfrac{3}{2}x_4 + 1, \\ x_2 = -\dfrac{1}{2}x_4 + 1, \\ x_3 = \dfrac{3}{2}x_4, \\ x_4 = x_4, \end{cases}$$

其中 x_4 可取任意常数,这表明方程组有无穷多解.

在上述消元过程中,始终把方程组看作一个整体,即不是着眼于某一个方程的变形,而是着眼于整个方程组变成另一个方程组,其中用到三种变换,即

(1)互换两个方程的位置.

(2)用一个非零数乘以某个方程.

(3)用一个非零数乘以某一个方程加到另外一个方程上.

由于这三种变换都是可逆的,因此变换前的方程组与变换后的方程组是同解的,这三种变换都是方程组的同解变换,所以最后求得的解就是原方程组的全部解.

在上述变换过程中,实际上只对方程组的系数和常数项进行运算,未知数并未参与运算,因此,求解变换可用原方程组的增广矩阵的初等行变换表示,即

$$\boldsymbol{B} = (\boldsymbol{A}, \boldsymbol{b}) = \begin{pmatrix} 2 & -1 & 1 & 1 & 1 \\ 1 & 1 & 2 & -1 & 2 \\ 1 & 2 & 1 & 1 & 3 \end{pmatrix} \xrightarrow{r_1 \leftrightarrow r_2} \begin{pmatrix} 1 & 1 & 2 & -1 & 2 \\ 2 & -1 & 1 & 1 & 1 \\ 1 & 2 & 1 & 1 & 3 \end{pmatrix}$$

$$\xrightarrow[r_3 + (-1)r_1]{r_2 + (-2)r_1} \begin{pmatrix} 1 & 1 & 2 & -1 & 2 \\ 0 & -3 & -3 & 3 & -3 \\ 0 & 1 & -1 & 2 & 1 \end{pmatrix} \xrightarrow{\left(-\frac{1}{3}\right) r_2} \begin{pmatrix} 1 & 1 & 2 & -1 & 2 \\ 0 & 1 & 1 & -1 & 1 \\ 0 & 1 & -1 & 2 & 1 \end{pmatrix}$$

$$\xrightarrow{r_3+(-1)r_2}\begin{pmatrix}1&1&2&-1&2\\0&1&1&-1&1\\0&0&-2&3&0\end{pmatrix}\xrightarrow{\left(-\frac{1}{2}\right)r_3}\begin{pmatrix}1&1&2&-1&2\\0&1&1&-1&1\\0&0&1&-\frac{3}{2}&0\end{pmatrix}$$

$$\xrightarrow[r_1+(-2)r_3]{r_2+(-1)r_3}\begin{pmatrix}1&1&0&2&2\\0&1&0&\frac{1}{2}&1\\0&0&1&-\frac{3}{2}&0\end{pmatrix}\xrightarrow{r_1+(-1)r_2}\begin{pmatrix}1&0&0&\frac{3}{2}&1\\0&1&0&\frac{1}{2}&1\\0&0&1&-\frac{3}{2}&0\end{pmatrix}.$$

由此可见,用消元法解线性方程组的过程,实质上就是对原方程组的增广矩阵施以初等行变换的过程——将其化成行阶梯形矩阵或行最简形矩阵,以求得原方程组的解.

3.1.2 线性方程组解的存在性

下面利用矩阵的初等行变换讨论线性方程组解的存在性.

记非齐次线性方程组 $\boldsymbol{Ax}=\boldsymbol{b}$ 的增广矩阵为 $\boldsymbol{B}=(\boldsymbol{A},\boldsymbol{b})$,假设 $\mathrm{R}(\boldsymbol{A})=r$, 则对 $\boldsymbol{B}$ 实行若干次初等行变换后可将 $\boldsymbol{B}$ 化成行阶梯矩阵 $\boldsymbol{B}_1=(\boldsymbol{A}_1,\boldsymbol{b}_1)$,易知 $\mathrm{R}(\boldsymbol{A})=\mathrm{R}(\boldsymbol{A}_1)=r$,$\mathrm{R}(\boldsymbol{B})=\mathrm{R}(\boldsymbol{B}_1)$, 且 $r\leqslant\mathrm{R}(\boldsymbol{B})\leqslant r+1$, 即 $r\leqslant\mathrm{R}(\boldsymbol{B}_1)\leqslant r+1$.

设

$$\boldsymbol{B}_1=(\boldsymbol{A}_1,\boldsymbol{b}_1)=\begin{pmatrix}c_{11}&c_{12}&\cdots&c_{1r}&\cdots&c_{1n}&d_1\\0&c_{22}&\cdots&c_{2r}&\cdots&c_{2n}&d_2\\\vdots&\vdots&&\vdots&&\vdots&\vdots\\0&0&\cdots&c_{rr}&\cdots&c_{rn}&d_r\\0&0&\cdots&0&\cdots&0&d_{r+1}\\0&0&\cdots&0&\cdots&0&0\\\vdots&\vdots&&\vdots&&\vdots&\vdots\\0&0&\cdots&0&\cdots&0&0\end{pmatrix},\tag{3-5}$$

其中 $c_{ii}\neq 0\ (i=1,2,\cdots,r)$.

以 $\boldsymbol{B}_1$ 为增广矩阵的非齐次线性方程组记为 $\boldsymbol{A}_1\boldsymbol{x}=\boldsymbol{b}_1$,注意到 $\boldsymbol{Ax}=\boldsymbol{b}$ 与 $\boldsymbol{A}_1\boldsymbol{x}=\boldsymbol{b}_1$

同解.

(1) 当 $d_{r+1} \neq 0$, 即 $\mathrm{R}(\boldsymbol{B}) > \mathrm{R}(\boldsymbol{A})$ 时, $\boldsymbol{A}_1\boldsymbol{x} = \boldsymbol{b}_1$ 的第 $r+1$ 个方程为矛盾方程 $0 = d_{r+1}$, 因此, $\boldsymbol{A}\boldsymbol{x} = \boldsymbol{b}$ 无解.

(2) 当 $d_{r+1} = 0$, 即 $\mathrm{R}(\boldsymbol{A}) = \mathrm{R}(\boldsymbol{B}) = r$ 时, $\boldsymbol{A}_1\boldsymbol{x} = \boldsymbol{b}_1$ 即为

$$\begin{cases} c_{11}x_1 + c_{12}x_2 + \cdots + c_{1r}x_r = d_1 - c_{1,r+1}x_{r+1} - \cdots - c_{1n}x_n, \\ \qquad\quad c_{22}x_2 + \cdots + c_{2r}x_r = d_2 - c_{2,r+1}x_{r+1} - \cdots - c_{2n}x_n, \\ \qquad\qquad \cdots\cdots \\ \qquad\qquad\qquad c_{rr}x_r = d_r - c_{r,r+1}x_{r+1} - \cdots - c_{rn}x_n, \end{cases} \tag{3-6}$$

方程组(3-6)等号左边的系数行列式是一个非零的上三角行列式,它是矩阵 $\boldsymbol{A}_1$ 的一个最高阶非零子式,由克拉默法则知方程组(3-6)的解又分为两种情况,

(1) 若 $r = n$, 则方程组(3-6)或 $\boldsymbol{A}\boldsymbol{x} = \boldsymbol{b}$ 有唯一解;

(2) 若 $r \neq n$, 即 $r < n$, 则方程组(3-6)右边含有 $n - r$ 个未知量.

通常取 $x_{r+1}, \cdots, x_n$ 为自由未知量,当自由未知量 $x_{r+1}, \cdots, x_n$ 任意取定一组数值后,可求出左边的非自由未知量 $x_1, \cdots, x_r$, 从而可得 $\boldsymbol{A}\boldsymbol{x} = \boldsymbol{b}$ 的一组解. 由于自由未知量 $x_{r+1}, \cdots, x_n$ 可取无穷多组数值,因此 $\boldsymbol{A}\boldsymbol{x} = \boldsymbol{b}$ 有无穷多解.

反之,当 $\boldsymbol{A}\boldsymbol{x} = \boldsymbol{b}$ 无解时,必有 $\mathrm{R}(\boldsymbol{B}) > \mathrm{R}(\boldsymbol{A})$, 即 $\mathrm{R}(\boldsymbol{B}) \neq \mathrm{R}(\boldsymbol{A})$; 当 $\boldsymbol{A}\boldsymbol{x} = \boldsymbol{b}$ 有唯一解时,必有 $\mathrm{R}(\boldsymbol{A}) = \mathrm{R}(\boldsymbol{B}) = n$; 当 $\boldsymbol{A}\boldsymbol{x} = \boldsymbol{b}$ 有无穷多解时,必有 $\mathrm{R}(\boldsymbol{A}) = \mathrm{R}(\boldsymbol{B}) = r < n$.

由上,得线性方程组解的存在性定理.

定理 1　对于非齐次线性方程组 $\boldsymbol{A}\boldsymbol{x} = \boldsymbol{b}$, 则

(1) $\boldsymbol{A}\boldsymbol{x} = \boldsymbol{b}$ 无解的充分必要条件为 $\mathrm{R}(\boldsymbol{A}, \boldsymbol{b}) > \mathrm{R}(\boldsymbol{A})$, 即 $\mathrm{R}(\boldsymbol{A}, \boldsymbol{b}) \neq \mathrm{R}(\boldsymbol{A})$.

(2) $\boldsymbol{A}\boldsymbol{x} = \boldsymbol{b}$ 有唯一解的充分必要条件为 $\mathrm{R}(\boldsymbol{A}) = \mathrm{R}(\boldsymbol{A}, \boldsymbol{b}) = n$.

(3) $\boldsymbol{A}\boldsymbol{x} = \boldsymbol{b}$ 有无穷多解的充分必要条件为 $\mathrm{R}(\boldsymbol{A}) = \mathrm{R}(\boldsymbol{A}, \boldsymbol{b}) < n$.

其中 n 是未知量的个数.

例 2　解线性方程组 $\begin{cases} x_1 + x_2 + x_3 + 4x_4 = -3, \\ x_1 - x_2 + 3x_3 - 2x_4 = -1, \\ 2x_1 + x_2 + 3x_3 + 5x_4 = -5, \\ 3x_1 + x_2 + 5x_3 + 6x_4 = -7. \end{cases}$

解　对增广矩阵进行初等行变换,即

$$(\boldsymbol{A},\boldsymbol{b})=\begin{pmatrix}1&1&1&4&-3\\1&-1&3&-2&-1\\2&1&3&5&-5\\3&1&5&6&-7\end{pmatrix}\to\begin{pmatrix}1&1&1&4&-3\\0&-2&2&-6&2\\0&-1&1&-3&1\\0&-2&2&-6&2\end{pmatrix}$$

$$\to\begin{pmatrix}1&1&1&4&-3\\0&1&-1&3&-1\\0&0&0&0&0\\0&0&0&0&0\end{pmatrix}\to\begin{pmatrix}1&0&2&1&-2\\0&1&-1&3&-1\\0&0&0&0&0\\0&0&0&0&0\end{pmatrix}.$$

因为 $\mathrm{R}(\boldsymbol{A})=\mathrm{R}(\boldsymbol{A},\boldsymbol{b})=2<4$，故方程组有无穷多解，得方程组的同解方程组为

$$\begin{cases}x_1=-2x_3-x_4-2,\\x_2=x_3-3x_4-1,\\x_3=x_3,\\x_4=x_4.\end{cases}$$

取 $x_3=c_1,x_4=c_2$（其中 c_1,c_2 为任意常数），则方程组的全部解为

$$\begin{cases}x_1=-2c_1-c_2-2,\\x_2=c_1-3c_2-1,\\x_3=c_1,\\x_4=c_2.\end{cases}$$

其中 c_1,c_2 为任意常数.

例 3 解线性方程组 $\begin{cases}x_1+2x_2+x_3-3x_4+2x_5=1,\\2x_1+x_2+x_3+x_4-3x_5=6,\\2x_1-2x_2+8x_4-10x_5=5.\end{cases}$

解 对增广矩阵进行初等行变换，即

$$(\boldsymbol{A},\boldsymbol{b})=\begin{pmatrix}1&2&1&-3&2&1\\2&1&1&1&-3&6\\2&-2&0&8&-10&5\end{pmatrix}\to\begin{pmatrix}1&2&1&-3&2&1\\0&-3&-1&7&-7&4\\0&-6&-2&14&-14&3\end{pmatrix}$$

$$\to\begin{pmatrix}1&2&1&-3&2&1\\0&-3&-1&7&-7&4\\0&0&0&0&0&-5\end{pmatrix}.$$

因为 $\mathrm{R}(\boldsymbol{A})=2,\mathrm{R}(\boldsymbol{A},\boldsymbol{b})=3$，即 $\mathrm{R}(\boldsymbol{A},\boldsymbol{b})\neq\mathrm{R}(\boldsymbol{A})$，所以原方程组无解.

例 4　a 取何值时,线性方程组 $\begin{cases} x_1 + x_2 + 2x_3 = 3, \\ x_1 + ax_2 + x_3 = 2, \\ x_1 + x_2 + ax_3 = 2 \end{cases}$ 有解,并求其解.

解　由 $\begin{vmatrix} 1 & 1 & 2 \\ 1 & a & 1 \\ 1 & 1 & a \end{vmatrix} = \begin{vmatrix} 1 & 0 & 2 \\ 1 & a-1 & 1 \\ 1 & 0 & a \end{vmatrix} = (a-1)(a-2) \neq 0$, 可分以下情况讨论.

当 $a \neq 1$ 且 $a \neq 2$ 时,方程组有唯一解,并且

$$(\boldsymbol{A},\boldsymbol{b}) = \begin{pmatrix} 1 & 1 & 2 & 3 \\ 1 & a & 1 & 2 \\ 1 & 1 & a & 2 \end{pmatrix} \to \begin{pmatrix} 1 & 1 & 2 & 3 \\ 0 & a-1 & -1 & -1 \\ 0 & 0 & a-2 & -1 \end{pmatrix},$$

所以

$$x_1 = \frac{3(1-a)}{2-a}, x_2 = \frac{1}{2-a}, x_3 = \frac{1}{2-a}.$$

当 $a = 1$ 时,

$$\begin{pmatrix} 1 & 1 & 2 & 3 \\ 1 & 1 & 1 & 2 \\ 1 & 1 & 1 & 2 \end{pmatrix} \to \begin{pmatrix} 1 & 1 & 2 & 3 \\ 0 & 0 & -1 & -1 \\ 0 & 0 & 0 & 0 \end{pmatrix} \to \begin{pmatrix} 1 & 1 & 0 & 1 \\ 0 & 0 & 1 & 1 \\ 0 & 0 & 0 & 0 \end{pmatrix},$$

故 $\mathrm{R}(\boldsymbol{A},\boldsymbol{b}) = \mathrm{R}(\boldsymbol{A}) = 2$, 此时方程组有无穷多解,解为

$$\begin{cases} x_1 = -c + 1, \\ x_2 = c, \\ x_3 = 1 \end{cases} \quad (c\text{ 为任意实数});$$

当 $a = 2$ 时,

$$\begin{pmatrix} 1 & 1 & 2 & 3 \\ 1 & 2 & 1 & 2 \\ 1 & 1 & 2 & 2 \end{pmatrix} \to \begin{pmatrix} 1 & 1 & 2 & 3 \\ 0 & 1 & -1 & -1 \\ 0 & 0 & 0 & -1 \end{pmatrix},$$

故 $\mathrm{R}(\boldsymbol{A},\boldsymbol{b}) \neq \mathrm{R}(\boldsymbol{A})$, 从而方程组无解.

定理 2　对于齐次线性方程组 $\boldsymbol{Ax} = \boldsymbol{0}$,有

(1) $\boldsymbol{Ax} = \boldsymbol{0}$ 只有零解的充分必要条件是 $\mathrm{R}(\boldsymbol{A}) = n$.

(2) $\boldsymbol{Ax} = \boldsymbol{0}$ 有非零解的充分必要条件是 $\mathrm{R}(\boldsymbol{A}) < n$.

其中 n 是未知量的个数.

例 5 解齐次线性方程组 $\begin{cases} x_1 + x_2 - 6x_3 - 4x_4 = 0, \\ 3x_1 - x_2 - 6x_3 - 4x_4 = 0, \\ 2x_1 + 3x_2 + 9x_3 + 2x_4 = 0. \end{cases}$

解 对系数矩阵进行初等行变换,即

$$\boldsymbol{A} = \begin{pmatrix} 1 & 1 & -6 & -4 \\ 3 & -1 & -6 & -4 \\ 2 & 3 & 9 & 2 \end{pmatrix} \rightarrow \begin{pmatrix} 1 & 1 & -6 & -4 \\ 0 & -4 & 12 & 8 \\ 0 & 1 & 21 & 10 \end{pmatrix} \rightarrow \begin{pmatrix} 1 & 1 & -6 & -4 \\ 0 & 1 & -3 & -2 \\ 0 & 0 & 24 & 12 \end{pmatrix}$$

$$\rightarrow \begin{pmatrix} 1 & 1 & 0 & -1 \\ 0 & 1 & 0 & -\frac{1}{2} \\ 0 & 0 & 1 & \frac{1}{2} \end{pmatrix} \rightarrow \begin{pmatrix} 1 & 0 & 0 & -\frac{1}{2} \\ 0 & 1 & 0 & -\frac{1}{2} \\ 0 & 0 & 1 & \frac{1}{2} \end{pmatrix}.$$

因为 $\mathrm{R}(\boldsymbol{A}) = 3 < 4$, 所以方程组有非零解,原方程组的同解方程组为

$$\begin{cases} x_1 = \frac{1}{2}x_4, \\ x_2 = \frac{1}{2}x_4, \\ x_3 = -\frac{1}{2}x_4, \\ x_4 = x_4. \end{cases}$$

设 $x_4 = c$ (c 为任意常数),于是得到方程组的一般解为 $\begin{cases} x_1 = \frac{1}{2}c, \\ x_2 = \frac{1}{2}c, \\ x_3 = -\frac{1}{2}c, \\ x_4 = c. \end{cases}$

推论 1 当方程个数 m 小于未知量个数 n 时,齐次线性方程组 $\boldsymbol{Ax} = \boldsymbol{0}$ 有非零解.

3.2　向量组的线性相关性

上一节给出线性方程组有解的判定,但要从理论上弄清线性方程组解的结构,还需要讨论向量组的线性相关性.

3.2.1　n 维向量的概念

定义 1　由 n 个数 $a_1,a_2,\cdots,a_n$ 组成的有序数组 $(a_1,a_2,\cdots,a_n)$ 称为 n 维向量,简称向量,这 n 个数称为该向量的 n 个分量,第 i 个数 a_i 称为第 i 个分量.

一般用黑体小写字母 $\boldsymbol{\alpha},\boldsymbol{\beta},\boldsymbol{a},\boldsymbol{b}$ 等表示向量,小写英文字母 a,b 等表示向量的分量.

分量全为实数的向量称为实向量,分量含有复数的向量称为复向量,本书主要讨论实向量.

一个 n 维向量,既可以写成一行,即行向量,也可以写成一列,即列向量,如

$$\boldsymbol{\alpha}^{\mathrm{T}}=(a_1,a_2,\cdots,a_n),\ \boldsymbol{\alpha}=\begin{pmatrix}a_1\\a_2\\\vdots\\a_n\end{pmatrix}$$

分别是 n 维行向量和 n 维列向量. 它们也分别等同于行矩阵和列矩阵. 从矩阵角度看, n 维行、列向量表示不同型矩阵.

注　在研究向量的同一过程中,向量的形式要前后一致.

两个 n 维向量当且仅当它们各对应分量都相等时,才是相等的,即若 $\boldsymbol{\alpha}=(a_1,a_2,\cdots,a_n)$, $\boldsymbol{\beta}=(b_1,b_2,\cdots,b_n)$, 当且仅当 $a_i=b_i\ (i=1,2,\cdots,n)$ 时 $\boldsymbol{\alpha}=\boldsymbol{\beta}$.

所有分量均为零的向量称为**零向量**,记为 $\mathbf{0}=(0,0,\cdots,0)$.

n 维向量 $\boldsymbol{\alpha}=(a_1,a_2,\cdots,a_n)$ 的各分量的相反数组成的 n 维向量,称为 $\boldsymbol{\alpha}$ 的**负向量**,记为 $-\boldsymbol{\alpha}$, 即 $-\boldsymbol{\alpha}=(-a_1,-a_2,\cdots,-a_n)$.

由于向量本质上就是矩阵,所以向量的加减法及数乘运算同矩阵的加减法及数乘运算. 向量的加、减及数乘运算统称为向量的线性运算.

例 6 设 $\boldsymbol{\alpha}_1=(4,1,-2,3)$，$\boldsymbol{\alpha}_2=(1,3,1,2)$，若向量 $\boldsymbol{\beta}$ 满足 $2\boldsymbol{\alpha}_1-3(\boldsymbol{\beta}+\boldsymbol{\alpha}_2)=\mathbf{0}$，求 $\boldsymbol{\beta}$.

解 由题设条件，有 $2\boldsymbol{\alpha}_1-3\boldsymbol{\beta}-3\boldsymbol{\alpha}_2=\mathbf{0}$，所以

$$\boldsymbol{\beta}=\frac{1}{3}(2\boldsymbol{\alpha}_1-3\boldsymbol{\alpha}_2)=\frac{1}{3}\left[(8,2,-4,6)-(3,9,3,6)\right]=\left(\frac{5}{3},-\frac{7}{3},-\frac{7}{3},0\right).$$

由若干个同维数的列向量（或行向量）组成的集合称为**向量组**. 由向量的定义，所讨论的列向量组成立的结论，自然对行向量组也成立.

对于一个 $m\times n$ 矩阵来说，它的每一行（列）都可看成是一个向量，如

$$\boldsymbol{A}=\begin{pmatrix} a_{11} & a_{12} & \cdots & a_{1n} \\ a_{21} & a_{22} & \cdots & a_{2n} \\ \vdots & \vdots & & \vdots \\ a_{m1} & a_{m2} & \cdots & a_{mn} \end{pmatrix}$$

的列向量组可表示为

$$\boldsymbol{\alpha}_j=\begin{pmatrix} a_{1j} \\ a_{2j} \\ \vdots \\ a_{mj} \end{pmatrix},j=1,2,\cdots,n.$$

行向量组可表示为

$$\boldsymbol{\beta}_i=(a_{i1},a_{i2},\cdots,a_{in}),i=1,2,\cdots,m.$$

即一个 $m\times n$ 矩阵有 n 个 m 维列向量，同时它又有 m 个 n 维行向量.

这样可得矩阵方程(3-3)的向量方程形式

$$\boldsymbol{\alpha}_1x_1+\boldsymbol{\alpha}_2x_2+\cdots+\boldsymbol{\alpha}_nx_n=\boldsymbol{b}. \tag{3-7}$$

因此，可以通过讨论矩阵的行向量组、列向量组来研究矩阵，还可以通过讨论方程组的系数矩阵中的列向量组来研究方程组. 由此看来，讨论 n 维向量有着广泛的实际意义.

3.2.2 向量组的线性相关性

1. 线性组合

平面上两个非零向量 $\boldsymbol{\alpha},\boldsymbol{\beta}$ 互相平行，则可表示为 $\boldsymbol{\beta}=k\boldsymbol{\alpha}$（$k$ 为数）；若 $\boldsymbol{\alpha},\boldsymbol{\beta}$ 不平行，那么平面上任意向量 $\boldsymbol{\gamma}$ 可由 $\boldsymbol{\alpha},\boldsymbol{\beta}$ 表示为 $\boldsymbol{\gamma}=k_1\boldsymbol{\alpha}+k_2\boldsymbol{\beta}$，称 $\boldsymbol{\gamma}$ 为 $\boldsymbol{\alpha},\boldsymbol{\beta}$ 的线性组合，

或称 $\boldsymbol{\gamma}$ 可以由 $\boldsymbol{\alpha},\boldsymbol{\beta}$ 线性表示.

定义 2　设 n 维向量 $\boldsymbol{\beta},\boldsymbol{\alpha}_1,\boldsymbol{\alpha}_2,\cdots,\boldsymbol{\alpha}_m$，若存在一组数 $k_1,k_2,\cdots,k_m$，使得

$$\boldsymbol{\beta}=k_1\boldsymbol{\alpha}_1+k_2\boldsymbol{\alpha}_2+\cdots+k_m\boldsymbol{\alpha}_m,$$

则称 $\boldsymbol{\beta}$ 可由 $\boldsymbol{\alpha}_1,\boldsymbol{\alpha}_2,\cdots,\boldsymbol{\alpha}_m$ 线性表示，或称 $\boldsymbol{\beta}$ 是 $\boldsymbol{\alpha}_1,\boldsymbol{\alpha}_2,\cdots,\boldsymbol{\alpha}_m$ 的线性组合. 称系数 $k_1,k_2,\cdots,k_m$ 为 $\boldsymbol{\beta}$ 在该向量组下的线性组合系数.

例 7　对 $\boldsymbol{\beta}=(3,2,-1),\boldsymbol{\alpha}_1=(1,0,0),\boldsymbol{\alpha}_2=(0,1,0),\boldsymbol{\alpha}_3=(0,0,1)$，显然有 $\boldsymbol{\beta}=3\boldsymbol{\alpha}_1+2\boldsymbol{\alpha}_2-\boldsymbol{\alpha}_3$，即 $\boldsymbol{\beta}$ 是 $\boldsymbol{\alpha}_1,\boldsymbol{\alpha}_2,\boldsymbol{\alpha}_3$ 的线性组合，或说 $\boldsymbol{\beta}$ 可由 $\boldsymbol{\alpha}_1,\boldsymbol{\alpha}_2,\boldsymbol{\alpha}_3$ 线性表示.

定理 3　设向量 $\boldsymbol{\beta}$，向量组 $\boldsymbol{\alpha}_j\ (j=1,2,\cdots,n)$，则向量 $\boldsymbol{\beta}$ 可由向量组 $\boldsymbol{\alpha}_1,\boldsymbol{\alpha}_2,\cdots,\boldsymbol{\alpha}_n$ 线性表示的充分必要条件是：矩阵 $\boldsymbol{A}=(\boldsymbol{\alpha}_1,\boldsymbol{\alpha}_2,\cdots,\boldsymbol{\alpha}_n)$ 的秩与矩阵 $\boldsymbol{B}=(\boldsymbol{\alpha}_1,\boldsymbol{\alpha}_2,\cdots,\boldsymbol{\alpha}_n,\boldsymbol{\beta})$ 的秩相等.

证　设存在数 $x_1,x_2,\cdots,x_n$，使得 $\boldsymbol{\beta}=x_1\boldsymbol{\alpha}_1+x_2\boldsymbol{\alpha}_2+\cdots+x_n\boldsymbol{\alpha}_n$. 而线性方程组 $x_1\boldsymbol{\alpha}_1+x_2\boldsymbol{\alpha}_2+\cdots+x_n\boldsymbol{\alpha}_n=\boldsymbol{\beta}$ 有解的充分必要条件是其系数矩阵 $\boldsymbol{A}=(\boldsymbol{\alpha}_1,\boldsymbol{\alpha}_2,\cdots,\boldsymbol{\alpha}_n)$ 与增广矩阵 $(\boldsymbol{A},\boldsymbol{b})=\boldsymbol{B}=(\boldsymbol{\alpha}_1,\boldsymbol{\alpha}_2,\cdots,\boldsymbol{\alpha}_n,\boldsymbol{\beta})$ 的秩相同. 这就是说 $\boldsymbol{\beta}$ 可由 $\boldsymbol{\alpha}_1,\boldsymbol{\alpha}_2,\cdots,\boldsymbol{\alpha}_n$ 线性表示的充分必要条件是矩阵 $\boldsymbol{A}=(\boldsymbol{\alpha}_1,\boldsymbol{\alpha}_2,\cdots,\boldsymbol{\alpha}_n)$ 的秩与矩阵 $\boldsymbol{B}=(\boldsymbol{\alpha}_1,\boldsymbol{\alpha}_2,\cdots,\boldsymbol{\alpha}_n,\boldsymbol{\beta})$ 的秩相等.

例 8　零向量是任何一组向量的线性组合.

解　由 $\boldsymbol{0}=0\boldsymbol{\alpha}_1+0\boldsymbol{\alpha}_2+\cdots+0\boldsymbol{\alpha}_n$ 得证.

例 9　向量组 $\boldsymbol{\alpha}_1,\boldsymbol{\alpha}_2,\cdots,\boldsymbol{\alpha}_n$ 中的任一向量 $\boldsymbol{\alpha}_j\ (1\leqslant j\leqslant n)$ 都是此向量组的线性组合.

解　由 $\boldsymbol{\alpha}_j=0\cdot\boldsymbol{\alpha}_1+\cdots+1\cdot\boldsymbol{\alpha}_j+\cdots+0\cdot\boldsymbol{\alpha}_n$ 得证.

例 10　任何一个 n 维向量 $\boldsymbol{\alpha}=(a_1,a_2,\cdots,a_n)$ 都是 n 维**单位坐标向量**组 $\boldsymbol{\varepsilon}_1=(1,0,0,\cdots,0,0),\boldsymbol{\varepsilon}_2=(0,1,0,\cdots,0,0),\cdots,\boldsymbol{\varepsilon}_n=(0,0,0,\cdots,0,1)$ 的线性组合.

解　由 $\boldsymbol{\alpha}=a_1\boldsymbol{\varepsilon}_1+a_2\boldsymbol{\varepsilon}_2+\cdots+a_n\boldsymbol{\varepsilon}_n$ 得证.

例 11　分别判断向量 $\boldsymbol{\beta}_1=(-1,-2,2,-9)$ 与 $\boldsymbol{\beta}_2=(1,1,-2,7)$ 是否为向量组 $\boldsymbol{\alpha}_1=(2,1,4,3),\boldsymbol{\alpha}_2=(-1,1,-6,6)$ 的线性组合. 若是，写出表示式.

解　设 $k_1\boldsymbol{\alpha}_1+k_2\boldsymbol{\alpha}_2=\boldsymbol{\beta}_1$，对矩阵 $\boldsymbol{A}=(\boldsymbol{\alpha}_1^{\mathrm{T}},\boldsymbol{\alpha}_2^{\mathrm{T}},\boldsymbol{\beta}_1^{\mathrm{T}})$ 施以初等行变换，即

$$\boldsymbol{A}=\begin{pmatrix}2&-1&-1\\1&1&-2\\4&-6&2\\3&6&-9\end{pmatrix}\to\begin{pmatrix}1&1&-2\\0&-3&3\\0&-10&10\\0&3&-3\end{pmatrix}\to\begin{pmatrix}1&1&-2\\0&1&-1\\0&0&0\\0&0&0\end{pmatrix}$$

$$\rightarrow\begin{pmatrix}1&0&-1\\0&1&-1\\0&0&0\\0&0&0\end{pmatrix}.$$

记 $\boldsymbol{B}=(\boldsymbol{\alpha}_1^{\mathrm{T}},\boldsymbol{\alpha}_2^{\mathrm{T}})=\begin{pmatrix}2&-1\\1&1\\4&-6\\3&6\end{pmatrix}$，有

$$\mathrm{R}(\boldsymbol{A})=\mathrm{R}(\boldsymbol{B})=2.$$

因此，$\boldsymbol{\beta}_1$ 可由 $\boldsymbol{\alpha}_1,\boldsymbol{\alpha}_2$ 线性表示，且由初等行变换，可知 $k_1=-1,k_2=-1$. 即 $\boldsymbol{\beta}_1=-\boldsymbol{\alpha}_1-\boldsymbol{\alpha}_2$

类似地，对矩阵 $\boldsymbol{C}=(\boldsymbol{\alpha}_1^{\mathrm{T}},\boldsymbol{\alpha}_2^{\mathrm{T}},\boldsymbol{\beta}_2^{\mathrm{T}})$ 施以初等行变换

$$\boldsymbol{C}=\begin{pmatrix}2&-1&1\\1&1&1\\4&-6&-2\\3&6&7\end{pmatrix}\rightarrow\begin{pmatrix}1&1&1\\0&-3&-1\\0&-10&-6\\0&3&4\end{pmatrix}\rightarrow\begin{pmatrix}1&1&1\\0&-3&-1\\0&0&-\frac{8}{3}\\0&0&3\end{pmatrix},$$

故 $\mathrm{R}(\boldsymbol{C})=3$，而 $\mathrm{R}(\boldsymbol{B})=2$.

因此，$\boldsymbol{\beta}_2$ 不能由 $\boldsymbol{\alpha}_1,\boldsymbol{\alpha}_2$ 线性表示.

2. 线性相关与线性无关

齐次线性方程组(3-2)可以写成零向量与系数列向量的如下的线性关系式

$$x_1\boldsymbol{\alpha}_1+x_2\boldsymbol{\alpha}_2+\cdots+x_n\boldsymbol{\alpha}_n=\mathbf{0},$$

称为齐次线性方程组(3-2)的向量形式. 其中 $\boldsymbol{\alpha}_j=\begin{pmatrix}a_{1j}\\a_{2j}\\\vdots\\a_{mj}\end{pmatrix},j=1,2,\cdots,n,\mathbf{0}=\begin{pmatrix}0\\0\\\vdots\\0\end{pmatrix}$ 都是 m 维列向量，因为零向量是任意向量组的线性组合，所以齐次线性方程组一定有零解，即 $0\boldsymbol{\alpha}_1+0\boldsymbol{\alpha}_2+\cdots+0\boldsymbol{\alpha}_n=\mathbf{0}$ 总是成立的. 通常人们关心的问题是齐次线性方程组(3-2)除零解外是否还有非零解，即是否存在一组不全为零的数 $k_1,k_2,\cdots,k_n$，使关系式 $k_1\boldsymbol{\alpha}_1+k_2\boldsymbol{\alpha}_2+\cdots+k_n\boldsymbol{\alpha}_n=\mathbf{0}$ 成立.

例如,齐次线性方程组 $\begin{cases} 2x_1 - 3x_2 = 0, \\ -4x_1 + 6x_2 = 0, \end{cases}$ 除零解 $\begin{cases} x_1 = 0, \\ x_2 = 0 \end{cases}$ 外,还有非零解,如 $\begin{cases} x_1 = 3, \\ x_2 = 2. \end{cases}$ 因此,系数列向量组 $\boldsymbol{\alpha}_1 = \begin{pmatrix} 2 \\ -4 \end{pmatrix}, \boldsymbol{\alpha}_2 = \begin{pmatrix} -3 \\ 6 \end{pmatrix}$ 与零向量 $\mathbf{0} = \begin{pmatrix} 0 \\ 0 \end{pmatrix}$ 之间,除有关系 $0\boldsymbol{\alpha}_1 + 0\boldsymbol{\alpha}_2 = \mathbf{0}$ 之外,还有关系式 $3\boldsymbol{\alpha}_1 + 2\boldsymbol{\alpha}_2 = \mathbf{0}$ 等关系.

而齐次线性方程组 $\begin{cases} 2x_1 - 3x_2 = 0, \\ 4x_1 + x_2 = 0 \end{cases}$ 仅有零解,即系数列向量组 $\boldsymbol{\beta}_1 = \begin{pmatrix} 2 \\ 4 \end{pmatrix}, \boldsymbol{\beta}_2 = \begin{pmatrix} -3 \\ 1 \end{pmatrix}$ 与零向量 $\mathbf{0} = \begin{pmatrix} 0 \\ 0 \end{pmatrix}$ 之间,仅有关系式 $0\boldsymbol{\beta}_1 + 0\boldsymbol{\beta}_2 = \mathbf{0}$.

我们引入以下重要概念:

定义 3　对于向量组 $\boldsymbol{\alpha}_1, \boldsymbol{\alpha}_2, \cdots, \boldsymbol{\alpha}_s$,若存在一组不全为零的数 $k_1, k_2, \cdots, k_s$,使关系式

$$k_1\boldsymbol{\alpha}_1 + k_2\boldsymbol{\alpha}_2 + \cdots + k_s\boldsymbol{\alpha}_s = \mathbf{0} \tag{3-8}$$

成立,则称向量组 $\boldsymbol{\alpha}_1, \boldsymbol{\alpha}_2, \cdots, \boldsymbol{\alpha}_s$ 线性相关;若(3-8)当且仅当 $k_1 = k_2 = \cdots = k_s = 0$ 时成立,则称向量组 $\boldsymbol{\alpha}_1, \boldsymbol{\alpha}_2, \cdots, \boldsymbol{\alpha}_s$ 线性无关.

上述例题中, $\boldsymbol{\alpha}_1 = \begin{pmatrix} 2 \\ -4 \end{pmatrix}, \boldsymbol{\alpha}_2 = \begin{pmatrix} -3 \\ 6 \end{pmatrix}$ 线性相关,而 $\boldsymbol{\beta}_1 = \begin{pmatrix} 2 \\ 4 \end{pmatrix}, \boldsymbol{\beta}_2 = \begin{pmatrix} -3 \\ 1 \end{pmatrix}$ 线性无关.

定理 4　对于 m 维向量构成的向量组: $\boldsymbol{\alpha}_1, \boldsymbol{\alpha}_2, \cdots, \boldsymbol{\alpha}_n$,其中 $\boldsymbol{\alpha}_j^{\mathrm{T}} = (a_{1j}, a_{2j}, \cdots, a_{mj})$ $(j = 1,2,\cdots,n)$,则 $\boldsymbol{\alpha}_1, \boldsymbol{\alpha}_2, \cdots, \boldsymbol{\alpha}_n$ 线性相关的充分必要条件是矩阵 $\boldsymbol{A} = (\boldsymbol{\alpha}_1, \boldsymbol{\alpha}_2, \cdots, \boldsymbol{\alpha}_n)$ 的秩小于向量的个数 n;向量组线性无关的充分必要条件是矩阵 $\boldsymbol{A} = (\boldsymbol{\alpha}_1, \boldsymbol{\alpha}_2, \cdots, \boldsymbol{\alpha}_n)$ 的秩等于向量的个数 n.

证　设存在 n 个数 $x_1, x_2, \cdots, x_n$,使

$$x_1\boldsymbol{\alpha}_1 + x_2\boldsymbol{\alpha}_2 + \cdots + x_n\boldsymbol{\alpha}_n = \mathbf{0}$$

成立,而齐次线性方程组 $x_1\boldsymbol{\alpha}_1 + x_2\boldsymbol{\alpha}_2 + \cdots + x_n\boldsymbol{\alpha}_n = \mathbf{0}$ 有非零解的充分必要条件是系数矩阵的秩小于未知数的个数 n,由此定理得证.

推论 2　设 n 个 n 维向量 $\boldsymbol{\alpha}_j^{\mathrm{T}} = (a_{1j}, a_{2j}, \cdots, a_{nj})$ $(j = 1,2,\cdots,n)$,则向量组 $\boldsymbol{\alpha}_1, \boldsymbol{\alpha}_2, \cdots, \boldsymbol{\alpha}_n$ 线性相关的充分必要条件是 $\begin{vmatrix} a_{11} & a_{12} & \cdots & a_{1n} \\ a_{21} & a_{22} & \cdots & a_{2n} \\ \vdots & \vdots & & \vdots \\ a_{n1} & a_{n2} & \cdots & a_{nn} \end{vmatrix} = 0$.

换言之,设 n 个 n 维向量 $\boldsymbol{\alpha}_j^{\mathrm{T}}=(a_{1j},a_{2j},\cdots,a_{nj})$ $(j=1,2,\cdots,n)$,则向量组 $\boldsymbol{\alpha}_1$, $\boldsymbol{\alpha}_2,\cdots,\boldsymbol{\alpha}_n$ 线性无关的充分必要条件是 $\begin{vmatrix} a_{11} & a_{12} & \cdots & a_{1n} \\ a_{21} & a_{22} & \cdots & a_{2n} \\ \vdots & \vdots & & \vdots \\ a_{n1} & a_{n2} & \cdots & a_{nn} \end{vmatrix} \neq 0.$

实际上,根据定理4, n 维向量构成的向量组 $\boldsymbol{\alpha}_1,\boldsymbol{\alpha}_2,\cdots,\boldsymbol{\alpha}_n$ 线性无关的充分必要条件是矩阵 $(\boldsymbol{\alpha}_1^{\mathrm{T}},\boldsymbol{\alpha}_2^{\mathrm{T}},\cdots,\boldsymbol{\alpha}_n^{\mathrm{T}})$ 满秩,即 $\begin{vmatrix} a_{11} & a_{12} & \cdots & a_{1n} \\ a_{21} & a_{22} & \cdots & a_{2n} \\ \vdots & \vdots & & \vdots \\ a_{n1} & a_{n2} & \cdots & a_{nn} \end{vmatrix} \neq 0$,亦即 $\begin{vmatrix} a_{11} & a_{21} & \cdots & a_{n1} \\ a_{12} & a_{22} & \cdots & a_{n2} \\ \vdots & \vdots & & \vdots \\ a_{1n} & a_{2n} & \cdots & a_{nn} \end{vmatrix} \neq 0.$

推论3 当向量组中所含向量的个数大于向量的维数时,此向量组线性相关.

证 设 $\boldsymbol{\alpha}_j^{\mathrm{T}}=(a_{1j},a_{2j},\cdots,a_{mj})$, $(j=1,2,\cdots,n)$,齐次线性方程组

$$x_1\boldsymbol{\alpha}_1+x_2\boldsymbol{\alpha}_2+\cdots+x_n\boldsymbol{\alpha}_n=\mathbf{0},$$

由于 $m<n$,故有非零解,由此得证.

例12 一个零向量线性相关,而一个非零向量线性无关.

因为当 $\boldsymbol{\alpha}=\mathbf{0}$ 时,对任意 $k\neq 0$,都有 $k\boldsymbol{\alpha}=\mathbf{0}$ 成立,所以一个零向量线性相关.而当 $\boldsymbol{\alpha}\neq\mathbf{0}$ 时,当且仅当 $k=0$ 时, $k\boldsymbol{\alpha}=\mathbf{0}$ 才成立,即一个非零向量线性无关.

例13 判断向量组 $\boldsymbol{\alpha}_1^{\mathrm{T}}=(1,-1,2,4)$, $\boldsymbol{\alpha}_2^{\mathrm{T}}=(0,3,1,2)$, $\boldsymbol{\alpha}_3^{\mathrm{T}}=(3,0,7,14)$ 是否线性相关?

解 对矩阵 $\boldsymbol{A}=(\boldsymbol{\alpha}_1^{\mathrm{T}},\boldsymbol{\alpha}_2^{\mathrm{T}},\boldsymbol{\alpha}_3^{\mathrm{T}})$ 施以初等行变换化为阶梯形矩阵:

$$\boldsymbol{A}=\begin{pmatrix} 1 & 0 & 3 \\ -1 & 3 & 0 \\ 2 & 1 & 7 \\ 4 & 2 & 14 \end{pmatrix} \to \begin{pmatrix} 1 & 0 & 3 \\ 0 & 3 & 3 \\ 0 & 1 & 1 \\ 0 & 2 & 2 \end{pmatrix} \to \begin{pmatrix} 1 & 0 & 3 \\ 0 & 1 & 1 \\ 0 & 0 & 0 \\ 0 & 0 & 0 \end{pmatrix},$$

即 $\mathrm{R}(\boldsymbol{A})=2<3$,所以向量组 $\boldsymbol{\alpha}_1,\boldsymbol{\alpha}_2,\boldsymbol{\alpha}_3$ 线性相关.

例14 判断向量组 $\boldsymbol{\alpha}_1=(1,2,0,1)$, $\boldsymbol{\alpha}_2=(1,3,0,-1)$, $\boldsymbol{\alpha}_3=(-1,-1,1,0)$ 是

否线性相关？

解　由 $\begin{pmatrix} 1 & 1 & -1 \\ 2 & 3 & -1 \\ 0 & 0 & 1 \\ 1 & -1 & 0 \end{pmatrix}$ 中有三阶子式 $\begin{vmatrix} 1 & 1 & -1 \\ 2 & 3 & -1 \\ 0 & 0 & 1 \end{vmatrix} = 1 \neq 0$, 知这个矩阵的秩为 3, 恰等于向量组中向量的个数, 故向量组 $\boldsymbol{\alpha}_1, \boldsymbol{\alpha}_2, \boldsymbol{\alpha}_3$ 线性无关.

例 15　证明：若向量组 $\boldsymbol{\alpha}, \boldsymbol{\beta}, \boldsymbol{\gamma}$ 线性无关, 则向量组 $\boldsymbol{\alpha}+\boldsymbol{\beta}, \boldsymbol{\beta}+\boldsymbol{\gamma}, \boldsymbol{\gamma}+\boldsymbol{\alpha}$ 亦线性无关.

证　设有一组数 k_1, k_2, k_3 使

$$k_1(\boldsymbol{\alpha}+\boldsymbol{\beta}) + k_2(\boldsymbol{\beta}+\boldsymbol{\gamma}) + k_3(\boldsymbol{\gamma}+\boldsymbol{\alpha}) = \mathbf{0}, \tag{①}$$

成立, 整理得

$$(k_1+k_3)\boldsymbol{\alpha} + (k_1+k_2)\boldsymbol{\beta} + (k_2+k_3)\boldsymbol{\gamma} = \mathbf{0}.$$

由 $\boldsymbol{\alpha}, \boldsymbol{\beta}, \boldsymbol{\gamma}$ 线性无关, 故

$$\begin{cases} k_1 + k_3 = 0, \\ k_1 + k_2 = 0, \\ k_2 + k_3 = 0. \end{cases} \tag{②}$$

因为 $\begin{vmatrix} 1 & 0 & 1 \\ 1 & 1 & 0 \\ 0 & 1 & 1 \end{vmatrix} = 2 \neq 0$, 故方程组②仅有零解, 即只有 $k_1 = k_2 = k_3 = 0$ 时, 式①才成立. 因而向量组 $\boldsymbol{\alpha}+\boldsymbol{\beta}, \boldsymbol{\beta}+\boldsymbol{\gamma}, \boldsymbol{\gamma}+\boldsymbol{\alpha}$ 亦线性无关.

定理 5　若向量组中有一部分向量(称为**部分组**)线性相关, 则整个向量组线性相关.

证　设向量组 $\boldsymbol{\alpha}_1, \boldsymbol{\alpha}_2, \cdots, \boldsymbol{\alpha}_s$ 中有 r 个 $(r \leqslant s)$ 向量的部分组线性相关. 不妨设 $\boldsymbol{\alpha}_1, \boldsymbol{\alpha}_2, \cdots, \boldsymbol{\alpha}_r$ 线性相关, 则存在不全为零的数 $k_1, k_2, \cdots, k_r$, 使

$$k_1\boldsymbol{\alpha}_1 + k_2\boldsymbol{\alpha}_2 + \cdots + k_r\boldsymbol{\alpha}_r = \mathbf{0}$$

成立, 因而存在一组不全为零的数 $k_1, k_2, \cdots, k_r, 0, 0, \cdots, 0$, 使

$$k_1\boldsymbol{\alpha}_1 + k_2\boldsymbol{\alpha}_2 + \cdots + k_r\boldsymbol{\alpha}_r + 0 \cdot \boldsymbol{\alpha}_{r+1} + \cdots + 0 \cdot \boldsymbol{\alpha}_s = \mathbf{0}$$

成立, 即 $\boldsymbol{\alpha}_1, \boldsymbol{\alpha}_2, \cdots, \boldsymbol{\alpha}_s$ 线性相关.

此定理也可如下叙述：线性无关的向量组中任何一部分组皆线性无关.

例 16　含有零向量的向量组线性相关.

证　因零向量线性相关, 由定理 5, 可知该向量组也线性相关.

3. 线性相关性的判定定理

定理 6 向量组 $\boldsymbol{\alpha}_1,\boldsymbol{\alpha}_2,\cdots,\boldsymbol{\alpha}_s(s\geqslant 2)$ 线性相关的充分必要条件是其中至少有一个向量是其余 $s-1$ 个向量的线性组合.

证 (必要性)因为 $\boldsymbol{\alpha}_1,\boldsymbol{\alpha}_2,\cdots,\boldsymbol{\alpha}_s$ 线性相关,故存在一组不全为零的数 $k_1,k_2,\cdots,k_s$,使

$$k_1\boldsymbol{\alpha}_1+k_2\boldsymbol{\alpha}_2+\cdots+k_s\boldsymbol{\alpha}_s=\mathbf{0}$$

成立,不妨设 $k_1\neq 0$,故

$$\boldsymbol{\alpha}_1=\left(-\frac{k_2}{k_1}\right)\boldsymbol{\alpha}_2+\left(-\frac{k_3}{k_1}\right)\boldsymbol{\alpha}_3+\cdots+\left(-\frac{k_s}{k_1}\right)\boldsymbol{\alpha}_s,$$

即 $\boldsymbol{\alpha}_1$ 为 $\boldsymbol{\alpha}_2,\boldsymbol{\alpha}_3,\cdots,\boldsymbol{\alpha}_s$ 的线性组合.

(充分性)

若 $\boldsymbol{\alpha}_1,\boldsymbol{\alpha}_2,\cdots,\boldsymbol{\alpha}_s$ 中至少有一个向量是其余 $s-1$ 个向量的线性组合. 不妨设

$$\boldsymbol{\alpha}_1=k_2\boldsymbol{\alpha}_2+k_3\boldsymbol{\alpha}_3+\cdots+k_s\boldsymbol{\alpha}_s.$$

因此存在一组不全为零的数$-1,k_2,k_3,\cdots,k_s$,使

$$(-1)\boldsymbol{\alpha}_1+k_2\boldsymbol{\alpha}_2+\cdots+k_s\boldsymbol{\alpha}_s=\mathbf{0}$$

成立,即 $\boldsymbol{\alpha}_1,\boldsymbol{\alpha}_2,\cdots,\boldsymbol{\alpha}_s$ 线性相关.

例如,设有向量组 $\boldsymbol{\alpha}_1=(1,-1,1,0),\boldsymbol{\alpha}_2=(1,0,1,0),\boldsymbol{\alpha}_3=(0,1,0,0)$,因为 $\boldsymbol{\alpha}_1-\boldsymbol{\alpha}_2+\boldsymbol{\alpha}_3=\mathbf{0}$,故 $\boldsymbol{\alpha}_1,\boldsymbol{\alpha}_2,\boldsymbol{\alpha}_3$ 线性相关. 由 $\boldsymbol{\alpha}_1-\boldsymbol{\alpha}_2+\boldsymbol{\alpha}_3=\mathbf{0}$,可得

$$\boldsymbol{\alpha}_1=\boldsymbol{\alpha}_2-\boldsymbol{\alpha}_3,\boldsymbol{\alpha}_2=\boldsymbol{\alpha}_1+\boldsymbol{\alpha}_3,\boldsymbol{\alpha}_3=-\boldsymbol{\alpha}_1+\boldsymbol{\alpha}_2.$$

又如,$\boldsymbol{\alpha}_1=(1,-2),\boldsymbol{\alpha}_2=\left(-\frac{1}{2},1\right)$,有 $\boldsymbol{\alpha}_1=-2\boldsymbol{\alpha}_2$,由此可得 $\boldsymbol{\alpha}_1+2\boldsymbol{\alpha}_2=\mathbf{0}$,即 $\boldsymbol{\alpha}_1,\boldsymbol{\alpha}_2$ 线性相关.

定理 7 若向量组 $\boldsymbol{\alpha}_1,\boldsymbol{\alpha}_2,\cdots,\boldsymbol{\alpha}_s,\boldsymbol{\beta}$ 线性相关,而 $\boldsymbol{\alpha}_1,\boldsymbol{\alpha}_2,\cdots,\boldsymbol{\alpha}_s$ 线性无关,则向量 $\boldsymbol{\beta}$ 可由向量组 $\boldsymbol{\alpha}_1,\boldsymbol{\alpha}_2,\cdots,\boldsymbol{\alpha}_s$ 线性表示且表示式唯一.

证 先证 $\boldsymbol{\beta}$ 可由 $\boldsymbol{\alpha}_1,\boldsymbol{\alpha}_2,\cdots,\boldsymbol{\alpha}_s$ 线性表示.

因 $\boldsymbol{\alpha}_1,\boldsymbol{\alpha}_2,\cdots,\boldsymbol{\alpha}_s,\boldsymbol{\beta}$ 线性相关,因而存在一组不全为零的数 $k_1,k_2,\cdots,k_s$ 及 k,使

$$k_1\boldsymbol{\alpha}_1+k_2\boldsymbol{\alpha}_2+\cdots+k_s\boldsymbol{\alpha}_s+k\boldsymbol{\beta}=\mathbf{0}$$

成立,必有 $k\neq 0$,否则,上式成为

$$k_1\boldsymbol{\alpha}_1+k_2\boldsymbol{\alpha}_2+\cdots+k_s\boldsymbol{\alpha}_s=\mathbf{0}$$

且 $k_1,k_2,\cdots,k_s$ 不全为零,这与 $\boldsymbol{\alpha}_1,\boldsymbol{\alpha}_2,\cdots,\boldsymbol{\alpha}_s$ 线性无关矛盾,因此 $k\neq 0$,故

$$\boldsymbol{\beta}=\left(-\frac{k_1}{k}\right)\boldsymbol{\alpha}_1+\left(-\frac{k_2}{k}\right)\boldsymbol{\alpha}_2+\cdots+\left(-\frac{k_s}{k}\right)\boldsymbol{\alpha}_s,$$

即 $\boldsymbol{\beta}$ 是 $\boldsymbol{\alpha}_1,\boldsymbol{\alpha}_2,\cdots,\boldsymbol{\alpha}_s$ 的线性组合.

再证表示法唯一.

若 $\boldsymbol{\beta}=h_1\boldsymbol{\alpha}_1+h_2\boldsymbol{\alpha}_2+\cdots+h_s\boldsymbol{\alpha}_s$ 且 $\boldsymbol{\beta}=l_1\boldsymbol{\alpha}_1+l_2\boldsymbol{\alpha}_2+\cdots+l_s\boldsymbol{\alpha}_s$，则有

$$(h_1-l_1)\boldsymbol{\alpha}_1+(h_2-l_2)\boldsymbol{\alpha}_2+\cdots+(h_s-l_s)\boldsymbol{\alpha}_s=\mathbf{0}$$

成立，由 $\boldsymbol{\alpha}_1,\boldsymbol{\alpha}_2,\cdots,\boldsymbol{\alpha}_s$ 线性无关，有 $h_1-l_1=h_2-l_2=\cdots=h_s-l_s=0$，即 $h_1=l_1$，$h_2=l_2$，$\cdots$，$h_s=l_s$，所以表示法是唯一的.

例如，任意一向量 $\boldsymbol{\alpha}=(a_1,a_2,\cdots,a_n)$ 可由单位坐标向量组 $\boldsymbol{\varepsilon}_1,\boldsymbol{\varepsilon}_2,\cdots,\boldsymbol{\varepsilon}_n$ 唯一地线性表示，即

$$\boldsymbol{\alpha}=a_1\boldsymbol{\varepsilon}_1+a_2\boldsymbol{\varepsilon}_2+\cdots+a_n\boldsymbol{\varepsilon}_n.$$

3.3　向量组的秩

在讨论向量组的线性关系时，矩阵的秩起了十分重要的作用，下面把秩的概念引入向量组.

3.3.1　向量组的等价

定义4　设有两个向量组 $(A):\boldsymbol{\alpha}_1,\boldsymbol{\alpha}_2,\cdots,\boldsymbol{\alpha}_s$ 及 $(B):\boldsymbol{\beta}_1,\boldsymbol{\beta}_2,\cdots,\boldsymbol{\beta}_t$. 若向量组 (A) 中每一向量都可由向量组 (B) 线性表示，则称向量组 (A) 可由向量组 (B) 线性表示.

若向量组 (A) 可由向量组 (B) 线性表示，而向量组 (B) 又可由向量组 (C) 线性表示，则向量组 (A) 也可由向量组 (C) 线性表示.

定义5　设有两个 n 维向量构成的向量组

$$(A):\boldsymbol{\alpha}_1,\boldsymbol{\alpha}_2,\cdots,\boldsymbol{\alpha}_r;\ (B):\boldsymbol{\beta}_1,\boldsymbol{\beta}_2,\cdots,\boldsymbol{\beta}_s,$$

若向量组 (B) 可由向量组 (A) 线性表示，而且向量组 (A) 也可由向量组 (B) 线性表示，则称向量组 (A) 与向量组 (B) 等价.

设有三个向量组 $(A)(B)(C)$，易证向量组的等价关系具有如下性质：

(1) 反身性：(A) 与 (A) 等价.

(2) 对称性：若 (A) 与 (B) 等价，则 (B) 与 (A) 等价.

(3) 传递性:若 (A) 与 (B) 等价,且 (B) 与 (C) 等价,则 (A) 与 (C) 等价.

设向量组 (B) : $\boldsymbol{\beta}_1,\boldsymbol{\beta}_2,\cdots,\boldsymbol{\beta}_s$ 能由向量组 (A) : $\boldsymbol{\alpha}_1,\boldsymbol{\alpha}_2,\cdots,\boldsymbol{\alpha}_r$ 线性表示,即对每个向量 $\boldsymbol{\beta}_j(j=1,2,\cdots,s)$ 存在着数 c_{ij} $(i=1,2,\cdots,r;j=1,2,\cdots,s)$,使

$$\boldsymbol{\beta}_j=c_{1j}\boldsymbol{\alpha}_1+c_{2j}\boldsymbol{\alpha}_2+\cdots+c_{rj}\boldsymbol{\alpha}_r,(j=1,2,\cdots,s). \tag{3-9}$$

采用矩阵记号,由 $\boldsymbol{\beta}_j,\boldsymbol{\alpha}_i$ 都为列向量,记

$$\boldsymbol{A}=(\boldsymbol{\alpha}_1,\boldsymbol{\alpha}_2,\cdots,\boldsymbol{\alpha}_r),\boldsymbol{B}=(\boldsymbol{\beta}_1,\boldsymbol{\beta}_2,\cdots,\boldsymbol{\beta}_s), \tag{3-10}$$

则式(3-9)可写成

$$\boldsymbol{\beta}_j=(\boldsymbol{\alpha}_1,\boldsymbol{\alpha}_2,\cdots,\boldsymbol{\alpha}_r)\begin{pmatrix}c_{1j}\\c_{2j}\\\vdots\\c_{rj}\end{pmatrix},j=1,2,\cdots,s,$$

从而

$$\boldsymbol{B}=(\boldsymbol{\beta}_1,\boldsymbol{\beta}_2,\cdots,\boldsymbol{\beta}_s)=(\boldsymbol{\alpha}_1,\boldsymbol{\alpha}_2,\cdots,\boldsymbol{\alpha}_r)\begin{pmatrix}c_{11}&c_{12}&\cdots&c_{1s}\\c_{21}&c_{22}&\cdots&c_{2s}\\\vdots&\vdots&&\vdots\\c_{r1}&c_{r2}&\cdots&c_{rs}\end{pmatrix}=\boldsymbol{AC},$$

其中 $\boldsymbol{C}=(k_{ij})_{m\times s}$ 称为向量组 (B) 由向量组 (A) 线性表示的系数矩阵.

于是,若 $\boldsymbol{B}=\boldsymbol{AC}$,则矩阵 $\boldsymbol{B}$ 的列向量组能由矩阵 $\boldsymbol{A}$ 的列向量组线性表示,$\boldsymbol{C}$ 为这一表示的系数矩阵;由于 $\boldsymbol{B}^{\mathrm{T}}=\boldsymbol{C}^{\mathrm{T}}\boldsymbol{A}^{\mathrm{T}}$,故矩阵 $\boldsymbol{B}$ 的行向量组能由矩阵 $\boldsymbol{C}$ 的行向量组线性表示, $\boldsymbol{A}$ 为这一表示的系数矩阵.

设矩阵 $\boldsymbol{A}$ 与矩阵 $\boldsymbol{B}$ 行等价,即矩阵 $\boldsymbol{A}$ 经初等行变换变成矩阵 $\boldsymbol{B}$,则 $\boldsymbol{B}$ 的每个行向量都是 $\boldsymbol{A}$ 的行向量组的线性组合,即 $\boldsymbol{B}$ 的行向量组能由 $\boldsymbol{A}$ 的行向量组线性表示. 由于初等变换可逆,知矩阵 $\boldsymbol{B}$ 亦可经初等行变换变为 $\boldsymbol{A}$,从而 $\boldsymbol{A}$ 的行向量组也能由 $\boldsymbol{B}$ 的行向量组线性表示. 于是 $\boldsymbol{A}$ 的行向量组与 $\boldsymbol{B}$ 的行向量组等价.

类似地,若矩阵 $\boldsymbol{A}$ 与 $\boldsymbol{B}$ 列等价,则 $\boldsymbol{A}$ 的列向量组与 $\boldsymbol{B}$ 的列向量组等价.

由定义,若(A)和(B)为有限个列向量组成的向量组,则向量组(B)能由向量组(A)线性表示的充分必要条件是矩阵方程 $\boldsymbol{B}=\boldsymbol{AX}$ 有解. 其中,矩阵 $\boldsymbol{A},\boldsymbol{B}$ 由式(3-10)确定.

定理 8 设向量组 (A): $\boldsymbol{\alpha}_1,\boldsymbol{\alpha}_2,\cdots,\boldsymbol{\alpha}_r$ 和 (B): $\boldsymbol{\beta}_1,\boldsymbol{\beta}_2,\cdots,\boldsymbol{\beta}_s$ 均为列向量组成的向量组,则向量组 (B) 能由向量组 (A) 线性表示的充分必要条件为 $\mathrm{R}(\boldsymbol{A})=$

$R(\boldsymbol{A},\boldsymbol{B})$.

推论 4　向量组 (A) $:\boldsymbol{\alpha}_1,\boldsymbol{\alpha}_2,\cdots,\boldsymbol{\alpha}_r$ 和向量组 (B) $:\boldsymbol{\beta}_1,\boldsymbol{\beta}_2,\cdots,\boldsymbol{\beta}_s$ 等价的充分必要条件是

$$R(\boldsymbol{A})=R(\boldsymbol{B})=R(\boldsymbol{A},\boldsymbol{B}),$$

其中 $(\boldsymbol{A},\boldsymbol{B})$ 是向量组 (A) 和向量组 (B) 所构成的矩阵.

3.3.2　向量组的秩

由上节内容,知 n 维单位坐标向量组 $\boldsymbol{\varepsilon}_1,\boldsymbol{\varepsilon}_2,\cdots,\boldsymbol{\varepsilon}_n$ 线性无关,且任意 n 维向量可由 $\boldsymbol{\varepsilon}_1,\boldsymbol{\varepsilon}_2,\cdots,\boldsymbol{\varepsilon}_n$ 线性表示. 下述定义刻画了具有这种性质的向量组.

定义 6　若向量组 (A) (含有有限个或无限多个向量)中能选出 r 个向量 $\boldsymbol{\alpha}_1,\boldsymbol{\alpha}_2,\cdots,\boldsymbol{\alpha}_r$ 满足:

(1) 向量组 (A_0) $:\boldsymbol{\alpha}_1,\boldsymbol{\alpha}_2,\cdots,\boldsymbol{\alpha}_r$ 线性无关.

(2) (A) 中的任意向量均可由向量组 $(\boldsymbol{A}_0)$ $:\boldsymbol{\alpha}_1,\boldsymbol{\alpha}_2,\cdots,\boldsymbol{\alpha}_r$ 线性表示,

则称 (A_0) $:\boldsymbol{\alpha}_1,\boldsymbol{\alpha}_2,\cdots,\boldsymbol{\alpha}_r$ 为 (A) 的一个极大线性无关向量组(简称极大无关组).

由定义 6,可知向量组 (A) 和它的极大无关组等价.

一般说来,一个向量组的极大无关组不是唯一的.

例如,向量组 $\boldsymbol{\alpha}_1=(1,0)^{\mathrm{T}},\boldsymbol{\alpha}_2=(0,1)^{\mathrm{T}},\boldsymbol{\alpha}_3=(2,3)^{\mathrm{T}}$ 中, $\boldsymbol{\alpha}_1,\boldsymbol{\alpha}_2$ 线性无关, $\boldsymbol{\alpha}_3=2\boldsymbol{\alpha}_1+3\boldsymbol{\alpha}_2$; $\boldsymbol{\alpha}_1,\boldsymbol{\alpha}_3$ 线性无关, $\boldsymbol{\alpha}_2=-\dfrac{2}{3}\boldsymbol{\alpha}_1+\dfrac{1}{3}\boldsymbol{\alpha}_3$; $\boldsymbol{\alpha}_2,\boldsymbol{\alpha}_3$ 线性无关, $\boldsymbol{\alpha}_1=-\dfrac{3}{2}\boldsymbol{\alpha}_2+\dfrac{1}{2}\boldsymbol{\alpha}_3$.

故 $\boldsymbol{\alpha}_1,\boldsymbol{\alpha}_2$; $\boldsymbol{\alpha}_2,\boldsymbol{\alpha}_3$; $\boldsymbol{\alpha}_1,\boldsymbol{\alpha}_3$ 都是向量组 $\boldsymbol{\alpha}_1,\boldsymbol{\alpha}_2,\boldsymbol{\alpha}_3$ 的极大无关组.

显然,这些极大无关组所含向量的个数相同. 为证明这一结论,先讨论如下重要定理.

定理 9　设有向量组 (A) $:\boldsymbol{\alpha}_1,\boldsymbol{\alpha}_2,\cdots,\boldsymbol{\alpha}_r$ 和 (B) $:\boldsymbol{\beta}_1,\boldsymbol{\beta}_2,\cdots,\boldsymbol{\beta}_s$. 若向量组 (B) 线性无关,且向量组 (B) 能由向量组 (A) 线性表示,则 $s\leqslant r$.

推论 5　设有向量组 (A) $:\boldsymbol{\alpha}_1,\boldsymbol{\alpha}_2,\cdots,\boldsymbol{\alpha}_r$ 和 (B) $:\boldsymbol{\beta}_1,\boldsymbol{\beta}_2,\cdots,\boldsymbol{\beta}_s$. 若向量组 (B) 可由向量组 (A) 线性表示,且 $s>r$, 则向量组 (B) 线性相关.

证　因为向量组 (B) 可由向量组 (A) 线性表示,即存在系数矩阵 $\boldsymbol{K}_{rs}=(k_{ij})_{r\times s}$, 使

$$(\boldsymbol{\beta}_1,\boldsymbol{\beta}_2,\cdots,\boldsymbol{\beta}_s)=(\boldsymbol{\alpha}_1,\boldsymbol{\alpha}_2,\cdots,\boldsymbol{\alpha}_r)\begin{pmatrix}k_{11}&k_{12}&\cdots&k_{1s}\\k_{21}&k_{22}&\cdots&k_{2s}\\\vdots&\vdots&&\vdots\\k_{r1}&k_{r2}&\cdots&k_{rs}\end{pmatrix}.$$

假设 $s>r$，则方程组

$$\boldsymbol{K}_{r\times s}\begin{pmatrix}x_1\\x_2\\\vdots\\x_s\end{pmatrix}=\boldsymbol{0}\ (\text{即 } \boldsymbol{Kx}=\boldsymbol{0})$$

有非零解[这是因为 $\mathrm{R}(\boldsymbol{K})\leqslant r<s$]，从而方程组

$$(\boldsymbol{\alpha}_1,\boldsymbol{\alpha}_2,\cdots,\boldsymbol{\alpha}_r)\ \boldsymbol{Kx}=\boldsymbol{0}$$

有非零解，即

$$(\boldsymbol{\beta}_1,\boldsymbol{\beta}_2,\cdots,\boldsymbol{\beta}_s)\ \boldsymbol{x}=\boldsymbol{0}$$

有非零解. 这与向量组 (B) 线性无关矛盾，因此 $s>r$ 不能成立，所以 $s\leqslant r$.

推论 6 若两个线性无关的向量组是等价的，则它们必含有相同个数的向量.

推论 7 两个等价的向量组的极大无关组含有相同个数的向量.

推论 8 一个向量组的任意两个极大无关组所含向量个数相等.

从推论 7，得出一个向量组的所有极大无关组所含向量个数相等，这个数很重要，为此引入下面的概念.

定义 7 向量组的极大无关组所含向量的个数称为该向量组的秩.

只含零向量的向量组没有极大无关组，并规定它的秩为零.

例 17 若向量组 $\boldsymbol{\alpha}_1,\boldsymbol{\alpha}_2,\cdots,\boldsymbol{\alpha}_r$ 线性无关，则 $\boldsymbol{\alpha}_1,\boldsymbol{\alpha}_2,\cdots,\boldsymbol{\alpha}_r$ 就是该向量组的极大无关组，向量组的秩为 r.

例 18 n 维向量的全体组成的集合记作 $\mathbf{R}^n$，则 n 维单位坐标向量组 $\boldsymbol{\varepsilon}_1,\boldsymbol{\varepsilon}_2,\cdots,\boldsymbol{\varepsilon}_n$ 是 $\mathbf{R}^n$ 的一个极大无关组，$\mathbf{R}^n$ 的秩为 n.

由秩的概念，定理 9 可叙述为：若向量组 (B) 可由向量组 (A) 线性表示，则向量组 (B) 的秩不大于向量组 (A) 的秩.

推论 7 可叙述为：等价的向量组的秩相等.

下面给出向量组 (A) 的极大无关组的等价定义.

定义 8 若向量组 (A) 中能选出 r 个向量 $\boldsymbol{\alpha}_1,\boldsymbol{\alpha}_2,\cdots,\boldsymbol{\alpha}_r$ 满足：

(1) 向量组 (A_0)：$\boldsymbol{\alpha}_1, \boldsymbol{\alpha}_2, \cdots, \boldsymbol{\alpha}_r$ 线性无关.

(2) 向量组 (A) 中的任意 $r+1$ 个向量均线性相关，则称向量组 (A_0)：$\boldsymbol{\alpha}_1, \boldsymbol{\alpha}_2, \cdots, \boldsymbol{\alpha}_r$ 是向量组 (A) 的一个极大无关组，数 r 即为向量组 $(\boldsymbol{A})$ 的秩.

3.3.3　矩阵的秩与向量组的秩的关系

对于矩阵 $\boldsymbol{A}=(a_{ij})_{m\times n}$，$\boldsymbol{A}$ 的行(列)向量的全体称为 $\boldsymbol{A}$ 的行(列)向量组，行(列)向量组的秩称为 $\boldsymbol{A}$ 的行(列)秩.

定理 10　对于矩阵 $\boldsymbol{A}=(a_{ij})_{m\times n}$，有 $\mathrm{R}(\boldsymbol{A})=\boldsymbol{A}$ 的行秩 $=\boldsymbol{A}$ 的列秩，即矩阵的秩等于它的行向量组的秩也等于它的列向量组的秩.

证　记 $\boldsymbol{A}=(\boldsymbol{\alpha}_1, \boldsymbol{\alpha}_2, \cdots, \boldsymbol{\alpha}_n)$，设 $\mathrm{R}(\boldsymbol{A})=r$，并设 $\boldsymbol{A}$ 的 r 阶子式 $D_r \neq 0$，则 D_r 所在的 r 列组成的向量组线性无关；又 $\boldsymbol{A}$ 中所有的 $r+1$ 阶子式(如有)均为零，知 $\boldsymbol{A}$ 中的任意 $r+1$ 个列向量组成的向量组线性相关. 因此，D_r 所在的 r 列是 $\boldsymbol{A}$ 的列向量组的一个极大无关组，所以列向量组的秩为 r，即 $\boldsymbol{A}$ 的列秩 $=\mathrm{R}(\boldsymbol{A})$.

另一方面，$\boldsymbol{A}$ 的行秩 $=\boldsymbol{A}^{\mathrm{T}}$ 的列秩 $=\mathrm{R}(\boldsymbol{A}^{\mathrm{T}})=\mathrm{R}(\boldsymbol{A})$，所以 $\mathrm{R}(\boldsymbol{A})=\boldsymbol{A}$ 的行秩 $=\boldsymbol{A}$ 的列秩.

由定理 10，可知用初等变换可以求由有限个向量组成的向量组的秩. 而且，由定理的证明过程，可知当 $\mathrm{R}(\boldsymbol{A})=r$ 时，$\boldsymbol{A}$ 的非零 r 阶子式所在的行(列)就构成 $\boldsymbol{A}$ 的行(列)向量组的一个极大线性无关组.

例 19　设有向量组 (A)：$\boldsymbol{\alpha}_1=(3,1,2,-1)^{\mathrm{T}}, \boldsymbol{\alpha}_2=(-5,-2,-3,1)^{\mathrm{T}}$,

$\boldsymbol{\alpha}_3=(-1,2,-3,5)^{\mathrm{T}}, \boldsymbol{\alpha}_4=(-2,1,-2,4)^{\mathrm{T}}, \boldsymbol{\alpha}_5=(2,-1,4,-4)^{\mathrm{T}}$.

(1) 求向量组 (A) 的秩并判定 (A) 的线性相关性.

(2) 求向量组 (A) 的一个极大无关组.

(3) 将 (A) 中的其余向量用所求出的极大无关组线性表示.

解　(1) 以 $\boldsymbol{\alpha}_1, \boldsymbol{\alpha}_2, \boldsymbol{\alpha}_3, \boldsymbol{\alpha}_4, \boldsymbol{\alpha}_5$ 为列向量作矩阵 $\boldsymbol{A}$，用初等行变换将矩阵 $\boldsymbol{A}$ 化为行阶梯形

$$\boldsymbol{A}=\begin{pmatrix} 3 & -5 & -1 & -2 & 2 \\ 1 & -2 & 2 & 1 & -1 \\ 2 & -3 & -3 & -2 & 4 \\ -1 & 1 & 5 & 4 & -4 \end{pmatrix} \xrightarrow{r} \begin{pmatrix} 1 & -2 & 2 & 1 & -1 \\ 0 & 1 & -7 & -5 & 5 \\ 0 & 1 & -7 & -4 & 6 \\ 0 & -1 & 7 & 5 & -5 \end{pmatrix}$$

$$\xrightarrow{r}\begin{pmatrix}1 & -2 & 2 & 1 & -1\\0 & 1 & -7 & -5 & 5\\0 & 0 & 0 & 1 & 1\\0 & 0 & 0 & 0 & 0\end{pmatrix}=\boldsymbol{B}_1,$$

于是, $\mathrm{R}(\boldsymbol{A})=\boldsymbol{A}$ 的列秩 $=\mathrm{R}(\boldsymbol{B}_1)=3<5$, 所以向量组 (A) 的秩为3,向量组 (A) 线性相关.

(2) 由于行阶梯形 $\boldsymbol{B}_1$ 的三个非零行的非零首元在1,2,4三列,故 $\boldsymbol{\alpha}_1,\boldsymbol{\alpha}_2,\boldsymbol{\alpha}_4$ 为向量组 $(\boldsymbol{A})$ 的一个极大无关组. 这是因为

$$(\boldsymbol{\alpha}_1,\boldsymbol{\alpha}_2,\boldsymbol{\alpha}_4)\xrightarrow{r}\begin{pmatrix}1 & -2 & 1\\0 & 1 & -5\\0 & 0 & 1\\0 & 0 & 0\end{pmatrix},$$

所以 $\mathrm{R}(\boldsymbol{\alpha}_1,\boldsymbol{\alpha}_2,\boldsymbol{\alpha}_4)=3$, 故 $\boldsymbol{\alpha}_1,\boldsymbol{\alpha}_2,\boldsymbol{\alpha}_4$ 线性无关.

(3) 对 $\boldsymbol{B}_1$ 继续作初等行变换,化成行最简形.

$$\boldsymbol{B}_1\xrightarrow{r}\begin{pmatrix}1 & -2 & 2 & 0 & -2\\0 & 1 & -7 & 0 & 10\\0 & 0 & 0 & 1 & 1\\0 & 0 & 0 & 0 & 0\end{pmatrix}\xrightarrow{r}\begin{pmatrix}1 & 0 & -12 & 0 & 18\\0 & 1 & -7 & 0 & 10\\0 & 0 & 0 & 1 & 1\\0 & 0 & 0 & 0 & 0\end{pmatrix}=\boldsymbol{B}.$$

记 $\boldsymbol{\beta}_1,\boldsymbol{\beta}_2,\boldsymbol{\beta}_3,\boldsymbol{\beta}_4,\boldsymbol{\beta}_5$ 为 $\boldsymbol{B}$ 的列向量组,可知 $\boldsymbol{\beta}_1,\boldsymbol{\beta}_2,\boldsymbol{\beta}_4$ 构成 $\boldsymbol{B}$ 的列向量组的极大线性无关组. 且显然 $\boldsymbol{B}$ 的其余向量可由 $\boldsymbol{\beta}_1,\boldsymbol{\beta}_2,\boldsymbol{\beta}_4$ 线性表示,即

$$\boldsymbol{\beta}_3=-12\boldsymbol{\beta}_1-7\boldsymbol{\beta}_2,$$
$$\boldsymbol{\beta}_5=18\boldsymbol{\beta}_1+10\boldsymbol{\beta}_2+\boldsymbol{\beta}_4.$$

而对矩阵的初等行变换并不改变矩阵的列向量组之间的线性关系. 因此,对应的有

$$\boldsymbol{\alpha}_3=-12\boldsymbol{\alpha}_1-7\boldsymbol{\alpha}_2,$$
$$\boldsymbol{\alpha}_5=18\boldsymbol{\alpha}_1+10\boldsymbol{\alpha}_2+\boldsymbol{\alpha}_4.$$

例 20 设 $\boldsymbol{C}=\boldsymbol{AB}$, 则 $\mathrm{R}(\boldsymbol{C})\leqslant\min\{\mathrm{R}(\boldsymbol{A}),\mathrm{R}(\boldsymbol{B})\}$.

证 设 $\boldsymbol{A},\boldsymbol{B}$ 分别为 $m\times s, s\times n$ 矩阵,将 $\boldsymbol{C}$ 和 $\boldsymbol{A}$ 用列向量表示为

$$\boldsymbol{C}=(\boldsymbol{\gamma}_1,\boldsymbol{\gamma}_2,\cdots,\boldsymbol{\gamma}_n),\boldsymbol{A}=(\boldsymbol{\alpha}_1,\boldsymbol{\alpha}_2,\cdots,\boldsymbol{\alpha}_s).$$

而 $\boldsymbol{B}=(b_{ij})$, 由

$$\boldsymbol{C}=(\boldsymbol{\gamma}_1,\boldsymbol{\gamma}_2,\cdots,\boldsymbol{\gamma}_n)=(\boldsymbol{\alpha}_1,\boldsymbol{\alpha}_2,\cdots,\boldsymbol{\alpha}_s)\begin{pmatrix}b_{11} & \cdots & b_{1n}\\\vdots & & \vdots\\b_{s1} & \cdots & b_{sn}\end{pmatrix},$$

知矩阵 $\boldsymbol{C}$ 的列向量组能由 $\boldsymbol{A}$ 的列向量组线性表示，因此 $\mathrm{R}(\boldsymbol{C}) \leqslant \mathrm{R}(\boldsymbol{A})$.

因 $\boldsymbol{C}^{\mathrm{T}}=\boldsymbol{B}^{\mathrm{T}}\boldsymbol{A}^{\mathrm{T}}$, 可知 $\mathrm{R}(\boldsymbol{C}^{\mathrm{T}}) \leqslant \mathrm{R}(\boldsymbol{B}^{\mathrm{T}})$, 即 $\mathrm{R}(\boldsymbol{C}) \leqslant \mathrm{R}(\boldsymbol{B})$, 从而

$$\mathrm{R}(\boldsymbol{C}) \leqslant \min\{\mathrm{R}(\boldsymbol{A}),\mathrm{R}(\boldsymbol{B})\}.$$

3.4　线性方程组解的结构

对于线性方程组(3-1)，当 $\mathrm{R}(\boldsymbol{A})=\mathrm{R}(\boldsymbol{A},\boldsymbol{b})=r<n$ 时，$\boldsymbol{A}$ 中不为零的 r 阶子式所含的 r 列以外的 $n-r$ 列对应的未知量常取为自由未知量；当 $r<m$ 时，$\boldsymbol{A}$ 中不为零的 r 阶子式所含的 r 行所对应的 r 个方程以外的 $m-r$ 个方程是“多余”的，可删去而不影响式(3-1)的解.

又 $\mathrm{R}(\boldsymbol{A})=\mathrm{R}(\boldsymbol{A},\boldsymbol{b})=r<n$ 时，式(3-1)有无穷多个解，现在我们来讨论方程组(3-1)的解的结构.

3.4.1　齐次线性方程组解的结构

齐次线性方程组(3-2)的矩阵形式为 $\boldsymbol{Ax}=\boldsymbol{0}$, 其中 $\boldsymbol{A}=(a_{ij})_{m\times n},\boldsymbol{x}=(x_1,x_2,\cdots,x_n)^{\mathrm{T}}$, 则式(3-2)的解有下列性质.

性质 1　若 $\boldsymbol{\xi}_1,\boldsymbol{\xi}_2$ 是齐次线性方程组(3-2)的两个解，则 $\boldsymbol{\xi}_1+\boldsymbol{\xi}_2$ 也是它的解.

证　由 $\boldsymbol{\xi}_1,\boldsymbol{\xi}_2$ 都是齐次线性方程组(3-2)的解，有 $\boldsymbol{A\xi}_1=\boldsymbol{0},\boldsymbol{A\xi}_2=\boldsymbol{0}$, 故

$$\boldsymbol{A}(\boldsymbol{\xi}_1+\boldsymbol{\xi}_2)=\boldsymbol{A\xi}_1+\boldsymbol{A\xi}_2=\boldsymbol{0},$$

即 $\boldsymbol{\xi}_1+\boldsymbol{\xi}_2$ 也是方程组(3-2)的解.

性质 2　若 $\boldsymbol{\xi}$ 是齐次线性方程组(3-2)的解，则 $c\boldsymbol{\xi}$ 也是它的解(c 是常数).

证　由 $\boldsymbol{\xi}$ 是齐次线性方程组(3-2)的解，有 $\boldsymbol{A\xi}=\boldsymbol{0}$, 故

$$\boldsymbol{A}(c\boldsymbol{\xi})=c(\boldsymbol{A\xi})=c\boldsymbol{0}=\boldsymbol{0},$$

即 $c\boldsymbol{\xi}$ 也是方程组(3-2)的解.

性质 3　若 $\boldsymbol{\xi}_1,\boldsymbol{\xi}_2,\cdots,\boldsymbol{\xi}_s$ 都是齐次线性方程组(3-2)的解，则其线性组合 $c_1\boldsymbol{\xi}_1+c_2\boldsymbol{\xi}_2+\cdots+c_s\boldsymbol{\xi}_s$ 也是它的解，其中 $c_1,c_2,\cdots,c_s$ 都是任意常数.

由此可知，若一个齐次线性方程组有非零解，则它就有无穷多解. 这无穷多解就构成了一个向量组，若我们能求出这个向量组的一个极大无关组，就能用它的线性

组合来表示方程但的全部解.

定义 11 若 $\boldsymbol{\xi}_1,\boldsymbol{\xi}_2,\cdots,\boldsymbol{\xi}_s$ 是齐次线性方程组(3-2)的解向量组的一个极大无关组,则称 $\boldsymbol{\xi}_1,\boldsymbol{\xi}_2,\cdots,\boldsymbol{\xi}_s$ 是方程组(3-2)的一个基础解系.

由性质 3 和定义 11,满足方程组(3-2)的任一解 $\boldsymbol{x}$ 都可表示为

$$\boldsymbol{x}=c_1\boldsymbol{\xi}_1+c_2\boldsymbol{\xi}_2+\cdots+c_s\boldsymbol{\xi}_s, \tag{3-11}$$

其中 $\boldsymbol{\xi}_1,\boldsymbol{\xi}_2,\cdots,\boldsymbol{\xi}_s$ 是齐次线性方程组(3-2)的解向量组的一个极大无关组, c_1, $c_2,\cdots,c_s$ 都是任意常数,则式(3-11)称为方程组(3-2)的**通解**.

定理 11 若齐次线性方程组(3-2)的系数矩阵 $\boldsymbol{A}$ 的秩 $\mathrm{R}(\boldsymbol{A})=r<n$, 则方程组的基础解系存在,且每个基础解系中恰含有 $n-r$ 个解.

证 因为 $\mathrm{R}(\boldsymbol{A})=r<n$, 所以对方程组(3-2)的系数矩阵 $\boldsymbol{A}$ 施以初等行变换(调整未知量的顺序,不妨设 $x_{r+1},\cdots,x_n$ 为自由未知量.),可化为如下的形式

$$\begin{pmatrix} 1 & 0 & \cdots & 0 & k_{1,r+1} & k_{1,r+2} & \cdots & k_{1n} \\ 0 & 1 & \cdots & 0 & k_{2,r+1} & k_{2,r+2} & \cdots & k_{2n} \\ \vdots & \vdots & & \vdots & \vdots & \vdots & & \vdots \\ 0 & 0 & \cdots & 1 & k_{r,r+1} & k_{r,r+2} & \cdots & k_{rn} \\ 0 & 0 & \cdots & 0 & 0 & 0 & \cdots & 0 \\ \vdots & \vdots & & \vdots & \vdots & \vdots & & \vdots \\ 0 & 0 & \cdots & 0 & 0 & 0 & \cdots & 0 \end{pmatrix},$$

即方程组(3-2)与方程组

$$\begin{cases} x_1=-k_{1r+1}x_{r+1}-k_{1r+2}x_{r+2}-\cdots-k_{1n}x_n, \\ x_2=-k_{2r+1}x_{r+1}-k_{2r+2}x_{r+2}-\cdots-k_{2n}x_n, \\ \qquad\cdots\cdots \\ x_r=-k_{rr+1}x_{r+1}-k_{rr+2}x_{r+2}-\cdots-k_{rn}x_n \end{cases}$$

同解,其中 $x_{r+1},x_{r+2},\cdots,x_n$ 为自由未知量.

对 $n-r$ 个自由未知量 $\begin{pmatrix} x_{r+1} \\ x_{r+2} \\ \vdots \\ x_n \end{pmatrix}$ 分别取 $\begin{pmatrix} 1 \\ 0 \\ \vdots \\ 0 \end{pmatrix},\begin{pmatrix} 0 \\ 1 \\ \vdots \\ 0 \end{pmatrix},\cdots,\begin{pmatrix} 0 \\ 0 \\ \vdots \\ 1 \end{pmatrix}$,

可得方程组(3-2)的 $n-r$ 个解

$$\boldsymbol{\xi}_1=\begin{pmatrix}-k_{1,r+1}\\-k_{2,r+1}\\\vdots\\-k_{r,r+1}\\1\\0\\\vdots\\0\end{pmatrix},\boldsymbol{\xi}_2=\begin{pmatrix}-k_{1,r+2}\\-k_{2,r+2}\\\vdots\\-k_{r,r+2}\\0\\1\\\vdots\\0\end{pmatrix},\cdots,\boldsymbol{\xi}_{n-r}=\begin{pmatrix}-k_{1n}\\-k_{2n}\\\vdots\\-k_{rn}\\0\\0\\\vdots\\1\end{pmatrix}.$$

现在来证明 $\boldsymbol{\xi}_1,\boldsymbol{\xi}_2,\cdots,\boldsymbol{\xi}_{n-r}$ 就是方程组(3-2)的一个基础解系.

先证明 $\boldsymbol{\xi}_1,\boldsymbol{\xi}_2,\cdots,\boldsymbol{\xi}_{n-r}$ 线性无关. 设

$$\boldsymbol{K}=\begin{pmatrix}-k_{1,r+1}&-k_{1,r+2}&\cdots&-k_{1n}\\-k_{2,r+1}&-k_{2,r+2}&\cdots&-k_{2n}\\\vdots&\vdots&&\vdots\\-k_{r,r+1}&-k_{r,r+2}&\cdots&-k_{rn}\\1&0&\cdots&0\\0&1&\cdots&0\\\vdots&\vdots&&\vdots\\0&0&\cdots&1\end{pmatrix}_{n\times(n-r)},$$

有 $n-r$ 阶子式

$$\begin{vmatrix}1&0&0&\cdots&0\\0&1&0&\cdots&0\\0&0&1&\cdots&0\\\vdots&\vdots&\vdots&&\vdots\\0&0&0&\cdots&1\end{vmatrix}=1\neq0,$$

即 $\mathrm{R}(\boldsymbol{K})=n-r$. 所以 $\boldsymbol{\xi}_1,\boldsymbol{\xi}_2,\cdots,\boldsymbol{\xi}_{n-r}$ 线性无关.

再证明方程组(3-2)的任意一个解 $\boldsymbol{\xi}=(d_1,d_2,\cdots,d_n)^{\mathrm{T}}$ 都是 $\boldsymbol{\xi}_1,\boldsymbol{\xi}_2,\cdots,\boldsymbol{\xi}_{n-r}$ 的线性组合. 因为

$$\begin{cases}d_1=-k_{1,r+1}d_{r+1}-k_{1,r+2}d_{r+2}-\cdots-k_{1n}d_n,\\d_2=-k_{2,r+1}d_{r+1}-k_{2,r+2}d_{r+2}-\cdots-k_{2n}d_n,\\\qquad\cdots\cdots\\d_r=-k_{r,r+1}d_{r+1}-k_{r,r+2}d_{r+2}-\cdots-k_{rn}d_n,\end{cases}$$

所以

$$\boldsymbol{\xi}=\begin{pmatrix}-k_{1,r+1}d_{r+1}-k_{1,r+2}d_{r+2}-\cdots-k_{1n}d_n\\-k_{2,r+1}d_{r+1}-k_{2,r+2}d_{r+2}-\cdots-k_{2n}d_n\\\vdots\\-k_{r,r+1}d_{r+1}-k_{r,r+2}d_{r+2}-\cdots-k_{rn}d_n\\d_{r+1}\\d_{r+2}\\\vdots\\d_n\end{pmatrix}$$

$$=d_{r+1}\begin{pmatrix}-k_{1,r+1}\\-k_{2,r+1}\\\vdots\\-k_{r,r+1}\\1\\0\\\vdots\\0\end{pmatrix}+d_{r+2}\begin{pmatrix}-k_{1,r+2}\\-k_{2,r+2}\\\vdots\\-k_{r,r+2}\\0\\1\\\vdots\\0\end{pmatrix}+\cdots+d_n\begin{pmatrix}-k_{1n}\\-k_{2n}\\\vdots\\-k_{rn}\\0\\0\\\vdots\\1\end{pmatrix}$$

$$=d_{r+1}\boldsymbol{\xi}_1+d_{r+2}\boldsymbol{\xi}_2+\cdots+d_n\boldsymbol{\xi}_{n-r},$$

即 $\boldsymbol{\xi}$ 是 $\boldsymbol{\xi}_1,\boldsymbol{\xi}_2,\cdots,\boldsymbol{\xi}_{n-r}$ 的线性组合.

综上，$\boldsymbol{\xi}_1,\boldsymbol{\xi}_2,\cdots,\boldsymbol{\xi}_{n-r}$ 是方程组(3-2)的一个基础解系. 因此，方程组(3-2)的全部解为

$$c_1\boldsymbol{\xi}_1+c_2\boldsymbol{\xi}_2+\cdots+c_{n-r}\boldsymbol{\xi}_{n-r}\ (c_1,c_2,\cdots,c_{n-r}\text{ 为任意常数}).$$

上述定理的证明过程给我们指出了求齐次线性方程组的基础解系的方法.

例 21 求如下齐次线性方程组的一个基础解系：

$$\begin{cases}x_1+6x_2-x_3-4x_4=0,\\-2x_1-12x_2+5x_3+17x_4=0,\\3x_1+18x_2-x_3-6x_4=0.\end{cases}$$

解 对系数矩阵施以如下的初等行变换，即

$$\boldsymbol{A}=\begin{pmatrix}1&6&-1&-4\\-2&-12&5&17\\3&18&-1&-6\end{pmatrix}\to\begin{pmatrix}1&6&-1&-4\\0&0&3&9\\0&0&2&6\end{pmatrix}\to\begin{pmatrix}1&6&-1&-4\\0&0&1&3\\0&0&0&0\end{pmatrix}$$

$$\to\begin{pmatrix}1&6&0&-1\\0&0&1&3\\0&0&0&0\end{pmatrix},$$

即原方程组与方程组 $\begin{cases}x_1=-6x_2+x_4,\\x_3=-3x_4\end{cases}$ 同解，其中选择 x_2,x_4 为自由未知量. 将自由未知量 $\begin{pmatrix}x_2\\x_4\end{pmatrix}$ 取值 $\begin{pmatrix}1\\0\end{pmatrix},\begin{pmatrix}0\\1\end{pmatrix}$，分别得方程组的解为

$$\boldsymbol{\xi}_1=(-6,1,0,0)^{\mathrm{T}},\boldsymbol{\xi}_2=(1,0,-3,1)^{\mathrm{T}},$$

即 $\boldsymbol{\xi}_1,\boldsymbol{\xi}_2$ 就是所给方程组的一个基础解系.

例 22　用基础解系表示如下方程组的通解：

$$\begin{cases}x_1+x_2+x_3+x_4+x_5=0,\\3x_1+2x_2+x_3+x_4-3x_5=0,\\x_2+2x_3+2x_4+6x_5=0,\\5x_1+4x_2+3x_3+3x_4-x_5=0.\end{cases}$$

解　$m=4,n=5,m<n$，因此所给方程组有无穷多解，对系数矩阵 $\boldsymbol{A}$ 施以初等行变换，

$$\boldsymbol{A}=\begin{pmatrix}1&1&1&1&1\\3&2&1&1&-3\\0&1&2&2&6\\5&4&3&3&-1\end{pmatrix}\to\begin{pmatrix}1&1&1&1&1\\0&-1&-2&-2&-6\\0&1&2&2&6\\0&-1&-2&-2&-6\end{pmatrix}$$

$$\to\begin{pmatrix}1&0&-1&-1&-5\\0&1&2&2&6\\0&0&0&0&0\\0&0&0&0&0\end{pmatrix}.$$

即原方程组与方程组 $\begin{cases}x_1=x_3+x_4+5x_5,\\x_2=-2x_3-2x_4-6x_5\end{cases}$ 同解，其中选择 x_3,x_4,x_5 为自由未知量. 将自由未知量 $\begin{pmatrix}x_3\\x_4\\x_5\end{pmatrix}$ 取值 $\begin{pmatrix}1\\0\\0\end{pmatrix},\begin{pmatrix}0\\1\\0\end{pmatrix},\begin{pmatrix}0\\0\\1\end{pmatrix}$，分别得方程组的解为

$$\boldsymbol{\xi}_1=\begin{pmatrix}1\\-2\\1\\0\\0\end{pmatrix},\boldsymbol{\xi}_2=\begin{pmatrix}1\\-2\\0\\1\\0\end{pmatrix},\boldsymbol{\xi}_3=\begin{pmatrix}5\\-6\\0\\0\\1\end{pmatrix},$$

即$\boldsymbol{\xi}_1,\boldsymbol{\xi}_2,\boldsymbol{\xi}_3$就是所给方程组的一个基础解系. 因此,方程组的通解为

$$\boldsymbol{\xi}=c_1\begin{pmatrix}1\\-2\\1\\0\\0\end{pmatrix}+c_2\begin{pmatrix}1\\-2\\0\\1\\0\end{pmatrix}+c_3\begin{pmatrix}5\\-6\\0\\0\\1\end{pmatrix},$$

其中c_1,c_2,c_3为任意常数.

例 23　设矩阵$\boldsymbol{A}=(a_{ij})_{m\times n},\boldsymbol{B}=(b_{ij})_{n\times s}$满足$\boldsymbol{AB}=\boldsymbol{O}$, 并且$\mathrm{R}(\boldsymbol{A})=r$, 试证: $\mathrm{R}(\boldsymbol{B})\leqslant n-r$.

证　设矩阵$\boldsymbol{B}=(\boldsymbol{\alpha}_1,\boldsymbol{\alpha}_2,\cdots,\boldsymbol{\alpha}_s)$, 其中$\boldsymbol{\alpha}_j=(b_{1j},b_{2j},\cdots,b_{nj})^{\mathrm{T}},j=1,2,\cdots,s$, 则

$$\boldsymbol{AB}=\boldsymbol{A}(\boldsymbol{\alpha}_1,\boldsymbol{\alpha}_2,\cdots,\boldsymbol{\alpha}_s)=(\boldsymbol{A\alpha}_1,\boldsymbol{A\alpha}_2,\cdots,\boldsymbol{A\alpha}_s).$$

由于$\boldsymbol{AB}=\boldsymbol{O}$, 可得$\boldsymbol{A\alpha}_j=\boldsymbol{0}$, $j=1,2,\cdots,s$.

考虑齐次线性方程组$\boldsymbol{Ax}=\boldsymbol{0}$, 其中$\boldsymbol{x}=(x_1,x_2,\cdots,x_n)^{\mathrm{T}}$. 不难看出,矩阵$\boldsymbol{B}$的列向量$\boldsymbol{\alpha}_1,\boldsymbol{\alpha}_2,\cdots,\boldsymbol{\alpha}_s$都是方程组$\boldsymbol{Ax}=\boldsymbol{0}$的解向量. 因为$\mathrm{R}(\boldsymbol{A})=r$, 所以方程组$\boldsymbol{Ax}=\boldsymbol{0}$的解向量组的秩为$n-r$, 由此可得,

$$\mathrm{R}(\boldsymbol{B})=\mathrm{R}(\boldsymbol{\alpha}_1,\boldsymbol{\alpha}_2,\cdots,\boldsymbol{\alpha}_s)\leqslant n-r.$$

3.4.2　非齐次线性方程组解的结构

非齐次线性方程组(3-1)可表示为$\boldsymbol{Ax}=\boldsymbol{b}$, 取$\boldsymbol{b}=\boldsymbol{0}$得到的齐次线性方程组$\boldsymbol{Ax}=\boldsymbol{0}$称为非齐次线性方程组$\boldsymbol{Ax}=\boldsymbol{b}$的**导出组**.

非齐次线性方程组(3-1)的解与它的导出组(3-2)的解之间有下列性质.

性质 4　若$\boldsymbol{\eta}$是非齐次线性方程组(3-1)的一个解, $\boldsymbol{\xi}$是其导出组的一个解,则$\boldsymbol{\eta}+\boldsymbol{\xi}$也是非齐次线性方程组(3-1)的一个解.

证　因为$\boldsymbol{\eta}$是非齐次线性方程组(3-1)的一个解,所以有$\boldsymbol{A\eta}=\boldsymbol{b}$. 同理, $\boldsymbol{A\xi}=$

$\boldsymbol{0}$, 则由

$$\boldsymbol{A}(\boldsymbol{\eta}+\boldsymbol{\xi})=\boldsymbol{A\eta}+\boldsymbol{A\xi}=\boldsymbol{b}+\boldsymbol{0}=\boldsymbol{0},$$

知 $\boldsymbol{\eta}+\boldsymbol{\xi}$ 是非齐次线性方程组(3-1)的一个解.

性质 5　若 $\boldsymbol{\eta}_1,\boldsymbol{\eta}_2$ 是非齐次线性方程组 $\boldsymbol{Ax}=\boldsymbol{b}$ 的两个解,则 $\boldsymbol{\eta}_1-\boldsymbol{\eta}_2$ 是其导出组的解.

证　由 $\boldsymbol{A\eta}_1=\boldsymbol{b},\boldsymbol{A\eta}_2=\boldsymbol{b}$, 知

$$\boldsymbol{A}(\boldsymbol{\eta}_1-\boldsymbol{\eta}_2)=\boldsymbol{A\eta}_1-\boldsymbol{A\eta}_2=\boldsymbol{b}-\boldsymbol{b}=\boldsymbol{0},$$

即 $\boldsymbol{\eta}_1-\boldsymbol{\eta}_2$ 是其导出组的解.

定理 12　若 $\boldsymbol{\eta}$ 是非齐次线性方程组的一个解, $\boldsymbol{\xi}^*$ 是其导出组的通解,则 $\boldsymbol{x}=\boldsymbol{\eta}+\boldsymbol{\xi}^*$ 是非齐次线性方程组的全部解.

证　由性质 4,知 $\boldsymbol{\eta}$ 加上其导出组的一个解仍是非齐次线性方程组的一个解,所以只需证明非齐次线性方程组的任意一个解 $\boldsymbol{x}$ 一定是 $\boldsymbol{\eta}$ 与其导出组某一个解 $\boldsymbol{\xi}$ 的和.

取 $\boldsymbol{\xi}=\boldsymbol{x}-\boldsymbol{\eta}$, 由性质 5,知 $\boldsymbol{\xi}$ 是其导出组的一个解,于是 $\boldsymbol{x}=\boldsymbol{\eta}+\boldsymbol{\xi}$, 即非齐次线性方程组的任意一个解都是其一个解 $\boldsymbol{\eta}$ 与其导出组某一个解的和.

由定理 12,可知若非齐次线性方程组有无穷多解,则只需求出它的一个解 $\boldsymbol{\eta}$, 并求出其导出组的基础解系 $\boldsymbol{\xi}_1,\boldsymbol{\xi}_2,\cdots,\boldsymbol{\xi}_{n-r}$, 则其全部解可以表示为

$$\boldsymbol{x}=\boldsymbol{\eta}+c_1\boldsymbol{\xi}_1+c_2\boldsymbol{\xi}_2+\cdots+c_{n-r}\boldsymbol{\xi}_{n-r},\tag{3-12}$$

其中 $c_1,c_2,\cdots,c_{n-r}$ 为任意常数,称式(3-12)为方程组(3-1)的**通解**.

若非齐次线性方程组的导出组仅有零解,则该非齐次线性方程组只有一个解;若其导出组有无穷多个解;则它也有无穷多个解.

例 24　用基础解系表示如下线性方程组的全部解:

$$\begin{cases}9x_1-3x_2+5x_3+6x_4=4,\\6x_1-2x_2+3x_3+4x_4=5,\\3x_1-x_2+3x_3+3x_4=-8.\end{cases}$$

解　作方程组的增广矩阵$(\boldsymbol{A},\boldsymbol{b})$,并对它施以初等行变换:

$$(A,b)=\begin{pmatrix}9&-3&5&6&4\\6&-2&3&4&5\\3&-1&3&3&-8\end{pmatrix}\to\begin{pmatrix}3&-1&3&3&-8\\0&0&-3&-2&21\\0&0&-4&-3&28\end{pmatrix}$$

$$\to\begin{pmatrix}3 & -1 & 0 & 1 & 13\\ 0 & 0 & 1 & \frac{2}{3} & -7\\ 0 & 0 & 0 & -\frac{1}{3} & 0\end{pmatrix}\to\begin{pmatrix}1 & -\frac{1}{3} & 0 & 0 & \frac{13}{3}\\ 0 & 0 & 1 & 0 & -7\\ 0 & 0 & 0 & 1 & 0\end{pmatrix}.$$

即原方程组与方程组 $\begin{cases}x_1-\frac{1}{3}x_2=\frac{13}{3},\\ x_3=-7,\\ x_4=0\end{cases}$ 同解,其中选择 x_2 为自由未知量,将自由未知量 x_2 取值 0,得方程组的一个解 $\boldsymbol{\eta}=\left(\frac{13}{3},0,-7,0\right)^{\mathrm{T}}$.

又原方程组的导出组与方程组 $\begin{cases}x_1-\frac{1}{3}x_2=0,\\ x_3=0,\\ x_4=0\end{cases}$ 同解,其中 x_2 为自由未知量,对自由未知量 x_2 取值 1,即得导出组的基础解系

$$\boldsymbol{\xi}=\left(\frac{1}{3},1,0,0\right)^{\mathrm{T}}.$$

因此,所给方程组的通解为

$$\boldsymbol{x}=\boldsymbol{\eta}+c\boldsymbol{\xi}=\begin{pmatrix}\frac{13}{3}\\ 0\\ -7\\ 0\end{pmatrix}+c\begin{pmatrix}\frac{1}{3}\\ 1\\ 0\\ 0\end{pmatrix},$$

其中 c 为任意常数.

例 25 用基础解系表示如下线性方程组的全部解:

$$\begin{cases}x_1+x_2-3x_3-x_4=1,\\ 3x_1-x_2-3x_3+4x_4=4,\\ x_1+5x_2-9x_3-8x_4=0.\end{cases}$$

解 作方程组的增广矩阵 $(\boldsymbol{A},\boldsymbol{b})$,并对它施以初等行变换:

$$(\boldsymbol{A},\boldsymbol{b})=\begin{pmatrix}1&1&-3&-1&1\\3&-1&-3&4&4\\1&5&-9&-8&0\end{pmatrix}\to\begin{pmatrix}1&1&-3&-1&1\\0&-4&6&7&1\\0&4&-6&-7&-1\end{pmatrix}$$

$$\to\begin{pmatrix}1&1&-3&-1&1\\0&1&-\frac{3}{2}&-\frac{7}{4}&-\frac{1}{4}\\0&0&0&0&0\end{pmatrix}\to\begin{pmatrix}1&0&-\frac{3}{2}&\frac{3}{4}&\frac{5}{4}\\0&1&-\frac{3}{2}&-\frac{7}{4}&-\frac{1}{4}\\0&0&0&0&0\end{pmatrix}.$$

即原方程组与方程组 $\begin{cases}x_1=\frac{5}{4}+\frac{3}{2}x_3-\frac{3}{4}x_4,\\x_2=-\frac{1}{4}+\frac{3}{2}x_3+\frac{7}{4}x_4\end{cases}$ 同解,其中选择 x_3,x_4 为自由未知量,将自由未知量 $(x_3,x_4)^{\mathrm{T}}$ 分别取值 $(0,0)^{\mathrm{T}}$, 得方程组的一个解 $\boldsymbol{\eta}=\left(\frac{5}{4},-\frac{1}{4},0,0\right)^{\mathrm{T}}$.

又原方程组的导出组与方程组 $\begin{cases}x_1=\frac{3}{2}x_3-\frac{3}{4}x_4,\\x_2=\frac{3}{2}x_3+\frac{7}{4}x_4\end{cases}$ 同解,其中 x_3,x_4 为自由未知量,对自由未知量 $(x_3,x_4)^{\mathrm{T}}$ 分别取值 $(1,0)^{\mathrm{T}},(0,1)^{\mathrm{T}}$, 即得导出组的基础解系

$$\boldsymbol{\xi}_1=\left(\frac{3}{2},\frac{3}{2},1,0\right)^{\mathrm{T}},\boldsymbol{\xi}_2=\left(-\frac{3}{4},\frac{7}{4},0,1\right)^{\mathrm{T}}.$$

因此所给方程组的通解为

$$\boldsymbol{x}=\boldsymbol{\eta}+c_1\boldsymbol{\xi}_1+c_2\boldsymbol{\xi}_2=\begin{pmatrix}\frac{5}{4}\\-\frac{1}{4}\\0\\0\end{pmatrix}+c_1\begin{pmatrix}\frac{3}{2}\\\frac{3}{2}\\1\\0\end{pmatrix}+c_2\begin{pmatrix}-\frac{3}{4}\\\frac{7}{4}\\0\\1\end{pmatrix},$$

其中 c_1,c_2 为任意常数.

本章小结

解线性方程组是线性代数的重要研究内容之一，对于线性方程组我们要掌握好以下三个问题：

(1) 理解 n 元齐次线性方程组 $\boldsymbol{Ax}=\boldsymbol{0}$ 有非零解的充要条件、基础解系、通解等概念，了解解的性质与结构.

(2) 理解 n 元非齐次线性方程组 $\boldsymbol{Ax}=\boldsymbol{b}$ 的有解判定定理、解的性质与结构.

(3) 会求 $\boldsymbol{Ax}=\boldsymbol{0}$ 的基础解系，当 $\boldsymbol{Ax}=\boldsymbol{b}$ 有解时，会求其通解.

n 维向量是线性代数中最简单的数组，是矩阵的特殊情形. 所谓向量的线性运算与矩阵的线性运算实质上是一致的. 对于向量这一部分，我们要理解向量组的线性相关和线性无关、向量组的秩、向量组的极大无关组的概念，了解相关重要结论；掌握判定向量组的线性相关性的方法，能够熟练地使用矩阵的初等行变换求出向量组的秩、一个极大无关组，并把其他向量用极大无关组线性表示.

这里，我们做一些归纳和补充：

1. 齐次线性方程组 $\boldsymbol{Ax}=\boldsymbol{0}$.

n 元齐次线性方程组恒有解，是否有非零解（无穷多解）取决于系数矩阵 $\boldsymbol{A}=(\boldsymbol{a}_{ij})_{m\times n}$ 的秩 $\mathrm{R}(\boldsymbol{A})$ 是否小于未知量的个数 n .

$\boldsymbol{Ax}=\boldsymbol{0}$ 有非零解的充要条件是 $\mathrm{R}(\boldsymbol{A})<n$，此时基础解系中含有 $n-\mathrm{R}(\boldsymbol{A})$ 个线性无关的解向量.

$\boldsymbol{Ax}=\boldsymbol{0}$ 的基础解系不唯一，由自由变量的取值所决定.

2. 非齐次线性方程组 $\boldsymbol{Ax}=\boldsymbol{b}$.

n 元非齐次线性方程组 $\boldsymbol{Ax}=\boldsymbol{b}$ 可记为 $x_1\boldsymbol{\alpha}_1+x_2\boldsymbol{\alpha}_2+\cdots+x_n\boldsymbol{\alpha}_n=\boldsymbol{b}$.

(1) 当 $\mathrm{R}(\boldsymbol{A},\boldsymbol{b})\neq\mathrm{R}(\boldsymbol{A})$ 时，$\boldsymbol{Ax}=\boldsymbol{b}$ 无解，等价于 $\boldsymbol{b}$ 不能由 $\boldsymbol{\alpha}_1,\boldsymbol{\alpha}_2,\cdots,\boldsymbol{\alpha}_n$ 线性表示.

(2) 当 $\mathrm{R}(\boldsymbol{A})=\mathrm{R}(\boldsymbol{A},\boldsymbol{b})=n$ 时，$\boldsymbol{Ax}=\boldsymbol{b}$ 有唯一解，等价于 $\boldsymbol{b}$ 可以由 $\boldsymbol{\alpha}_1,\boldsymbol{\alpha}_2,\cdots,\boldsymbol{\alpha}_n$ 线性表示，且表示式唯一.

(3) 当 $\mathrm{R}(\boldsymbol{A})=\mathrm{R}(\boldsymbol{A},\boldsymbol{b})<n$ 时，$\boldsymbol{Ax}=\boldsymbol{b}$ 有无穷多解，等价于 $\boldsymbol{b}$ 可以由 $\boldsymbol{\alpha}_1,\boldsymbol{\alpha}_2,\cdots,\boldsymbol{\alpha}_n$ 线性表示，且表示式不唯一.

3. 向量组的线性相关性.

向量组的线性相关性是线性代数中的一个较为抽象的概念,既是难点也是重点,必须理解清楚.

所谓向量组 $\boldsymbol{\alpha}_1,\boldsymbol{\alpha}_2,\cdots,\boldsymbol{\alpha}_s$ 线性相关,指存在一组不全为零的数 $k_1,k_2,\cdots,k_s$,使 $k_1\boldsymbol{\alpha}_1+k_2\boldsymbol{\alpha}_2+\cdots+k_s\boldsymbol{\alpha}_s=\boldsymbol{0}$ 成立. 这里强调 $k_1,k_2,\cdots,k_s$ 至少有一个不为零.

对于向量组 $\boldsymbol{\alpha}_1,\boldsymbol{\alpha}_2,\cdots,\boldsymbol{\alpha}_s$,若仅求其秩,则对矩阵 $\boldsymbol{A}=(\boldsymbol{\alpha}_1,\boldsymbol{\alpha}_2,\cdots,\boldsymbol{\alpha}_s)$ 实行初等行变换化成阶梯形矩阵 $\boldsymbol{B}$,则 $\mathrm{R}(\boldsymbol{A})=\mathrm{R}(\boldsymbol{\alpha}_1,\boldsymbol{\alpha}_2,\cdots,\boldsymbol{\alpha}_s)$ 等于 $\boldsymbol{B}$ 的非零行数,以 $\boldsymbol{\alpha}_1,\boldsymbol{\alpha}_2,\cdots,\boldsymbol{\alpha}_s$ 为行向量还是列向量构成矩阵 $\boldsymbol{A}$,结论都成立.

如果要求向量组的一个极大无关组,且用极大无关组线性表示其余向量时则必须以 $\boldsymbol{\alpha}_1,\boldsymbol{\alpha}_2,\cdots,\boldsymbol{\alpha}_s$ 为列向量构成矩阵 $\boldsymbol{A}$,对 $\boldsymbol{A}$ 实行初等行变换得行最简形 $\boldsymbol{B}$,如 3.3 节例 3.

习题三

1. 用消元法解下列线性方程组:

① $\begin{cases}x_1+x_2+2x_3+3x_4=1,\\x_1+3x_2+6x_3+x_4=3,\\3x_1-x_2-2x_3+15x_4=3,\\x_1-5x_2-10x_3+12x_4=1;\end{cases}$　② $\begin{cases}3x_1-x_2+5x_3-3x_4=2,\\x_1-2x_2+3x_3-x_4=1,\\2x_1+x_2+2x_3-2x_4=3;\end{cases}$

③ $\begin{cases}3x_1-x_2-x_3-2x_4=-4,\\2x_1+3x_2-x_3-x_4=-6,\\x_1+x_2+2x_3+3x_4=1,\\x_1+2x_2+3x_3-x_4=-4;\end{cases}$　④ $\begin{cases}x_1+2x_2+x_3-x_4=0,\\3x_1+6x_2-x_3-3x_4=0,\\5x_1+10x_2+x_3-5x_4=0.\end{cases}$

2. 当 a 取何值时,以下线性方程组无解、有唯一解或无穷多个解? 有解时,求出其解.

$$\begin{cases}ax_1+x_2+x_3=1,\\x_1+ax_2+x_3=a,\\x_1+x_2+ax_3=a^2.\end{cases}$$

3. 当 a 取何值时,齐次方程组 $\begin{cases} ax+y+z=0, \\ x+ay-z=0, \\ 2x-y+z=0 \end{cases}$ 有非零解？并求其解.

4. 下列各题中的向量 $\boldsymbol{\beta}$ 能否由其余向量线性表示？若能,写出一个线性表示式.

(1) $\boldsymbol{\beta}=(-1,1,5)^{\mathrm{T}},\boldsymbol{\alpha}_1=(1,2,3)^{\mathrm{T}},\boldsymbol{\alpha}_2=(0,1,4)^{\mathrm{T}},\boldsymbol{\alpha}_3=(2,3,6)^{\mathrm{T}}$.

(2) $\boldsymbol{\beta}=(5,-2,-2,0)^{\mathrm{T}},\boldsymbol{\alpha}_1=(1,1,2,3)^{\mathrm{T}},\boldsymbol{\alpha}_2=(1,2,-3,1)^{\mathrm{T}},\boldsymbol{\alpha}_3=(1,-1,-1,2)^{\mathrm{T}},\boldsymbol{\alpha}_4=(1,4,-5,11)^{\mathrm{T}}$.

5. 若 $\boldsymbol{\beta}$ 可由 $\boldsymbol{\alpha}_1,\boldsymbol{\alpha}_2,\boldsymbol{\alpha}_3$ 线性表示,且 $\boldsymbol{\beta}=(7,2,a)^{\mathrm{T}},\boldsymbol{\alpha}_1=(2,3,5)^{\mathrm{T}},\boldsymbol{\alpha}_2=(3,7,8)^{\mathrm{T}},\boldsymbol{\alpha}_3=(1,-6,1)^{\mathrm{T}}$, 求 a.

6. 判断下列向量组的线性相关性.

(1) $\boldsymbol{\alpha}_1=(1,2,-1)^{\mathrm{T}},\boldsymbol{\alpha}_2=(4,-1,3)^{\mathrm{T}},\boldsymbol{\alpha}_3=(6,3,1)^{\mathrm{T}}$.

(2) $\boldsymbol{\alpha}_1=(1,-2,4,-8),\boldsymbol{\alpha}_2=(1,3,9,27),\boldsymbol{\alpha}_3=(1,4,16,64),\boldsymbol{\alpha}_4=(1,-1,1,-1)$.

(3) $\boldsymbol{\alpha}_1=(1,1,3,1),\boldsymbol{\alpha}_2=(3,-1,2,4),\boldsymbol{\alpha}_3=(2,2,7,-1)$.

7. 设 $\boldsymbol{\beta}_1=\boldsymbol{\alpha}_1+\boldsymbol{\alpha}_2,\boldsymbol{\beta}_2=\boldsymbol{\alpha}_2+\boldsymbol{\alpha}_3,\boldsymbol{\beta}_3=\boldsymbol{\alpha}_3+\boldsymbol{\alpha}_4,\boldsymbol{\beta}_4=\boldsymbol{\alpha}_4+\boldsymbol{\alpha}_1$, 证明:向量组 $\boldsymbol{\beta}_1,\boldsymbol{\beta}_2,\boldsymbol{\beta}_3,\boldsymbol{\beta}_4$ 线性相关.

8. 判断向量组 $\boldsymbol{\alpha}_1=(2,0,-1,3),\boldsymbol{\alpha}_2=(3,-2,1,-1)$ 与 $\boldsymbol{\beta}_1=(-5,6,-5,9),\boldsymbol{\beta}_2=(4,-4,3,-5)$ 是否等价. 若等价,给出线性表示式.

9. 若向量组 $\boldsymbol{\alpha}_1,\boldsymbol{\alpha}_2,\boldsymbol{\alpha}_3$ 线性无关,证明:向量组

$$\boldsymbol{\beta}_1=\boldsymbol{\alpha}_1,\boldsymbol{\beta}_2=\boldsymbol{\alpha}_1+\boldsymbol{\alpha}_2,\boldsymbol{\beta}_3=\boldsymbol{\alpha}_1+\boldsymbol{\alpha}_2+\boldsymbol{\alpha}_3$$

也线性无关.

10. 求下列向量组的秩,并求一个极大无关组.

(1) $\boldsymbol{\alpha}_1=(1,0,1),\boldsymbol{\alpha}_2=(2,1,0),\boldsymbol{\alpha}_3=(0,1,1),\boldsymbol{\alpha}_4=(1,1,1)$.

(2) $\boldsymbol{\alpha}_1=\begin{pmatrix}1\\2\\1\\3\end{pmatrix},\boldsymbol{\alpha}_2=\begin{pmatrix}4\\-2\\-3\\6\end{pmatrix},\boldsymbol{\alpha}_3=\begin{pmatrix}1\\2\\2\\-1\end{pmatrix},\boldsymbol{\alpha}_4=\begin{pmatrix}6\\2\\-1\\12\end{pmatrix}$.

11. 设向量组 $\boldsymbol{\alpha}_1=(1,1,2,-2),\boldsymbol{\alpha}_2=(-1,1,6,0)$, $\begin{cases} x_1+2x_2+2x_4=5, \\ -2x_1-5x_2+x_3-x_4=-8, \\ -3x_2+3x_3+4x_4=1, \\ 3x_1+6x_2-7x_4=2; \end{cases}$

的秩为 2,求 k.

12. 设 $\boldsymbol{\alpha}_1,\boldsymbol{\alpha}_2,\cdots,\boldsymbol{\alpha}_n$ 是一组 n 维向量,已知 n 维单位坐标向量组 $\boldsymbol{\varepsilon}_1,\boldsymbol{\varepsilon}_2,\cdots,\boldsymbol{\varepsilon}_n$ 能由它们线性表示,证明:$\boldsymbol{\alpha}_1,\boldsymbol{\alpha}_2,\cdots,\boldsymbol{\alpha}_n$ 线性无关.

13. 设向量组 (A) :$\boldsymbol{\alpha}_1,\cdots,\boldsymbol{\alpha}_s$ 的秩为 $\mathrm{R}(\boldsymbol{A})$, 向量组 (B) :$\boldsymbol{\beta}_1,\cdots,\boldsymbol{\beta}_t$ 的秩为 $\mathrm{R}(\boldsymbol{B})$, 向量组 (C) :$\boldsymbol{\alpha}_1,\cdots,\boldsymbol{\alpha}_s,\boldsymbol{\beta}_1,\cdots,\boldsymbol{\beta}_t$ 的秩为 $\mathrm{R}(\boldsymbol{C})$, 证明:

$$\max\{\mathrm{R}(\boldsymbol{A}),\mathrm{R}(\boldsymbol{B})\}\leqslant \mathrm{R}(\boldsymbol{C})\leqslant \mathrm{R}(\boldsymbol{B})+\mathrm{R}(\boldsymbol{B})$$

14. 求下列齐次线性方程组的一个基础解系:

① $\begin{cases}x_1+x_2+x_3+4x_4=0,\\2x_1+x_2+3x_3+5x_4=0,\\3x_1+x_2+5x_3+6x_4=0;\end{cases}$　② $\begin{cases}x_1-8x_2+10x_3+2x_4=0,\\3x_1+8x_2+6x_3-2x_4=0,\\2x_1+4x_2+5x_3-x_4=0.\end{cases}$

15. 用基础解系的线性组合的形式表示下列线性方程组的通解:

① $\begin{cases}x_1+2x_2+2x_4=5,\\-2x_1-5x_2+x_3-x_4=-8,\\-3x_2+3x_3+4x_4=1,\\3x_1+6x_2-7x_4=2;\end{cases}$　② $\begin{cases}2x_1+7x_2+3x_3+x_4=6,\\3x_1+5x_2+2x_3+2x_4=4,\\9x_1+4x_2+x_3+7x_4=2.\end{cases}$

16. 设 $\boldsymbol{\alpha}_1,\boldsymbol{\alpha}_2,\boldsymbol{\alpha}_3$ 是齐次线性方程组 $\boldsymbol{A}\boldsymbol{x}=\boldsymbol{0}$ 的一个基础解系,证明:

$$\boldsymbol{\alpha}_2-\boldsymbol{\alpha}_3,3\boldsymbol{\alpha}_1+2\boldsymbol{\alpha}_2+\boldsymbol{\alpha}_3,\boldsymbol{\alpha}_1-2\boldsymbol{\alpha}_2-\boldsymbol{\alpha}_3$$

也是一个基础解系.

17. 设 $\boldsymbol{\eta}_1,\boldsymbol{\eta}_2,\boldsymbol{\eta}_3$ 是 4 元非齐次线性方程组 $\boldsymbol{A}\boldsymbol{x}=\boldsymbol{b}$ 的三个解向量,且 $\mathrm{R}(\boldsymbol{A})=3$, 其中 $\boldsymbol{\eta}_1=(1,9,4,9)^{\mathrm{T}}$,$\boldsymbol{\eta}_2+\boldsymbol{\eta}_3=(2,0,0,8)^{\mathrm{T}}$, 求 $\boldsymbol{A}\boldsymbol{x}=\boldsymbol{b}$ 的通解.

第 4 章　矩阵的特征值和特征向量

矩阵的特征值、特征向量及相似矩阵是矩阵理论的重要组成部分,它们在数学、材料、力学等学科都有着广泛的应用.

在数学上,矩阵与线性变换之间存在着一一对应的关系,矩阵的特征向量就是在这个变换中存在不变信息(共线). 在工程力学中,求主应力和主方向就是求矩阵的特征值和特征向量. 矩阵在图像中的应用,如 PCA 方法,即选取特征值最高的 k 个特征向量来表示一个矩阵,从而达到降维分析和特征显示的目的.

柯西(A. L. Cauchy)给出了特征方程的术语,证明了任意阶实对称矩阵的特征值都是实数;给出了相似矩阵的概念,证明了相似矩阵有相同的特征值. 克莱伯施(R. F. A. Clebsch)研究了对称矩阵特征值的性质. 本章主要介绍矩阵特征值和特征向量的定义、计算方法及其性质,从而进一步研究矩阵的相似以及方阵的对角化问题.

4.1　向量的内积、长度及正交向量组

定义 1　设有 n 维实向量 $\boldsymbol{x}=\begin{pmatrix}x_1\\x_2\\\vdots\\x_n\end{pmatrix}$, $\boldsymbol{y}=\begin{pmatrix}y_1\\y_2\\\vdots\\y_n\end{pmatrix}$, 称 $[\boldsymbol{x},\boldsymbol{y}]=x_1y_1+x_2y_2+\cdots+x_ny_n$ 为向量 $\boldsymbol{x}$ 与 $\boldsymbol{y}$ 的内积.

注　(1)内积是两个向量之间的一种运算,结果是一个实数. 由矩阵的乘法,可知向量 $\boldsymbol{x}$ 与 $\boldsymbol{y}$ 的内积还可表示为 $[\boldsymbol{x},\boldsymbol{y}]=\boldsymbol{x}^{\mathrm{T}}\boldsymbol{y}$.

(2) $n(n\geqslant 4)$ 维向量的内积是 3 维向量数量积的推广,但是不具有 3 维向量数量积直观的几何意义.

例 1　计算下列向量内积.

(1) $\boldsymbol{x}=(1,5,3,0,2)^{\mathrm{T}},\boldsymbol{y}=(4,-1,9,6,0)^{\mathrm{T}}$.

(2) $\boldsymbol{x}=(-2,4,9,0)^{\mathrm{T}},\boldsymbol{y}=(3,11,7,1)^{\mathrm{T}}$.

解 (1) $[\boldsymbol{x},\boldsymbol{y}]=1\times4+5\times(-1)+3\times9+0\times6+2\times0=26$.

(2) $[\boldsymbol{x},\boldsymbol{y}]=(-2)\times3+4\times11+9\times7+0\times1=101$.

设 $\boldsymbol{x},\boldsymbol{y},\boldsymbol{z}$ 为 n 维实向量, λ 为实数,则上述定义的内积运算有如下性质:

(1) $[\boldsymbol{x},\boldsymbol{y}]=[\boldsymbol{y},\boldsymbol{x}]$.

(2) $[\lambda\boldsymbol{x},\boldsymbol{y}]=\lambda[\boldsymbol{x},\boldsymbol{y}]$.

(3) $[\boldsymbol{x}+\boldsymbol{y},\boldsymbol{z}]=[\boldsymbol{x},\boldsymbol{z}]+[\boldsymbol{y},\boldsymbol{z}]$.

(4) $[\boldsymbol{x},\boldsymbol{x}]\geqslant0$. 其中, 当且仅当 $\boldsymbol{x}=\boldsymbol{0}$ 时, $[\boldsymbol{x},\boldsymbol{x}]=0$.

定义 2 设 n 维实向量 $\boldsymbol{x}=\begin{pmatrix}x_1\\x_2\\\vdots\\x_n\end{pmatrix}$, 称 $\|\boldsymbol{x}\|=\sqrt{[\boldsymbol{x},\boldsymbol{x}]}=\sqrt{x_1^2+x_2^2+\cdots+x_n^2}$ 为 n 维向量 $\boldsymbol{x}$ 的长度(或范数).

当 $\|\boldsymbol{x}\|=1$ 时,称 $\boldsymbol{x}$ 为单位向量.

注 当 $n=2$ 或 3 时,上述定义的向量长度与几何空间中向量长度是一致的.

向量长度的性质

(1)非负性 $\|\boldsymbol{x}\|\geqslant0$,当且仅当 $\boldsymbol{x}=\boldsymbol{0}$ 时, $\|\boldsymbol{x}\|=0$.

(2)齐次性 $\|\lambda\boldsymbol{x}\|=|\lambda|\ \|\boldsymbol{x}\|$.

(3)三角不等式 $\|\boldsymbol{x}+\boldsymbol{y}\|\leqslant\|\boldsymbol{x}\|+\|\boldsymbol{y}\|$.

(4)柯西-施瓦茨(Cauchy-schwarz)不等式 $|[\boldsymbol{x},\boldsymbol{y}]|\leqslant\|\boldsymbol{x}\|\ \|\boldsymbol{y}\|$.

证 (1),(2)读者自己证,下面证明(3),(4).先证明(4).

当 $\boldsymbol{y}=\boldsymbol{0}$ 时,结论成立.当 $\boldsymbol{y}\neq\boldsymbol{0}$, 取向量 $\boldsymbol{x}+t\boldsymbol{y}(t\in\mathbf{R})$, 由于 $[\boldsymbol{x}+t\boldsymbol{y},\boldsymbol{x}+t\boldsymbol{y}]\geqslant0$, 根据内积运算展开,有

$$[\boldsymbol{y},\boldsymbol{y}]t^2+2[\boldsymbol{x},\boldsymbol{y}]t+[\boldsymbol{x},\boldsymbol{x}]\geqslant0.$$

上式左端是 t 的二次多项式,且 t^2 的系数 $[\boldsymbol{y},\boldsymbol{y}]>0$, 故

$$4[\boldsymbol{x},\boldsymbol{y}]^2-4[\boldsymbol{x},\boldsymbol{x}][\boldsymbol{y},\boldsymbol{y}]\leqslant0,$$

即

$$|[\boldsymbol{x},\boldsymbol{y}]|\leqslant\|\boldsymbol{x}\|\ \|\boldsymbol{y}\|.$$

再证明(3).因为

$$\|\boldsymbol{x}+\boldsymbol{y}\|^2=[\boldsymbol{x}+\boldsymbol{y},\boldsymbol{x}+\boldsymbol{y}]=[\boldsymbol{x},\boldsymbol{x}]+2[\boldsymbol{x},\boldsymbol{y}]+[\boldsymbol{y},\boldsymbol{y}],$$

且由(4),知

$$|[\boldsymbol{x},\boldsymbol{y}]| \leqslant \sqrt{[\boldsymbol{x},\boldsymbol{x}][\boldsymbol{y},\boldsymbol{y}]},$$

则

$$\begin{aligned}\|\boldsymbol{x}+\boldsymbol{y}\|^2 \leqslant [\boldsymbol{x},\boldsymbol{x}] + 2\sqrt{[\boldsymbol{x},\boldsymbol{x}][\boldsymbol{y},\boldsymbol{y}]} + [\boldsymbol{y},\boldsymbol{y}] &= \|\boldsymbol{x}\|^2 + 2\|\boldsymbol{x}\|\ \|\boldsymbol{y}\| + \|\boldsymbol{y}\|^2 \\ &= (\|\boldsymbol{x}\| + \|\boldsymbol{y}\|)^2.\end{aligned}$$

即

$$\|\boldsymbol{x}+\boldsymbol{y}\| \leqslant \|\boldsymbol{x}\| + \|\boldsymbol{y}\|.$$

定义 3 当 $\boldsymbol{x} \neq \boldsymbol{0}, \boldsymbol{y} \neq \boldsymbol{0}$ 时,称 $\theta = \arccos \dfrac{[\boldsymbol{x},\boldsymbol{y}]}{\|\boldsymbol{x}\|\ \|\boldsymbol{y}\|}$ 为 n 维向量 $\boldsymbol{x}$ 与 $\boldsymbol{y}$ 的夹角.

当 $[\boldsymbol{x},\boldsymbol{y}] = 0$ 时,即 $\theta = \dfrac{\pi}{2}$, 称 $\boldsymbol{x}$ 与 $\boldsymbol{y}$ 正交.

注 n 维零向量与任意 n 维向量都正交.

定义 4 一组两两正交的非零向量称为正交向量组.

定理 1 若 n 维向量 $\boldsymbol{\alpha}_1,\boldsymbol{\alpha}_2,\cdots,\boldsymbol{\alpha}_r$ 是一组两两正交的非零向量,则 $\boldsymbol{\alpha}_1,\boldsymbol{\alpha}_2,\cdots,\boldsymbol{\alpha}_r$ 线性无关.

证 设有 $\lambda_1,\lambda_2,\cdots,\lambda_r$, 使 $\lambda_1\boldsymbol{\alpha}_1 + \lambda_2\boldsymbol{\alpha}_2 + \cdots + \lambda_r\boldsymbol{\alpha}_r = \boldsymbol{0}$, 以 $\boldsymbol{\alpha}_k\ (k = 1,2,\cdots,r)$ 与上式两端作内积,则有

$$[\boldsymbol{\alpha}_k, \lambda_1\boldsymbol{\alpha}_1 + \lambda_2\boldsymbol{\alpha}_2 + \cdots + \lambda_r\boldsymbol{\alpha}_r] = [\boldsymbol{\alpha}_k, \boldsymbol{0}] = 0.$$

由于 $\boldsymbol{\alpha}_1,\boldsymbol{\alpha}_2,\cdots,\boldsymbol{\alpha}_r$ 两两正交,

$$[\boldsymbol{\alpha}_k, \lambda_1\boldsymbol{\alpha}_1 + \lambda_2\boldsymbol{\alpha}_2 + \cdots + \lambda_r\boldsymbol{\alpha}_r] = \sum_{i=1}^{r} \lambda_i [\boldsymbol{\alpha}_k, \boldsymbol{\alpha}_i] = \lambda_k [\boldsymbol{\alpha}_k, \boldsymbol{\alpha}_k],$$

故

$$\lambda_k [\boldsymbol{\alpha}_k, \boldsymbol{\alpha}_k] = 0.$$

又因为 $[\boldsymbol{\alpha}_k, \boldsymbol{\alpha}_k] \neq 0$, 从而

$$\lambda_k = 0\ (k = 1,2,\cdots,r),$$

所以 $\boldsymbol{\alpha}_1,\boldsymbol{\alpha}_2,\cdots,\boldsymbol{\alpha}_r$ 线性无关.

定义 5 设 n 维向量 $\boldsymbol{e}_1,\boldsymbol{e}_2,\cdots,\boldsymbol{e}_r$ 是 r 维向量空间 $\boldsymbol{V}(\boldsymbol{V} \subset \mathbf{R}^n)$ 的一个基,如果 $\boldsymbol{e}_1,\boldsymbol{e}_2,\cdots,\boldsymbol{e}_r$ 两两正交,且都是单位向量,则称 $\boldsymbol{e}_1,\boldsymbol{e}_2,\cdots,\boldsymbol{e}_r$ 是 $\boldsymbol{V}$ 的一个规范正交基.

例如, $\begin{pmatrix}1\\0\\0\end{pmatrix}, \begin{pmatrix}0\\1\\0\end{pmatrix}, \begin{pmatrix}0\\0\\1\end{pmatrix}$ 是 $\mathbf{R}^3$ 的一个规范正交基;

$$\begin{pmatrix} \frac{1}{\sqrt{2}} \\ \frac{1}{\sqrt{2}} \\ 0 \\ 0 \end{pmatrix}, \begin{pmatrix} \frac{1}{\sqrt{2}} \\ -\frac{1}{\sqrt{2}} \\ 0 \\ 0 \end{pmatrix}, \begin{pmatrix} 0 \\ 0 \\ \frac{1}{\sqrt{2}} \\ \frac{1}{\sqrt{2}} \end{pmatrix}, \begin{pmatrix} 0 \\ 0 \\ \frac{1}{\sqrt{2}} \\ -\frac{1}{\sqrt{2}} \end{pmatrix}$$ 是 $\mathbf{R}^4$ 的一个规范正交基.

如果 $\boldsymbol{e}_1,\boldsymbol{e}_2,\cdots,\boldsymbol{e}_r$ 是 $\boldsymbol{V}$ 的一个规范正交基,那么 $\boldsymbol{V}$ 中任意一向量 $\boldsymbol{\alpha}$ 都能由 $\boldsymbol{e}_1,\boldsymbol{e}_2,\cdots,\boldsymbol{e}_r$ 线性表示. 设 $\boldsymbol{\alpha}=\lambda_1\boldsymbol{e}_1+\lambda_2\boldsymbol{e}_2+\cdots+\lambda_r\boldsymbol{e}_r$, 则作内积,有

$$[\boldsymbol{\alpha},\boldsymbol{e}_i]=\boldsymbol{e}_i^{\mathrm{T}}\boldsymbol{\alpha}=\lambda_i\boldsymbol{e}_i^{\mathrm{T}}\boldsymbol{e}_i=\lambda_i.$$

任意一向量 $\boldsymbol{\alpha}$ 在规范正交基 $\boldsymbol{e}_1,\boldsymbol{e}_2,\cdots,\boldsymbol{e}_r$ 下的坐标 $\lambda_1,\lambda_2,\cdots,\lambda_r$ 可由上式求得.

任给向量空间的一个基 $\boldsymbol{\alpha}_1,\boldsymbol{\alpha}_2,\cdots,\boldsymbol{\alpha}_r$, 能否化为规范正交基呢？这样一个问题就引出了**施密特正交化**,下面详细介绍**施密特正交化**的过程:

$$\boldsymbol{b}_1=\boldsymbol{\alpha}_1,$$

$$\boldsymbol{b}_2=\boldsymbol{\alpha}_2-\frac{[\boldsymbol{b}_1,\boldsymbol{\alpha}_2]}{[\boldsymbol{b}_1,\boldsymbol{b}_1]}\boldsymbol{b}_1,$$

……

$$\boldsymbol{b}_r=\boldsymbol{\alpha}_r-\frac{[\boldsymbol{b}_1,\boldsymbol{\alpha}_r]}{[\boldsymbol{b}_1,\boldsymbol{b}_1]}\boldsymbol{b}_1-\frac{[\boldsymbol{b}_2,\boldsymbol{\alpha}_r]}{[\boldsymbol{b}_2,\boldsymbol{b}_2]}\boldsymbol{b}_2-\cdots-\frac{[\boldsymbol{b}_{r-1},\boldsymbol{\alpha}_r]}{[\boldsymbol{b}_{r-1},\boldsymbol{b}_{r-1}]}\boldsymbol{b}_{r-1}.$$

容易验证 $\boldsymbol{b}_1,\boldsymbol{b}_2,\cdots,\boldsymbol{b}_r$ 两两正交,且 $\boldsymbol{b}_1,\boldsymbol{b}_2,\cdots,\boldsymbol{b}_r$ 与 $\boldsymbol{\alpha}_1,\boldsymbol{\alpha}_2,\cdots,\boldsymbol{\alpha}_r$ 等价. 再将 $\boldsymbol{b}_1,\boldsymbol{b}_2,\cdots,\boldsymbol{b}_r$ 单位化,即

$$\boldsymbol{e}_1=\frac{1}{\|\boldsymbol{b}_1\|}\boldsymbol{b}_1,\boldsymbol{e}_2=\frac{1}{\|\boldsymbol{b}_2\|}\boldsymbol{b}_2,\cdots,\boldsymbol{e}_r=\frac{1}{\|\boldsymbol{b}_r\|}\boldsymbol{b}_r,$$

就得到了 $\boldsymbol{V}$ 的一个规范正交基.

例 2　设 $\boldsymbol{\alpha}_1=\begin{pmatrix}1\\0\\1\end{pmatrix},\boldsymbol{\alpha}_2=\begin{pmatrix}1\\1\\0\end{pmatrix},\boldsymbol{\alpha}_3=\begin{pmatrix}0\\1\\1\end{pmatrix}$, 试用施密特正交化把这组向量规范正交化.

解　取

$$\boldsymbol{b}_1=\boldsymbol{\alpha}_1=\begin{pmatrix}1\\0\\1\end{pmatrix};\boldsymbol{b}_2=\boldsymbol{\alpha}_2-\frac{[\boldsymbol{b}_1,\boldsymbol{\alpha}_2]}{[\boldsymbol{b}_1,\boldsymbol{b}_1]}\boldsymbol{b}_1=\begin{pmatrix}1\\1\\0\end{pmatrix}-\frac{1}{2}\begin{pmatrix}1\\0\\1\end{pmatrix}=\frac{1}{2}\begin{pmatrix}1\\2\\-1\end{pmatrix};$$

$$\boldsymbol{b}_3=\boldsymbol{\alpha}_3-\frac{[\boldsymbol{b}_1,\boldsymbol{\alpha}_3]}{[\boldsymbol{b}_1,\boldsymbol{b}_1]}\boldsymbol{b}_1-\frac{[\boldsymbol{b}_2,\boldsymbol{\alpha}_3]}{[\boldsymbol{b}_2,\boldsymbol{b}_2]}\boldsymbol{b}_2=\begin{pmatrix}0\\1\\1\end{pmatrix}-\frac{1}{2}\begin{pmatrix}1\\0\\1\end{pmatrix}-\frac{1}{6}\begin{pmatrix}1\\2\\-1\end{pmatrix}=\frac{2}{3}\begin{pmatrix}-1\\1\\1\end{pmatrix}.$$

再单位化,有

$$\boldsymbol{e}_1=\frac{1}{\|\boldsymbol{b}_1\|}\boldsymbol{b}_1=\frac{1}{\sqrt{2}}\begin{pmatrix}1\\0\\1\end{pmatrix},\boldsymbol{e}_2=\frac{1}{\|\boldsymbol{b}_2\|}\boldsymbol{b}_2=\frac{1}{\sqrt{6}}\begin{pmatrix}1\\2\\-1\end{pmatrix},\boldsymbol{e}_3=\frac{1}{\|\boldsymbol{b}_3\|}\boldsymbol{b}_3=\frac{1}{\sqrt{3}}\begin{pmatrix}-1\\1\\1\end{pmatrix}$$

为所求的规范正交基.

例 3 已知 $\boldsymbol{\alpha}_1=\begin{pmatrix}1\\2\\-1\end{pmatrix}$, 求一组非零向量 $\boldsymbol{\alpha}_2,\boldsymbol{\alpha}_3$, 使 $\boldsymbol{\alpha}_1,\boldsymbol{\alpha}_2,\boldsymbol{\alpha}_3$ 两两正交.

解 据题意, $\boldsymbol{\alpha}_2,\boldsymbol{\alpha}_3$ 满足方程 $\boldsymbol{\alpha}_1^{\mathrm{T}}\boldsymbol{x}=0$, 即

$$x_1+2x_2-x_3=0.$$

此方程的基础解系为

$$\boldsymbol{\beta}_1=\begin{pmatrix}2\\-1\\0\end{pmatrix},\boldsymbol{\beta}_2=\begin{pmatrix}0\\1\\2\end{pmatrix},$$

再正交化,则

$$\boldsymbol{\alpha}_2=\boldsymbol{\beta}_1=\begin{pmatrix}2\\-1\\0\end{pmatrix},\boldsymbol{\alpha}_3=\boldsymbol{\beta}_2-\frac{[\boldsymbol{\beta}_1,\boldsymbol{\beta}_2]}{[\boldsymbol{\beta}_1,\boldsymbol{\beta}_1]}\boldsymbol{\beta}_1=\begin{pmatrix}0\\1\\2\end{pmatrix}+\frac{1}{5}\begin{pmatrix}2\\-1\\0\end{pmatrix}=\frac{1}{5}\begin{pmatrix}2\\4\\10\end{pmatrix},$$

即为所求.

定义 6 如果 n 阶矩阵 $\boldsymbol{A}$ 满足

$$\boldsymbol{A}^{\mathrm{T}}\boldsymbol{A}=\boldsymbol{E}\ (\text{即 }\boldsymbol{A}^{-1}=\boldsymbol{A}^{\mathrm{T}}),$$

那么称 $\boldsymbol{A}$ 为正交矩阵,简称正交阵.

将矩阵 $\boldsymbol{A}$ 用列向量表示,即有

$$\begin{pmatrix}\boldsymbol{\alpha}_1^{\mathrm{T}}\\\boldsymbol{\alpha}_2^{\mathrm{T}}\\\vdots\\\boldsymbol{\alpha}_n^{\mathrm{T}}\end{pmatrix}(\boldsymbol{\alpha}_1,\boldsymbol{\alpha}_2,\cdots,\boldsymbol{\alpha}_n)=\begin{pmatrix}\boldsymbol{\alpha}_1^{\mathrm{T}}\boldsymbol{\alpha}_1&\boldsymbol{\alpha}_1^{\mathrm{T}}\boldsymbol{\alpha}_2&\cdots&\boldsymbol{\alpha}_1^{\mathrm{T}}\boldsymbol{\alpha}_n\\\boldsymbol{\alpha}_2^{\mathrm{T}}\boldsymbol{\alpha}_1&\boldsymbol{\alpha}_2^{\mathrm{T}}\boldsymbol{\alpha}_2&\cdots&\boldsymbol{\alpha}_2^{\mathrm{T}}\boldsymbol{\alpha}_n\\\vdots&\vdots&&\vdots\\\boldsymbol{\alpha}_n^{\mathrm{T}}\boldsymbol{\alpha}_1&\boldsymbol{\alpha}_n^{\mathrm{T}}\boldsymbol{\alpha}_2&\cdots&\boldsymbol{\alpha}_n^{\mathrm{T}}\boldsymbol{\alpha}_n\end{pmatrix}=\boldsymbol{E}.$$

上式具体展开为 $\boldsymbol{\alpha}_i^{\mathrm{T}}\boldsymbol{\alpha}_j=\begin{cases}1, & i=j,\\0, & i\neq j\end{cases}(i,j=1,2,\cdots,n)$，由此得到方阵 $\boldsymbol{A}$ 为正交矩阵的充分必要条件是 $\boldsymbol{A}$ 的列向量都是单位向量且两两正交.

由 $\boldsymbol{A}^{\mathrm{T}}\boldsymbol{A}=\boldsymbol{E}$，可得 $\boldsymbol{A}\boldsymbol{A}^{\mathrm{T}}=\boldsymbol{E}$，即上述结论对 $\boldsymbol{A}$ 的行向量也成立.

例 4　验证矩阵

$$\boldsymbol{A}=\begin{pmatrix}\frac{\sqrt{2}}{2} & 0 & \frac{\sqrt{2}}{2} & 0\\ \frac{\sqrt{2}}{2} & 0 & -\frac{\sqrt{2}}{2} & 0\\ 0 & \frac{\sqrt{2}}{2} & 0 & \frac{\sqrt{2}}{2}\\ 0 & -\frac{\sqrt{2}}{2} & 0 & \frac{\sqrt{2}}{2}\end{pmatrix}$$

是正交阵.

证　$\boldsymbol{A}$ 的每列都是单位向量且两两正交，所以 $\boldsymbol{A}$ 是正交阵.

正交阵的性质

(1) 若 n 阶矩阵 $\boldsymbol{A}$ 是正交阵，则 $\boldsymbol{A}^{\mathrm{T}}\boldsymbol{A}=\boldsymbol{E}$，且 $\boldsymbol{A}\boldsymbol{A}^{\mathrm{T}}=\boldsymbol{E}$.

(2) n 阶矩阵 $\boldsymbol{A}$ 为正交矩阵的充要条件是 $\boldsymbol{A}$ 的列向量组是两两正交的单位向量组.

(3) n 阶矩阵 $\boldsymbol{A}$ 为正交矩阵的充要条件是 $\boldsymbol{A}$ 的行向量组是两两正交的单位向量组.

(4) 若 $\boldsymbol{A}$ 是正交阵，则 $\boldsymbol{A}^{-1}=\boldsymbol{A}^{\mathrm{T}}$ 也是正交阵.

(5) 若 $\boldsymbol{A}$ 是正交阵，则 $|\boldsymbol{A}|=1$ 或 -1.

(6) 若 $\boldsymbol{A}$ 和 $\boldsymbol{B}$ 是正交阵，则 $\boldsymbol{AB}$ 也是正交阵.

例 5　设 $\boldsymbol{A}$ 是 n 阶对称矩阵，$\boldsymbol{E}$ 是 n 阶单位矩阵，且满足 $\boldsymbol{A}^2-4\boldsymbol{A}+3\boldsymbol{E}=\boldsymbol{O}$，证明 $\boldsymbol{A}-2\boldsymbol{E}$ 为正交阵.

证　因为 $\boldsymbol{A}^{\mathrm{T}}=\boldsymbol{A}$，则

$$\begin{aligned}(\boldsymbol{A}-2\boldsymbol{E})^{\mathrm{T}}(\boldsymbol{A}-2\boldsymbol{E})&=(\boldsymbol{A}^{\mathrm{T}}-2\boldsymbol{E})(\boldsymbol{A}-2\boldsymbol{E})\\&=(\boldsymbol{A}-2\boldsymbol{E})(\boldsymbol{A}-2\boldsymbol{E})\\&=\boldsymbol{A}^2-4\boldsymbol{A}+3\boldsymbol{E}+\boldsymbol{E}\\&=\boldsymbol{E},\end{aligned}$$

所以 $\boldsymbol{A}-2\boldsymbol{E}$ 为正交阵.

定义 7 若 $\boldsymbol{P}$ 是正交矩阵,则线性变换 $\boldsymbol{y}=\boldsymbol{P}\boldsymbol{x}$ 称为正交变换.

设 $\boldsymbol{y}=\boldsymbol{P}\boldsymbol{x}$ 是正交变换,则有 $\|\boldsymbol{y}\|=\sqrt{\boldsymbol{y}^{\mathrm{T}}\boldsymbol{y}}=\sqrt{\boldsymbol{x}^{\mathrm{T}}\boldsymbol{P}^{\mathrm{T}}\boldsymbol{P}\boldsymbol{x}}=\sqrt{\boldsymbol{x}^{\mathrm{T}}\boldsymbol{x}}=\|\boldsymbol{x}\|$.

上式表明,经过正交变换的向量保持长度不变,这是正交变换的优良特性.

4.2 特征值和特征向量

定义 8 设 $\boldsymbol{A}$ 是 n 阶矩阵,如果数 λ 和 n 维非零列向量 $\boldsymbol{x}$,使得式子

$$\boldsymbol{A}\boldsymbol{x}=\lambda\boldsymbol{x} \tag{4-1}$$

成立,则称数 λ 为矩阵 $\boldsymbol{A}$ 的特征值,非零列向量 $\boldsymbol{x}$ 称为矩阵 $\boldsymbol{A}$ 对应特征值 λ 的特征向量.

特征值和特征向量直观的几何含义

n 阶矩阵 $\boldsymbol{A}$ 的特征向量 $\boldsymbol{x}$ 是一个非零向量,在线性变换 $\boldsymbol{y}=\boldsymbol{A}\boldsymbol{x}$ 的作用下与原向量 $\boldsymbol{x}$ 共线. 即其方向在线性变换 $\boldsymbol{y}=\boldsymbol{A}\boldsymbol{x}$ 的作用下依然与原向量方向保持在同一条线上(当特征值为负值时,方向为反向),而长度会有伸缩的变化——缩放的比例就是其特征值. 通俗的说特征向量就是在线性变换的作用下方向不变(或反向)的向量,在变化中寻找不变信息是很多学科研究的方向.

结论 1 如果 $\boldsymbol{x}$ 是 n 阶矩阵 $\boldsymbol{A}$ 对应特征值 λ 的特征向量,则 $k\boldsymbol{x}$(其中 k 为非零常数)也是 $\boldsymbol{A}$ 的对应特征值 λ 的特征向量.

结论 2 如果 $\boldsymbol{x}_1$ 和 $\boldsymbol{x}_2$ 是 n 阶矩阵 $\boldsymbol{A}$ 对应特征值 λ 的特征向量,当 $\boldsymbol{x}_1+\boldsymbol{x}_2\neq\boldsymbol{0}$ 时,$\boldsymbol{x}_1+\boldsymbol{x}_2$ 也是 $\boldsymbol{A}$ 的对应特征值 λ 的特征向量.

综合上述结论,可知 n 阶矩阵 $\boldsymbol{A}$ 对应特征值 λ 的特征向量 $\boldsymbol{x}_1,\boldsymbol{x}_2,\cdots,\boldsymbol{x}_r$ 的任意线性组合 $\boldsymbol{x}=k_1\boldsymbol{x}_1+k_2\boldsymbol{x}_2+\cdots+k_r\boldsymbol{x}_r$ 且 $\boldsymbol{x}\neq\boldsymbol{0}$,也是 $\boldsymbol{A}$ 对应特征值 λ 的特征向量.

下面讨论特征值和特征向量的计算办法,把式(4-1)变形为

$$(\boldsymbol{A}-\lambda\boldsymbol{E})\boldsymbol{x}=\boldsymbol{0}, \tag{4-2}$$

则式(4-2)为含有 n 个未知数的齐次方程组,它有非零解的充要条件为

$$|\boldsymbol{A}-\lambda\boldsymbol{E}|=0.$$

定义 9　将 $|\boldsymbol{A}-\lambda\boldsymbol{E}|=\begin{vmatrix} a_{11}-\lambda & a_{12} & \cdots & a_{1n} \\ a_{21} & a_{22}-\lambda & \cdots & a_{2n} \\ \vdots & \vdots & & \vdots \\ a_{n1} & a_{n2} & \cdots & a_{nn}-\lambda \end{vmatrix}=0$ 称为 n 阶矩阵 $\boldsymbol{A}$ 的特征方程. $|\boldsymbol{A}-\lambda\boldsymbol{E}|$ 记为 $f(\lambda)$，称为 n 阶矩阵 $\boldsymbol{A}$ 的特征多项式.

注　(1)求特征值 λ 转化为求 n 阶矩阵 $\boldsymbol{A}$ 的特征方程的解.

(2)求特征向量 $\boldsymbol{x}$ 转化方程组 $(\boldsymbol{A}-\lambda\boldsymbol{E})\boldsymbol{x}=\boldsymbol{0}$ 的非零解.

(3)设 n 阶矩阵 $\boldsymbol{A}$ 具有特征值为 $\lambda_1,\lambda_2,\cdots,\lambda_n$，则 $f(\lambda)=(\lambda-\lambda_1)(\lambda-\lambda_2)\cdots(\lambda-\lambda_n)$，由行列式展开,可得

$$\lambda_1+\lambda_2+\cdots+\lambda_n=a_{11}+a_{22}+\cdots+a_{nn};\ \lambda_1\lambda_2\cdots\lambda_n=|\boldsymbol{A}|,$$

称 $a_{11}+a_{22}+\cdots+a_{nn}$ 为矩阵 $\boldsymbol{A}$ 的迹,记为 $\mathrm{tr}(\boldsymbol{A})$.

例 6　设 $\boldsymbol{A}=\begin{pmatrix} 0 & 1 & 0 & 0 \\ 1 & 0 & 0 & 0 \\ 0 & 0 & y & 1 \\ 0 & 0 & 1 & 2 \end{pmatrix}$,3 是 $\boldsymbol{A}$ 的一个特征值,求 y 及 $\boldsymbol{A}$ 的其他特征值.

解　$|\boldsymbol{A}-\lambda\boldsymbol{E}|=\begin{vmatrix} -\lambda & 1 & 0 & 0 \\ 1 & -\lambda & 0 & 0 \\ 0 & 0 & y-\lambda & 1 \\ 0 & 0 & 1 & 2-\lambda \end{vmatrix}=(\lambda-1)(\lambda+1)[\lambda^2-(y+2)\lambda+2y-1]$.

令 $|\boldsymbol{A}-\lambda\boldsymbol{E}|=0$，得 $\boldsymbol{A}$ 的特征值为 $\lambda_1=1,\lambda_2=-1$ 及 $\lambda^2-(y+2)\lambda+2y-1=0$.

因 3 是 $\boldsymbol{A}$ 的一个特征值,所以 3 为 $\lambda^2-(y+2)\lambda+2y-1=0$ 的根,代入求得 $y=2$,
则对应 $\lambda^2-(y+2)\lambda+2y-1=0$ 变为 $\lambda^2-4\lambda+3=0$，故

$$\lambda_3=1,\lambda_4=3,$$

所以 $y=2$,且 $\boldsymbol{A}$ 的全部特征值为 $-1,1,1,3$.

例 7　求矩阵 $\boldsymbol{A}=\begin{pmatrix} 2 & -1 \\ -1 & 2 \end{pmatrix}$ 的特征值和特征向量.

解　$\boldsymbol{A}$ 的特征多项式为

$$|A-\lambda E|=\begin{vmatrix}2-\lambda & -1\\ -1 & 2-\lambda\end{vmatrix}=(2-\lambda)^2-1=(1-\lambda)(3-\lambda),$$

令 $|A-\lambda E|=0$, 得

$$\lambda_1=1,\lambda_2=3.$$

下面代入特征值求对应的特征向量.

当 $\lambda=1$ 时,对应特征向量满足的方程组为

$$\begin{pmatrix}2-\lambda & -1\\ -1 & 2-\lambda\end{pmatrix}\begin{pmatrix}x_1\\ x_2\end{pmatrix}=\begin{pmatrix}1 & -1\\ -1 & 1\end{pmatrix}\begin{pmatrix}x_1\\ x_2\end{pmatrix}=\begin{pmatrix}0\\ 0\end{pmatrix},$$

解得 $x_1=x_2$, 特征向量取为

$$\boldsymbol{p}_1=\begin{pmatrix}1\\ 1\end{pmatrix}.$$

当 $\lambda=3$ 时,对应特征向量满足的方程组为

$$\begin{pmatrix}2-\lambda & -1\\ -1 & 2-\lambda\end{pmatrix}\begin{pmatrix}x_1\\ x_2\end{pmatrix}=\begin{pmatrix}-1 & -1\\ -1 & -1\end{pmatrix}\begin{pmatrix}x_1\\ x_2\end{pmatrix}=\begin{pmatrix}0\\ 0\end{pmatrix},$$

解得 $x_1=-x_2$, 特征向量取为

$$\boldsymbol{p}_2=\begin{pmatrix}1\\ -1\end{pmatrix}.$$

故矩阵 $\boldsymbol{A}$ 对应特征值 λ_i 的所有特征向量可表示为 $k_i\boldsymbol{p}_i$ $(k_i\neq 0,i=1,2)$.

注 此处对应每个特征值 λ_i 的特征向量 $\boldsymbol{p}_i$ 取法不唯一,只要是方程组非零解即可.

例 8 求矩阵 $\boldsymbol{A}=\begin{pmatrix}-1 & 1 & 0\\ -4 & 3 & 0\\ 1 & 0 & 2\end{pmatrix}$ 的特征值和特征向量.

解 $\boldsymbol{A}$ 的特征多项式为

$$|A-\lambda E|=\begin{vmatrix}-1-\lambda & 1 & 0\\ -4 & 3-\lambda & 0\\ 1 & 0 & 2-\lambda\end{vmatrix}=(2-\lambda)(1-\lambda)^2.$$

令 $|A-\lambda E|=0$, 得

$$\lambda_1=2,\lambda_2=\lambda_3=1.$$

下面代入特征值求对应特征向量.

当 $\lambda=2$ 时,对应特征向量满足的方程组为

$$\begin{pmatrix} -1-\lambda & 1 & 0 \\ -4 & 3-\lambda & 0 \\ 1 & 0 & 2-\lambda \end{pmatrix}\begin{pmatrix} x_1 \\ x_2 \\ x_3 \end{pmatrix} = \begin{pmatrix} -3 & 1 & 0 \\ -4 & 1 & 0 \\ 1 & 0 & 0 \end{pmatrix}\begin{pmatrix} x_1 \\ x_2 \\ x_3 \end{pmatrix} = \begin{pmatrix} 0 \\ 0 \\ 0 \end{pmatrix},$$

解得 $\begin{cases} x_1 = 0, \\ x_2 = 0. \end{cases}$ 特征向量取为

$$\boldsymbol{p}_1 = \begin{pmatrix} 0 \\ 0 \\ 1 \end{pmatrix}.$$

当 $\lambda = 1$ 时,对应特征向量满足的方程组为

$$\begin{pmatrix} -1-\lambda & 1 & 0 \\ -4 & 3-\lambda & 0 \\ 1 & 0 & 2-\lambda \end{pmatrix}\begin{pmatrix} x_1 \\ x_2 \\ x_3 \end{pmatrix} = \begin{pmatrix} -2 & 1 & 0 \\ -4 & 2 & 0 \\ 1 & 0 & 1 \end{pmatrix}\begin{pmatrix} x_1 \\ x_2 \\ x_3 \end{pmatrix} = \begin{pmatrix} 0 \\ 0 \\ 0 \end{pmatrix},$$

解得 $\begin{cases} x_1 = -x_3, \\ x_2 = -2x_3. \end{cases}$ 特征向量取为

$$\boldsymbol{p}_2 = \begin{pmatrix} 1 \\ 2 \\ -1 \end{pmatrix}.$$

故矩阵 $\boldsymbol{A}$ 对应特征值 λ_i 的所有特征向量可表示为 $k_i\boldsymbol{p}_i$ $(k_i \neq 0, i = 1,2)$.

例 9　求矩阵 $\boldsymbol{A} = \begin{pmatrix} 1 & 2 & 2 \\ 2 & 1 & 2 \\ 2 & 2 & 1 \end{pmatrix}$ 的特征值和特征向量.

解　$\boldsymbol{A}$ 的特征多项式为

$$|\boldsymbol{A} - \lambda\boldsymbol{E}| = \begin{vmatrix} 1-\lambda & 2 & 2 \\ 2 & 1-\lambda & 2 \\ 2 & 2 & 1-\lambda \end{vmatrix} = (5-\lambda)(\lambda+1)^2.$$

令 $|\boldsymbol{A} - \lambda\boldsymbol{E}| = 0$, 得

$$\lambda_1 = \lambda_2 = -1, \lambda_3 = 5.$$

下面代入特征值求对应的特征向量.

当 $\lambda = -1$ 时,对应特征向量满足的方程组为

$$\begin{pmatrix}1-\lambda & 2 & 2\\ 2 & 1-\lambda & 2\\ 2 & 2 & 1-\lambda\end{pmatrix}\begin{pmatrix}x_1\\x_2\\x_3\end{pmatrix}=\begin{pmatrix}2&2&2\\2&2&2\\2&2&2\end{pmatrix}\begin{pmatrix}x_1\\x_2\\x_3\end{pmatrix}=\begin{pmatrix}0\\0\\0\end{pmatrix},$$

解得 $x_3=-x_2-x_1$，特征向量取为

$$\boldsymbol{p}_1=\begin{pmatrix}1\\0\\-1\end{pmatrix},\boldsymbol{p}_2=\begin{pmatrix}0\\1\\-1\end{pmatrix}.$$

则矩阵 $\boldsymbol{A}$ 对应特征值 $\lambda=-1$ 的所有特征向量可表示为 $k_1\boldsymbol{p}_1+k_2\boldsymbol{p}_2$（$k_1,k_2$ 不同时为0）.

当 $\lambda=5$ 时，对应特征向量满足的方程组为

$$\begin{pmatrix}1-\lambda & 2 & 2\\ 2 & 1-\lambda & 2\\ 2 & 2 & 1-\lambda\end{pmatrix}\begin{pmatrix}x_1\\x_2\\x_3\end{pmatrix}=\begin{pmatrix}-4&2&2\\2&-4&2\\2&2&-4\end{pmatrix}\begin{pmatrix}x_1\\x_2\\x_3\end{pmatrix}=\begin{pmatrix}0\\0\\0\end{pmatrix},$$

解得 $\begin{cases}x_1=x_3,\\x_2=x_3.\end{cases}$ 故特征向量可取为

$$\boldsymbol{p}_3=\begin{pmatrix}1\\1\\1\end{pmatrix}.$$

则矩阵 $\boldsymbol{A}$ 对应特征值 $\lambda=5$ 的所有特征向量可表示为 $k\boldsymbol{p}_3$（$k\neq0$）.

例 10　求矩阵 $\boldsymbol{A}=\begin{pmatrix}3&1&0\\-4&-1&0\\4&-8&-2\end{pmatrix}$ 的特征值和特征向量.

解　$\boldsymbol{A}$ 的特征多项式为

$$|\boldsymbol{A}-\lambda\boldsymbol{E}|=\begin{vmatrix}3-\lambda&1&0\\-4&-1-\lambda&0\\4&-8&-2-\lambda\end{vmatrix}=-(\lambda-1)^2(\lambda+2).$$

令 $|\boldsymbol{A}-\lambda\boldsymbol{E}|=0$，得

$$\lambda_1=\lambda_2=1,\lambda_3=-2.$$

下面代入特征值求对应的特征向量.

当 $\lambda=1$ 时，对应特征向量满足的方程组为

$$\begin{pmatrix} 3-\lambda & 1 & 0 \\ -4 & -1-\lambda & 0 \\ 4 & -8 & -2-\lambda \end{pmatrix}\begin{pmatrix} x_1 \\ x_2 \\ x_3 \end{pmatrix} = \begin{pmatrix} 2 & 1 & 0 \\ -4 & -2 & 0 \\ 4 & -8 & -3 \end{pmatrix}\begin{pmatrix} x_1 \\ x_2 \\ x_3 \end{pmatrix} = \begin{pmatrix} 0 \\ 0 \\ 0 \end{pmatrix},$$

解得 $\begin{cases} x_2 = -2x_1, \\ x_3 = \dfrac{20}{3}x_1. \end{cases}$ 特征向量取为

$$\boldsymbol{p}_1 = \begin{pmatrix} 3 \\ -6 \\ 20 \end{pmatrix},$$

则矩阵 $\boldsymbol{A}$ 对应特征值 $\lambda = 1$ 的所有特征向量可表示为 $k_1\boldsymbol{p}_1(k_1 \neq 0)$.

当 $\lambda = -2$ 时,对应特征向量满足的方程组为

$$\begin{pmatrix} 3-\lambda & 1 & 0 \\ -4 & -1-\lambda & 0 \\ 4 & -8 & -2-\lambda \end{pmatrix}\begin{pmatrix} x_1 \\ x_2 \\ x_3 \end{pmatrix} = \begin{pmatrix} 5 & 1 & 0 \\ -4 & 1 & 0 \\ 4 & -8 & 0 \end{pmatrix}\begin{pmatrix} x_1 \\ x_2 \\ x_3 \end{pmatrix} = \begin{pmatrix} 0 \\ 0 \\ 0 \end{pmatrix}$$

解得 $\begin{cases} x_1 = 0, \\ x_2 = 0. \end{cases}$ 故特征向量可取为

$$\boldsymbol{p}_2 = \begin{pmatrix} 0 \\ 0 \\ 1 \end{pmatrix}$$

则矩阵 $\boldsymbol{A}$ 对应特征值 $\lambda = -2$ 的所有特征向量可表示为 $k_2\boldsymbol{p}_2(k_2 \neq 0)$.

归纳上述例子,得计算特征值和特征向量的步骤如下:

第一步:计算特征多项式 $|\boldsymbol{A} - \lambda\boldsymbol{E}|$;

第二步:求 $|\boldsymbol{A} - \lambda\boldsymbol{E}| = 0$ 的所有根,即所有特征值;

第三步:对于每一个特征值 λ, 求相应的方程组 $(\boldsymbol{A} - \lambda\boldsymbol{E})\boldsymbol{x} = \boldsymbol{0}$ 的基础解系 $\boldsymbol{\alpha}_1, \boldsymbol{\alpha}_2, \cdots, \boldsymbol{\alpha}_r$, 则线性组合 $k_1\boldsymbol{\alpha}_1 + k_2\boldsymbol{\alpha}_2 + \cdots + k_r\boldsymbol{\alpha}_r$ (其中 $k_1, k_2, \cdots, k_r$ 不全为零)即为对应特征值 λ 的全部特征向量.

特征值和特征向量的性质

性质 1　设 $\boldsymbol{A}$ 是 n 阶方阵,则 $\boldsymbol{A}$ 与 $\boldsymbol{A}^{\mathrm{T}}$ 有相同的特征值.

证　因为 $|\boldsymbol{A} - \lambda\boldsymbol{E}| = |(\boldsymbol{A} - \lambda\boldsymbol{E})^{\mathrm{T}}| = |\boldsymbol{A}^{\mathrm{T}} - \lambda\boldsymbol{E}|$, 故 $\boldsymbol{A}$ 与 $\boldsymbol{A}^{\mathrm{T}}$ 有相同的特征多项式,即有相同的特征值.

性质 2 设 λ 是 n 阶方阵 $\boldsymbol{A}$ 的特征值，则

(1) $k+\lambda$ 是 $k\boldsymbol{E}+\boldsymbol{A}$ 的特征值（k 为常数）.

(2) $k\lambda$ 是 $k\boldsymbol{A}$ 的特征值（k 为常数）.

(3) λ^m 是 $\boldsymbol{A}^m$ 的特征值（m 为正整数）.

(4) 当 $\boldsymbol{A}$ 可逆时，$\dfrac{1}{\lambda}$ 是 $\boldsymbol{A}^{-1}$ 的特征值.

(5) 当 $\boldsymbol{A}$ 可逆时，$\dfrac{|\boldsymbol{A}|}{\lambda}$ 是 $\boldsymbol{A}^*$ 的特征值.

证 设向量 $\boldsymbol{x}$ 为对应 λ 的特征向量，则 $\boldsymbol{A}\boldsymbol{x}=\lambda\boldsymbol{x}$.

(1) $(k\boldsymbol{E}+\boldsymbol{A})\boldsymbol{x}=k\boldsymbol{E}\boldsymbol{x}+\boldsymbol{A}\boldsymbol{x}=k\boldsymbol{x}+\lambda\boldsymbol{x}=(k+\lambda)\boldsymbol{x}$，所以 $k+\lambda$ 是 $k\boldsymbol{E}+\boldsymbol{A}$ 的特征值.

(2) $(k\boldsymbol{A})\boldsymbol{x}=k(\boldsymbol{A}\boldsymbol{x})=k(\lambda\boldsymbol{x})=(k\lambda)\boldsymbol{x}$，所以 $k\lambda$ 是 $k\boldsymbol{A}$ 的特征值.

(3) $\boldsymbol{A}^m\boldsymbol{x}=\boldsymbol{A}^{m-1}(\boldsymbol{A}\boldsymbol{x})=\boldsymbol{A}^{m-1}\lambda\boldsymbol{x}=\lambda\boldsymbol{A}^{m-1}\boldsymbol{x}=\lambda\boldsymbol{A}^{m-2}(\boldsymbol{A}\boldsymbol{x})=\lambda\boldsymbol{A}^{m-2}\lambda\boldsymbol{x}=\lambda^2\boldsymbol{A}^{m-2}\boldsymbol{x}=\cdots=\lambda^m\boldsymbol{x}$，所以 λ^m 是 $\boldsymbol{A}^m$ 的特征值.

(4) 当 $\boldsymbol{A}$ 可逆时，即 $\lambda\neq 0$，有 $\boldsymbol{x}=\boldsymbol{A}^{-1}\boldsymbol{A}\boldsymbol{x}=\boldsymbol{A}^{-1}\lambda\boldsymbol{x}=\lambda\boldsymbol{A}^{-1}\boldsymbol{x}$，得 $\boldsymbol{A}^{-1}\boldsymbol{x}=\dfrac{1}{\lambda}\boldsymbol{x}$，所以 $\dfrac{1}{\lambda}$ 是 $\boldsymbol{A}^{-1}$ 的特征值.

(5) 当 $\boldsymbol{A}$ 可逆时，即 $\lambda\neq 0$，有 $\boldsymbol{A}^*\boldsymbol{A}\boldsymbol{x}=\boldsymbol{A}^*\lambda\boldsymbol{x}=\lambda\boldsymbol{A}^*\boldsymbol{x}$，又 $\boldsymbol{A}^*\boldsymbol{A}\boldsymbol{x}=|\boldsymbol{A}|\boldsymbol{x}$，得 $|\boldsymbol{A}|\boldsymbol{x}=\lambda\boldsymbol{A}^*\boldsymbol{x}$，即 $\boldsymbol{A}^*\boldsymbol{x}=\dfrac{|\boldsymbol{A}|}{\lambda}\boldsymbol{x}$，所以 $\dfrac{|\boldsymbol{A}|}{\lambda}$ 是 $\boldsymbol{A}^*$ 的特征值.

综上不难证明：若 λ 是方阵 $\boldsymbol{A}$ 的特征值，则 $\varphi(\lambda)$ 是 $\varphi(\boldsymbol{A})$ 的特征值（其中 $\varphi(\lambda)=a_0+a_1\lambda+a_2\lambda^2+\cdots+a_m\lambda^m$ 是 λ 的多项式，$\varphi(\boldsymbol{A})=a_0\boldsymbol{E}+a_1\boldsymbol{A}+a_2\boldsymbol{A}^2+\cdots+a_m\boldsymbol{A}^m$ 是矩阵 $\boldsymbol{A}$ 的多项式）.

例 11 设 3 阶矩阵 $\boldsymbol{A}$ 的特征值为 1,2,3，求 $\boldsymbol{A}^{-1}$ 的特征值.

解 $|\boldsymbol{A}|=1\times2\times3=6\neq0$，所以 $\boldsymbol{A}$ 可逆. 故 $\boldsymbol{A}^{-1}$ 的特征值为 $1,\dfrac{1}{2},\dfrac{1}{3}$.

例 12 设 3 阶矩阵 $\boldsymbol{A}$ 的特征值为 1,-1,2，求 $|\boldsymbol{A}^2-2\boldsymbol{E}|$ 及 $\boldsymbol{A}^*+3\boldsymbol{A}-2\boldsymbol{E}$ 的特征值.

解 令 $\varphi(\lambda)=\lambda^2-2$，则 $\varphi(\boldsymbol{A})=\boldsymbol{A}^2-2\boldsymbol{E}$，故 $\varphi(\boldsymbol{A})$ 的特征值为 $\varphi(1)=-1$，$\varphi(-1)=-1$，$\varphi(2)=2$，则

$$|\boldsymbol{A}^2-2\boldsymbol{E}|=(-1)\times(-1)\times2=2.$$

又 $|A| = 1 \times (-1) \times 2 = -2 \neq 0$, 所以 A 可逆,故 $A^* = |A|A^{-1} = -2A^{-1}$, 即有

$$A^* + 3A - 2E = -2A^{-1} + 3A - 2E,$$

令 $f(A) = -2A^{-1} + 3A - 2E$ (此处 $f(A)$ 虽不是矩阵多项式,但也有矩阵多项式的特性),则 $f(\lambda) = -\dfrac{2}{\lambda} + 3\lambda - 2$, 从而 $A^* + 3A - 2E$ 的特征值为 $f(1) = -1$, $f(-1) = -3$, $f(2) = 3$.

定理 2　设 $\lambda_1, \lambda_2, \cdots, \lambda_m$ 是方阵 A 的 m 个互不相同的特征值, $p_1, p_2, \cdots, p_m$ 分别是对应的特征向量,则 $p_1, p_2, \cdots, p_m$ 线性无关.

证　用数学归纳法.

当 $m = 1$ 时,因 $p_1 \neq 0$, 故得证.

假设 $m = k - 1$ 时结论成立,即要证 $m = k$ 时结论成立. 也就是说,假设 $p_1, p_2, \cdots, p_{k-1}$ 线性无关,要证 $p_1, p_2, \cdots, p_k$ 也线性无关.

令

$$t_1p_1 + t_2p_2 + \cdots + t_{k-1}p_{k-1} + t_kp_k = 0, \tag{①}$$

上式两边左乘方阵 A, 得

$$t_1Ap_1 + t_2Ap_2 + \cdots + t_{k-1}Ap_{k-1} + t_kAp_k = 0,$$

即

$$t_1\lambda_1p_1 + t_2\lambda_2p_2 + \cdots + t_{k-1}\lambda_{k-1}p_{k-1} + t_k\lambda_kp_k = 0. \tag{②}$$

②-①× λ_k ,得

$$t_1(\lambda_1 - \lambda_k)p_1 + t_2(\lambda_2 - \lambda_k)p_2 + \cdots + t_{k-1}(\lambda_{k-1} - \lambda_k)p_{k-1} = 0.$$

由于 $p_1, p_2, \cdots, p_{k-1}$ 线性无关,故 $t_i(\lambda_i - \lambda_k) = 0 (i = 1, 2, \cdots, k-1)$, 又 $\lambda_i - \lambda_k \neq 0 (i = 1, 2, \cdots, k-1)$, 则 $t_i = 0 (i = 1, 2, \cdots, k-1)$, 代回式①,得 $t_kp_k = 0$, 则 $t_k = 0$, 所以 $p_1, p_2, \cdots, p_k$ 线性无关.

例 13　设 λ_1 和 λ_2 是矩阵 A 的两个不同的特征值,对应的特征向量为 p_1 和 p_2, 证明 $p_1 + p_2$ 不是 A 的特征向量.

证　用反证法. 假设 $p_1 + p_2$ 是特征向量,则存在数 λ, 满足 $A(p_1 + p_2) = \lambda(p_1 + p_2)$.

由条件,知 $Ap_1 = \lambda_1p_1, Ap_2 = \lambda_2p_2$, 则 $A(p_1 + p_2) = \lambda_1p_1 + \lambda_2p_2$.

于是有

$$\lambda(p_1 + p_2) = \lambda_1p_1 + \lambda_2p_2,$$

即

$$(\lambda - \lambda_1)\boldsymbol{p}_1 + (\lambda - \lambda_2)\boldsymbol{p}_2 = \mathbf{0}.$$

因 $\lambda_1 \neq \lambda_2$，则 $\boldsymbol{p}_1,\boldsymbol{p}_2$ 线性无关，故 $\lambda - \lambda_1 = \lambda - \lambda_2 = 0$，即 $\lambda_1 = \lambda_2$. 与 $\lambda_1 \neq \lambda_2$ 矛盾. 因此 $\boldsymbol{p}_1 + \boldsymbol{p}_2$ 不是矩阵 $\boldsymbol{A}$ 的特征向量.

4.3　相似矩阵

定义 10　设矩阵 $\boldsymbol{A}$ 与 $\boldsymbol{B}$ 都是 n 阶方阵，如果存在一个可逆矩阵 $\boldsymbol{P}$，使

$$\boldsymbol{B} = \boldsymbol{P}^{-1}\boldsymbol{A}\boldsymbol{P},$$

则称 $\boldsymbol{B}$ 是 $\boldsymbol{A}$ 的相似矩阵（或称 $\boldsymbol{A}$ 与 $\boldsymbol{B}$ 是相似的），记作 $\boldsymbol{A} \sim \boldsymbol{B}$.

相似矩阵的性质

(1) **反身性**　$\boldsymbol{A}$ 与本身相似 $(\boldsymbol{A} = \boldsymbol{E}^{-1}\boldsymbol{A}\boldsymbol{E})$.

(2) **对称性**　若 $\boldsymbol{A}$ 与 $\boldsymbol{B}$ 相似 $(B = \boldsymbol{P}^{-1}\boldsymbol{A}\boldsymbol{P})$，则 $\boldsymbol{B}$ 与 $\boldsymbol{A}$ 相似 $(\boldsymbol{A} = \boldsymbol{P}\boldsymbol{B}\boldsymbol{P}^{-1})$.

(3) **传递性**　若 $\boldsymbol{A}$ 与 $\boldsymbol{B}$ 相似 $(\boldsymbol{B}=\boldsymbol{P}_1{}^{-1}\boldsymbol{A}\boldsymbol{P}_1)$，$\boldsymbol{B}$ 与 $\boldsymbol{C}$ 相似 $(\boldsymbol{C}=\boldsymbol{P}_2{}^{-1}\boldsymbol{B}\boldsymbol{P}_2)$，则 $\boldsymbol{A}$ 与 $\boldsymbol{C}$ 相似 $[\boldsymbol{C}=(\boldsymbol{P}_1\boldsymbol{P}_2)^{-1}\boldsymbol{A}(\boldsymbol{P}_1\boldsymbol{P}_2)]$.

定理 3　设 n 阶方阵 $\boldsymbol{A}$ 与 $\boldsymbol{B}$ 相似，则 $\boldsymbol{A}$ 与 $\boldsymbol{B}$ 有相同的行列式、相同的特征多项式及相同的特征值.

证　若 $\boldsymbol{A}\sim\boldsymbol{B}$，则根据定义 10，知存在可逆矩阵 $\boldsymbol{P}$，使 $\boldsymbol{B}=\boldsymbol{P}^{-1}\boldsymbol{A}\boldsymbol{P}$.

两边取行列式，有 $|\boldsymbol{B}| = |\boldsymbol{P}^{-1}\boldsymbol{A}\boldsymbol{P}| = |\boldsymbol{P}^{-1}||\boldsymbol{A}||\boldsymbol{P}| = |\boldsymbol{A}|$. 又

$$|\boldsymbol{B}-\lambda\boldsymbol{E}| = |\boldsymbol{P}^{-1}\boldsymbol{A}\boldsymbol{P}-\boldsymbol{P}^{-1}\lambda\boldsymbol{E}\boldsymbol{P}| = |\boldsymbol{P}^{-1}(\boldsymbol{A}-\lambda\boldsymbol{E})\boldsymbol{P}| = |\boldsymbol{P}^{-1}||\boldsymbol{A}-\lambda\boldsymbol{E}||\boldsymbol{P}| = |\boldsymbol{A}-\lambda\boldsymbol{E}|.$$

故 $\boldsymbol{A}$ 与 $\boldsymbol{B}$ 有相同的特征多项式及相同的特征值.

推论 1　若 n 阶方阵 $\boldsymbol{A}$ 与对角阵 $\boldsymbol{\Lambda} = \begin{pmatrix} \lambda_1 & & & \\ & \lambda_2 & & \\ & & \ddots & \\ & & & \lambda_n \end{pmatrix}$ 相似，则 $\lambda_1,\lambda_2,\cdots,\lambda_n$ 也是 $\boldsymbol{A}$ 的特征值.

下面我们讨论 n 阶方阵 $\boldsymbol{A}$ 满足什么条件可以相似一个对角阵？假设我们已经找到可逆矩阵 $\boldsymbol{P}$，使得 $\boldsymbol{P}^{-1}\boldsymbol{A}\boldsymbol{P} = \boldsymbol{\Lambda}$. 以下讨论 $\boldsymbol{P}$ 应满足什么条件.

将矩阵 $\boldsymbol{P}$ 用列向量表示，即

$$\boldsymbol{P} = (\boldsymbol{p}_1,\boldsymbol{p}_2,\cdots,\boldsymbol{p}_n),$$

由 $\boldsymbol{P}^{-1}\boldsymbol{AP}=\boldsymbol{\Lambda}$，得 $\boldsymbol{AP}=\boldsymbol{P\Lambda}$，展开为

$$\boldsymbol{A}(\boldsymbol{p}_1,\boldsymbol{p}_2,\cdots,\boldsymbol{p}_n)=(\boldsymbol{p}_1,\boldsymbol{p}_2,\cdots,\boldsymbol{p}_n)\begin{pmatrix}\lambda_1 & & & \\ & \lambda_2 & & \\ & & \ddots & \\ & & & \lambda_n\end{pmatrix}=(\lambda_1\boldsymbol{p}_1,\lambda_2\boldsymbol{p}_2,\cdots,\lambda_n\boldsymbol{p}_n),$$

即

$$\boldsymbol{Ap}_i=\lambda_i\boldsymbol{p}_i(i=1,2,\cdots,n).$$

由上式,知 λ_i 为方阵 $\boldsymbol{A}$ 的特征值,矩阵 $\boldsymbol{P}$ 的列向量 $\boldsymbol{p}_i$ 为对应 λ_i 的特征向量.

在复数域范围内，n 阶方阵 $\boldsymbol{A}$ 有 n 个特征值,可求得 n 个对应的特征向量 $\boldsymbol{p}_1$，$\boldsymbol{p}_2,\cdots,\boldsymbol{p}_n$，构成矩阵 $\boldsymbol{P}$，使得 $\boldsymbol{P}^{-1}\boldsymbol{AP}=\boldsymbol{\Lambda}$．如果 $\boldsymbol{p}_1,\boldsymbol{p}_2,\cdots,\boldsymbol{p}_n$ 线性无关,则矩阵 $\boldsymbol{P}$ 可逆.

注　由于矩阵的特征向量不唯一,所以由特征向量构造的矩阵 $\boldsymbol{P}$ 也不唯一.

由上面讨论得以下结论.

定理 4　n 阶方阵 $\boldsymbol{A}$ 可对角化的充分必要条件为 $\boldsymbol{A}$ 有 n 个线性无关的特征向量.

推论 2　若 n 阶方阵 $\boldsymbol{A}$ 有 n 个互不相同的特征值,则 $\boldsymbol{A}$ 可对角化.

例 14　判断矩阵 $\boldsymbol{A}=\begin{pmatrix}1 & -1\\ -1 & 1\end{pmatrix}$ 能否对角化.

解　令 $|\boldsymbol{A}-\lambda\boldsymbol{E}|=\begin{vmatrix}1-\lambda & -1\\ -1 & 1-\lambda\end{vmatrix}=\lambda(\lambda-2)=0$，得

$$\lambda_1=0,\lambda_2=2.$$

2 阶矩阵有 2 个不同的特征值,故矩阵 $\boldsymbol{A}=\begin{pmatrix}1 & -1\\ -1 & 1\end{pmatrix}$ 可对角化.

例 15　判断矩阵 $\boldsymbol{A}=\begin{pmatrix}-1 & 1 & 0\\ -4 & 3 & 0\\ 1 & 0 & 2\end{pmatrix}$ 能否对角化.

解　由上节例 3,知矩阵 $\boldsymbol{A}$ 的特征值为 $\lambda_1=2,\lambda_2=\lambda_3=1$. 而二重特征根 1 对应的线性无关的特征向量只有一个,故矩阵 $\boldsymbol{A}$ 不能对角化.

例 16　矩阵 $\boldsymbol{A}=\begin{pmatrix}3 & 2 & -1\\ -2 & -2 & 2\\ 3 & 6 & -1\end{pmatrix}$ 能否对角化？如果可以,试求出 $\boldsymbol{P}$，使 $\boldsymbol{P}^{-1}\boldsymbol{AP}$ 成为对角阵.

解 $\boldsymbol{A}$ 的特征多项式为

$$|\boldsymbol{A}-\lambda\boldsymbol{E}|=\begin{vmatrix}3-\lambda & 2 & -1\\ -2 & -2-\lambda & 2\\ 3 & 6 & -1-\lambda\end{vmatrix}=-(\lambda-2)^2(\lambda+4).$$

令 $|\boldsymbol{A}-\lambda\boldsymbol{E}|=0$，得 $\lambda_1=\lambda_2=2,\lambda_3=-4$.

下面代入特征值求对应的特征向量.

当 $\lambda=2$ 时，对应特征向量满足的方程组为

$$\begin{pmatrix}3-\lambda & 2 & -1\\ -2 & -2-\lambda & 2\\ 3 & 6 & -1-\lambda\end{pmatrix}\begin{pmatrix}x_1\\x_2\\x_3\end{pmatrix}=\begin{pmatrix}1 & 2 & -1\\ -2 & -4 & 2\\ 3 & 6 & -3\end{pmatrix}\begin{pmatrix}x_1\\x_2\\x_3\end{pmatrix}=\begin{pmatrix}0\\0\\0\end{pmatrix},$$

解得特征向量为

$$\boldsymbol{p}_1=\begin{pmatrix}-2\\1\\0\end{pmatrix},\boldsymbol{p}_2=\begin{pmatrix}1\\0\\1\end{pmatrix}.$$

当 $\lambda=-4$ 时，对应特征向量满足的方程组为

$$\begin{pmatrix}3-\lambda & 2 & -1\\ -2 & -2-\lambda & 2\\ 3 & 6 & -1-\lambda\end{pmatrix}\begin{pmatrix}x_1\\x_2\\x_3\end{pmatrix}=\begin{pmatrix}7 & 2 & -1\\ -2 & 2 & 2\\ 3 & 6 & 3\end{pmatrix}\begin{pmatrix}x_1\\x_2\\x_3\end{pmatrix}=\begin{pmatrix}0\\0\\0\end{pmatrix},$$

解得特征向量为

$$\boldsymbol{p}_3=\begin{pmatrix}1\\-2\\3\end{pmatrix}.$$

由定理 4，知 $\boldsymbol{A}$ 可对角化. 令

$$\boldsymbol{P}=(\boldsymbol{p}_1,\boldsymbol{p}_2,\boldsymbol{p}_3)=\begin{pmatrix}-2 & 1 & 1\\ 1 & 0 & -2\\ 0 & 1 & 3\end{pmatrix},$$

则

$$\boldsymbol{P}^{-1}\boldsymbol{A}\boldsymbol{P}=\begin{pmatrix}2 & 0 & 0\\ 0 & 2 & 0\\ 0 & 0 & -4\end{pmatrix}.$$

例 17　矩阵 $A=\begin{pmatrix}0&0&1\\1&1&t\\1&0&0\end{pmatrix}$，问 t 为何值时，A 可对角化.

解　A 的特征多项式为

$$|A-\lambda E|=\begin{vmatrix}-\lambda&0&1\\1&1-\lambda&t\\1&0&-\lambda\end{vmatrix}=-(\lambda-1)^2(\lambda+1).$$

令 $|A-\lambda E|=0$，得

$$\lambda_1=\lambda_2=1,\lambda_3=-1.$$

当 $\lambda=-1$ 时，对应特征向量满足的方程组为

$$\begin{pmatrix}-\lambda&0&1\\1&1-\lambda&t\\1&0&-\lambda\end{pmatrix}\begin{pmatrix}x_1\\x_2\\x_3\end{pmatrix}=\begin{pmatrix}1&0&1\\1&2&t\\1&0&1\end{pmatrix}\begin{pmatrix}x_1\\x_2\\x_3\end{pmatrix}=\begin{pmatrix}0\\0\\0\end{pmatrix},$$

解得特征向量为

$$p_1=\begin{pmatrix}1\\\dfrac{t-1}{2}\\-1\end{pmatrix}.$$

故 $\lambda=-1$ 对应的线性无关特征向量只有一个，根据定理 4，若 A 可对角化，则 $\lambda=1$ 须有两个对应线性无关的特征向量，即方程 $(A-E)x=0$ 有 2 个线性无关的解，即 $R(A-E)=1$.

由 $A-E=\begin{pmatrix}-1&0&1\\1&0&t\\1&0&-1\end{pmatrix}\to\begin{pmatrix}1&0&-1\\0&0&t+1\\0&0&0\end{pmatrix}$，得 $t+1=0$，即 $t=-1$.

故写 $t=-1$ 时，A 可对角化.

例 18　$A=\begin{pmatrix}1&-1&1\\2&4&-2\\-3&-3&a\end{pmatrix}$，$B=\begin{pmatrix}2&&\\&2&\\&&b\end{pmatrix}$，$A$ 与 B 相似，求 a,b 的值.

解　因为 A 与 B 相似，所以它们有相同的特征值 2,2,b. 则

$$\begin{cases}|A|=4b,\\1+4+a=2+2+b,\end{cases}$$

得

$$a = 5, b = 6.$$

例 19 （人口流动问题）设某国人口流动状态的统计规律是每年有十分之一的城市人口流向农村，十分之二的农村人口流入城市. 假定人口总数不变，那么经过许多年后全国人口将会集中在城市吗？

解 设最初城市和农村人口分别为 x_0, y_0. 第一年末城乡人口分别为

$$x_1 = 0.9x_0 + 0.2y_0, y_1 = 0.1x_0 + 0.8y_0,$$

即

$$\begin{pmatrix} x_1 \\ y_1 \end{pmatrix} = \begin{pmatrix} 0.9 & 0.2 \\ 0.1 & 0.8 \end{pmatrix} \begin{pmatrix} x_0 \\ y_0 \end{pmatrix}.$$

则第 k 年末的城乡人口为

$$\begin{pmatrix} x_k \\ y_k \end{pmatrix} = \begin{pmatrix} 0.9 & 0.2 \\ 0.1 & 0.8 \end{pmatrix} \begin{pmatrix} x_{k-1} \\ y_{k-1} \end{pmatrix},$$

即

$$\begin{pmatrix} x_k \\ y_k \end{pmatrix} = \begin{pmatrix} 0.9 & 0.2 \\ 0.1 & 0.8 \end{pmatrix}^k \begin{pmatrix} x_0 \\ y_0 \end{pmatrix}.$$

令 $\boldsymbol{A} = \begin{pmatrix} 0.9 & 0.2 \\ 0.1 & 0.8 \end{pmatrix}$，经计算，$\boldsymbol{A}$ 的特征值为 $\lambda_1 = 1, \lambda_2 = 0.7$，则存在可逆矩阵 $\boldsymbol{P} = \begin{pmatrix} 2 & 1 \\ 1 & -1 \end{pmatrix}$ 及 $\boldsymbol{P}^{-1} = \frac{1}{3}\begin{pmatrix} 1 & 1 \\ 1 & -2 \end{pmatrix}$，使得

$$\boldsymbol{P}^{-1}\boldsymbol{A}\boldsymbol{P} = \boldsymbol{\Lambda} = \begin{pmatrix} 1 & \\ & 0.7 \end{pmatrix}, \boldsymbol{A}^k = \boldsymbol{P}\boldsymbol{\Lambda}^k\boldsymbol{P}^{-1} = \begin{pmatrix} \frac{2}{3} + \frac{1}{3}0.7^k & \frac{2}{3} - \frac{2}{3}0.7^k \\ \frac{1}{3} - \frac{1}{3}0.7^k & \frac{1}{3} + \frac{2}{3}0.7^k \end{pmatrix},$$

又当 $k \to +\infty$时，$0.7^k \to 0$，则

$$\begin{pmatrix} x_k \\ y_k \end{pmatrix} = \begin{pmatrix} 0.9 & 0.2 \\ 0.1 & 0.8 \end{pmatrix}^k \begin{pmatrix} x_0 \\ y_0 \end{pmatrix} \to \frac{1}{3}\begin{pmatrix} 2(x_0 + y_0) \\ x_0 + y_0 \end{pmatrix},$$

即当 $k \to +\infty$时，城市与农村人口为 2 ∶ 1，趋于稳定的分布状态.

例 20 发展与环境问题已成为世人关注的重点，为了定量分析污染与工业发展水平的关系，现有如下工业增长模型：设 a_0 是某地区某年的污染水平，b_0 是目前的工业发展水平，该年作为基年，令 $n = 0$，若以 5 年作为一个周期，用 a_n 和 b_n 作为第 n 个

周期的污染程度和工业发展水平,模型表示为 $\begin{cases} a_n = 3a_{n-1} + b_{n-1}, \\ b_n = 2a_{n-1} + 2b_{n-1}. \end{cases}$ 现已知基年的水平为 $\boldsymbol{\beta} = \begin{pmatrix} 5 \\ 2 \end{pmatrix}$, 试估计第 10 个周期该地区的污染程度和工业发展水平.

解　设 $\boldsymbol{\beta} = \begin{pmatrix} a_0 \\ b_0 \end{pmatrix} = \begin{pmatrix} 5 \\ 2 \end{pmatrix}, \boldsymbol{A} = \begin{pmatrix} 3 & 1 \\ 2 & 2 \end{pmatrix}$, 即 $\begin{pmatrix} a_n \\ b_n \end{pmatrix} = \boldsymbol{A}\begin{pmatrix} a_{n-1} \\ b_{n-1} \end{pmatrix}$, 根据递推关系,得

$$\begin{pmatrix} a_{10} \\ b_{10} \end{pmatrix} = \boldsymbol{A}\begin{pmatrix} a_9 \\ b_9 \end{pmatrix} = \cdots = \boldsymbol{A}^{10}\begin{pmatrix} a_0 \\ b_0 \end{pmatrix}.$$

求得 $\boldsymbol{A}$ 的特征值为 $\lambda_1 = 1, \lambda_2 = 4$, 对应的特征向量为 $\boldsymbol{\alpha}_1 = \begin{pmatrix} 1 \\ -2 \end{pmatrix}, \boldsymbol{\alpha}_2 = \begin{pmatrix} 1 \\ 1 \end{pmatrix}$, 则有

$$\boldsymbol{A}(\boldsymbol{\alpha}_1, \boldsymbol{\alpha}_2) = (\boldsymbol{\alpha}_1, \boldsymbol{\alpha}_2)\begin{pmatrix} 1 & 0 \\ 0 & 4 \end{pmatrix},$$

即得

$$\boldsymbol{A} = (\boldsymbol{\alpha}_1, \boldsymbol{\alpha}_2)\begin{pmatrix} 1 & 0 \\ 0 & 4 \end{pmatrix}(\boldsymbol{\alpha}_1, \boldsymbol{\alpha}_2)^{-1},$$

$$\boldsymbol{A}^{10} = (\boldsymbol{\alpha}_1, \boldsymbol{\alpha}_2)\begin{pmatrix} 1 & 0 \\ 0 & 4 \end{pmatrix}^{10}(\boldsymbol{\alpha}_1, \boldsymbol{\alpha}_2)^{-1} = (\boldsymbol{\alpha}_1, \boldsymbol{\alpha}_2)\begin{pmatrix} 1 & 0 \\ 0 & 4^{10} \end{pmatrix}(\boldsymbol{\alpha}_1, \boldsymbol{\alpha}_2)^{-1}.$$

而 $(\boldsymbol{\alpha}_1, \boldsymbol{\alpha}_2) = \begin{pmatrix} 1 & 1 \\ -2 & 1 \end{pmatrix}, (\boldsymbol{\alpha}_1, \boldsymbol{\alpha}_2)^{-1} = \dfrac{1}{3}\begin{pmatrix} 1 & -1 \\ 2 & 1 \end{pmatrix}$, 故

$$\begin{pmatrix} a_{10} \\ b_{10} \end{pmatrix} = \boldsymbol{A}^{10}\boldsymbol{\beta} = \begin{pmatrix} 1 & 1 \\ -2 & 1 \end{pmatrix}\begin{pmatrix} 1 & \\ & 4^{10} \end{pmatrix}\frac{1}{3}\begin{pmatrix} 1 & -1 \\ 2 & 1 \end{pmatrix}\begin{pmatrix} 5 \\ 2 \end{pmatrix} = \begin{pmatrix} 4^{11} + 1 \\ 4^{11} - 2 \end{pmatrix} \approx \begin{pmatrix} 4^{11} \\ 4^{11} \end{pmatrix},$$

则第 10 个周期该地区的污染程度和工业发展水平相当.

4.4　实对称矩阵的对角化

定理 5　实对称矩阵的特征值都是实数.

证　设复数 λ 为实对称矩阵 $\boldsymbol{A}$ 的特征值,复向量 $\boldsymbol{x}$ 为对应的特征向量,即

$$\boldsymbol{A}\boldsymbol{x} = \lambda\boldsymbol{x}(\boldsymbol{x} \neq \boldsymbol{0}).$$

用 $\bar{\lambda}$ 表示 λ 的共轭复数，$\bar{\boldsymbol{x}}$ 表示 $\boldsymbol{x}$ 的共轭复向量，则

$$\boldsymbol{A}\bar{\boldsymbol{x}}=\bar{\boldsymbol{A}}\bar{\boldsymbol{x}}=(\overline{\boldsymbol{A}\boldsymbol{x}})=\overline{\lambda\boldsymbol{x}}=\bar{\lambda}\bar{\boldsymbol{x}}.$$

于是，有

$$\bar{\boldsymbol{x}}^{\mathrm{T}}\boldsymbol{A}\boldsymbol{x}=\bar{\boldsymbol{x}}^{\mathrm{T}}\lambda\boldsymbol{x}=\lambda\bar{\boldsymbol{x}}^{\mathrm{T}}\boldsymbol{x},$$

且

$$\bar{\boldsymbol{x}}^{\mathrm{T}}\boldsymbol{A}\boldsymbol{x}=(\bar{\boldsymbol{x}}^{\mathrm{T}}\boldsymbol{A}^{\mathrm{T}})\boldsymbol{x}=(\boldsymbol{A}\bar{\boldsymbol{x}})^{\mathrm{T}}\boldsymbol{x}=(\bar{\lambda}\bar{\boldsymbol{x}})^{\mathrm{T}}\boldsymbol{x}=\bar{\lambda}\bar{\boldsymbol{x}}^{\mathrm{T}}\boldsymbol{x}.$$

两式相减，有

$$(\lambda-\bar{\lambda})\bar{\boldsymbol{x}}^{\mathrm{T}}\boldsymbol{x}=0.$$

又因为 $\boldsymbol{x}\neq\boldsymbol{0}$，所以

$$\bar{\boldsymbol{x}}^{\mathrm{T}}\boldsymbol{x}=\sum_{i=1}^{n}\bar{x}_i x_i=\sum_{i=1}^{n}|x_i|^2\neq 0.$$

故

$$\lambda-\bar{\lambda}=0,\ 即\ \lambda=\bar{\lambda}.$$

从而表明 λ 是实数.

显然，当特征值 λ_i 为实数时，齐次线性方程组

$$(\boldsymbol{A}-\lambda_i\boldsymbol{E})\boldsymbol{x}=\boldsymbol{0}.$$

是实系数线性方程组，从而必有实的基础解系，即对应的特征向量可取实向量.

定理 6　设 λ_1,λ_2 是实对称矩阵 $\boldsymbol{A}$ 的两个特征值，$\boldsymbol{p}_1,\boldsymbol{p}_2$ 是对应的特征向量，若 $\lambda_1\neq\lambda_2$，则 $\boldsymbol{p}_1$ 与 $\boldsymbol{p}_2$ 正交.

证　由已知条件，知 $\lambda_1\boldsymbol{p}_1=\boldsymbol{A}\boldsymbol{p}_1,\lambda_2\boldsymbol{p}_2=\boldsymbol{A}\boldsymbol{p}_2,\lambda_1\neq\lambda_2,\boldsymbol{A}=\boldsymbol{A}^{\mathrm{T}}$，所以

$$\lambda_1\boldsymbol{p}_1^{\mathrm{T}}=(\lambda_1\boldsymbol{p}_1)^{\mathrm{T}}=(\boldsymbol{A}\boldsymbol{p}_1)^{\mathrm{T}}=\boldsymbol{p}_1^{\mathrm{T}}\boldsymbol{A}^{\mathrm{T}}=\boldsymbol{p}_1^{\mathrm{T}}\boldsymbol{A},$$

则

$$\lambda_1\boldsymbol{p}_1^{\mathrm{T}}\boldsymbol{p}_2=\boldsymbol{p}_1^{\mathrm{T}}\boldsymbol{A}\boldsymbol{p}_2=\boldsymbol{p}_1^{\mathrm{T}}(\lambda_2\boldsymbol{p}_2)=\lambda_2\boldsymbol{p}_1^{\mathrm{T}}\boldsymbol{p}_2,$$

即

$$(\lambda_1-\lambda_2)\boldsymbol{p}_1^{\mathrm{T}}\boldsymbol{p}_2=0.$$

因为 $\lambda_1\neq\lambda_2$，所以 $\boldsymbol{p}_1^{\mathrm{T}}\boldsymbol{p}_2=0$，故 $\boldsymbol{p}_1$ 与 $\boldsymbol{p}_2$ 正交.

定理 7　若 $\boldsymbol{A}$ 为实对称矩阵，则必有正交阵 $\boldsymbol{P}$，使得 $\boldsymbol{P}^{-1}\boldsymbol{A}\boldsymbol{P}=\boldsymbol{P}^{\mathrm{T}}\boldsymbol{A}\boldsymbol{P}=\boldsymbol{\Lambda}$，其中 $\boldsymbol{\Lambda}$ 是以 $\boldsymbol{A}$ 的 n 个特征值为对角元素的对角阵.

推论 3　设 $\boldsymbol{A}$ 为 n 阶实对称矩阵，λ 是 $\boldsymbol{A}$ 的特征方程的 k 重根，则矩阵 $\boldsymbol{A}-\lambda\boldsymbol{E}$ 的秩 $\mathrm{R}(\boldsymbol{A}-\lambda\boldsymbol{E})=n-k$，从而对应特征值 λ 有 k 个线性无关的特征向量.

根据上面定理,我们可以得到**实对称矩阵化为对角阵的步骤**.

第一步：求出矩阵 $\boldsymbol{A}$ 的所有不同的特征值 $\lambda_1,\lambda_2,\cdots,\lambda_m$；

第二步：分别求出矩阵 $\boldsymbol{A}$ 对应每个特征值 λ_i 的一组线性无关的特征向量,即求出齐次线性方程组 $(\boldsymbol{A}-\lambda_i\boldsymbol{E})\boldsymbol{x}=\boldsymbol{0}$ 的一个基础解系;再利用施密特正交化,得到一组规范正交向量,即为 $\boldsymbol{A}$ 的 n 个两两正交的单位特征向量;

第三步：以上面求得的 n 个两两正交的单位特征向量为列向量组成的矩阵,就是所求的正交矩阵 $\boldsymbol{P}$, 以相应的特征值为主对角线元素的矩阵即为所求对角矩阵.

例 21　设 $\boldsymbol{A}=\begin{pmatrix}2&0&0\\0&3&2\\0&2&3\end{pmatrix}$, 求一个正交矩阵 $\boldsymbol{P}$, 使 $\boldsymbol{P}^{-1}\boldsymbol{A}\boldsymbol{P}=\boldsymbol{\Lambda}$ 为对角阵.

解　$|\boldsymbol{A}-\lambda\boldsymbol{E}|=\begin{vmatrix}2-\lambda&0&0\\0&3-\lambda&2\\0&2&3-\lambda\end{vmatrix}=(2-\lambda)(5-\lambda)(1-\lambda)$.

由 $|\boldsymbol{A}-\lambda\boldsymbol{E}|=0$, 得

$$\lambda_1=2,\lambda_2=5,\lambda_3=1.$$

当 $\lambda=2$ 时, $\boldsymbol{A}-\lambda\boldsymbol{E}=\begin{pmatrix}0&0&0\\0&1&2\\0&2&1\end{pmatrix}\sim\begin{pmatrix}0&0&0\\0&1&2\\0&0&-3\end{pmatrix}$, 解得 $\begin{cases}x_2=0,\\x_3=0.\end{cases}$ 取特征向量为

$$\boldsymbol{\xi}_1=\begin{pmatrix}1\\0\\0\end{pmatrix}.$$

当 $\lambda=5$ 时, $\boldsymbol{A}-\lambda\boldsymbol{E}=\begin{pmatrix}-3&0&0\\0&-2&2\\0&2&-2\end{pmatrix}\sim\begin{pmatrix}1&0&0\\0&1&-1\\0&0&0\end{pmatrix}$,解得 $\begin{cases}x_1=0,\\x_2-x_3=0.\end{cases}$ 取对应特征向量为

$$\boldsymbol{\xi}_2=\begin{pmatrix}0\\1\\1\end{pmatrix}.$$

当 $\lambda=1$ 时, $\boldsymbol{A}-\lambda\boldsymbol{E}=\begin{pmatrix}1&0&0\\0&2&2\\0&2&2\end{pmatrix}\sim\begin{pmatrix}1&0&0\\0&1&1\\0&0&0\end{pmatrix}$, 解得 $\begin{cases}x_1=0,\\x_2+x_3=0.\end{cases}$ 取对应特征

向量为

$$\boldsymbol{\xi}_3=\begin{pmatrix}0\\1\\-1\end{pmatrix}.$$

将 $\boldsymbol{\xi}_1,\boldsymbol{\xi}_2,\boldsymbol{\xi}_3$ 单位化,令

$$\boldsymbol{P}=\begin{pmatrix}1&0&0\\0&\frac{1}{\sqrt{2}}&\frac{1}{\sqrt{2}}\\0&\frac{1}{\sqrt{2}}&-\frac{1}{\sqrt{2}}\end{pmatrix}.$$

则 $\boldsymbol{P}^{-1}\boldsymbol{AP}=\boldsymbol{\Lambda}=\begin{pmatrix}2&&\\&5&\\&&1\end{pmatrix}$ 为对角阵.

例 22 设 $\boldsymbol{A}=\begin{pmatrix}2&-2&0\\-2&1&-2\\0&-2&0\end{pmatrix}$, 求一个正交矩阵 $\boldsymbol{P}$, 使 $\boldsymbol{P}^{-1}\boldsymbol{AP}=\boldsymbol{\Lambda}$ 为对角阵.

解 $|\boldsymbol{A}-\lambda\boldsymbol{E}|=\begin{vmatrix}2-\lambda&-2&0\\-2&1-\lambda&-2\\0&-2&-\lambda\end{vmatrix}=-(\lambda-4)(\lambda-1)(\lambda+2)$.

由 $|\boldsymbol{A}-\lambda\boldsymbol{E}|=0$, 得

$$\lambda_1=1,\lambda_2=-2,\lambda_3=4.$$

当 $\lambda=1$ 时, $\boldsymbol{A}-\lambda\boldsymbol{E}=\begin{pmatrix}1&-2&0\\-2&0&-2\\0&-2&-1\end{pmatrix}\sim\begin{pmatrix}1&0&1\\0&1&\frac{1}{2}\\0&0&0\end{pmatrix}$, 即 $\begin{cases}x_1=-x_3,\\x_2=-\frac{1}{2}x_3.\end{cases}$ 得

$$\boldsymbol{\xi}_1=\begin{pmatrix}2\\1\\-2\end{pmatrix}.$$

当 $\lambda=-2$ 时, $\boldsymbol{A}-\lambda\boldsymbol{E}=\begin{pmatrix}4&-2&0\\-2&3&-2\\0&-2&2\end{pmatrix}\sim\begin{pmatrix}1&0&-\frac{1}{2}\\0&1&-1\\0&0&0\end{pmatrix}$, 即 $\begin{cases}x_1=\frac{1}{2}x_3,\\x_2=x_3.\end{cases}$ 得

$$\boldsymbol{\xi}_2 = \begin{pmatrix} 1 \\ 2 \\ 2 \end{pmatrix}.$$

当 $\lambda = 4$ 时, $\boldsymbol{A} - \lambda\boldsymbol{E} = \begin{pmatrix} -2 & -2 & 0 \\ -2 & -3 & -2 \\ 0 & -2 & -4 \end{pmatrix} \sim \begin{pmatrix} 1 & 0 & -2 \\ 0 & 1 & 2 \\ 0 & 0 & 0 \end{pmatrix}$, 即 $\begin{cases} x_1 = 2x_3, \\ x_2 = -2x_3. \end{cases}$ 得

$$\boldsymbol{\xi}_3 = \begin{pmatrix} -2 \\ 2 \\ -1 \end{pmatrix}.$$

故令

$$\boldsymbol{P} = \begin{pmatrix} \frac{2}{3} & \frac{1}{3} & -\frac{2}{3} \\ \frac{1}{3} & \frac{2}{3} & \frac{2}{3} \\ -\frac{2}{3} & \frac{2}{3} & -\frac{1}{3} \end{pmatrix}.$$

则 $\boldsymbol{P}^{-1}\boldsymbol{A}\boldsymbol{P} = \boldsymbol{\Lambda} = \begin{pmatrix} 1 & & \\ & -2 & \\ & & 4 \end{pmatrix}$ 为对角阵.

例 23　设 3 阶实对称矩阵 $\boldsymbol{A}$ 的特征值为 $\lambda_1 = 1, \lambda_2 = -1, \lambda_3 = 0$, 对应 λ_1, λ_2 的特征向量分别为 $\boldsymbol{p}_1 = \begin{pmatrix} 1 \\ 2 \\ 2 \end{pmatrix}, \boldsymbol{p}_2 = \begin{pmatrix} 2 \\ 1 \\ -2 \end{pmatrix}$, 求 $\boldsymbol{A}$.

解　设 λ_3 对应的特征向量为 $\boldsymbol{p}_3 = \begin{pmatrix} x \\ y \\ z \end{pmatrix}$, 则 $\boldsymbol{p}_3$ 与 $\boldsymbol{p}_1$ 及 $\boldsymbol{p}_2$ 正交, 即

$$\begin{cases} x + 2y + 2z = 0, \\ 2x + y - 2z = 0. \end{cases}$$

解得

$$\boldsymbol{p}_3 = \begin{pmatrix} 2 \\ -2 \\ 1 \end{pmatrix}.$$

将 $\boldsymbol{p}_1,\boldsymbol{p}_2,\boldsymbol{p}_3$ 单位化,得正交阵

$$\boldsymbol{P}=\frac{1}{3}\begin{pmatrix}1&2&2\\2&1&-2\\2&-2&1\end{pmatrix},$$

则

$$\boldsymbol{A}=\boldsymbol{P}\begin{pmatrix}1&&\\&-1&\\&&0\end{pmatrix}\boldsymbol{P}^{-1}=\begin{pmatrix}-\frac{1}{3}&0&\frac{2}{3}\\0&\frac{1}{3}&\frac{2}{3}\\\frac{2}{3}&\frac{2}{3}&0\end{pmatrix}.$$

例 24 设 $\boldsymbol{A}=\begin{pmatrix}2&-1\\-1&2\end{pmatrix}$,求 $\boldsymbol{A}^n$.

解 因为 $\boldsymbol{A}$ 为对称矩阵,故 $\boldsymbol{A}$ 可对角化,即存在可逆阵 $\boldsymbol{P}$,使 $\boldsymbol{P}^{-1}\boldsymbol{A}\boldsymbol{P}=\boldsymbol{\Lambda}$ 为对角阵,即

$$\begin{aligned}&\boldsymbol{A}=\boldsymbol{P}\boldsymbol{\Lambda}\boldsymbol{P}^{-1},\\&\boldsymbol{A}^2=\boldsymbol{P}\boldsymbol{\Lambda}\boldsymbol{P}^{-1}\boldsymbol{P}\boldsymbol{\Lambda}\boldsymbol{P}^{-1}=\boldsymbol{P}\boldsymbol{\Lambda}^2\boldsymbol{P}^{-1},\\&\boldsymbol{A}^3=\boldsymbol{A}^2\boldsymbol{A}=\boldsymbol{P}\boldsymbol{\Lambda}^2\boldsymbol{P}^{-1}\boldsymbol{P}\boldsymbol{\Lambda}\boldsymbol{P}^{-1}=\boldsymbol{P}\boldsymbol{\Lambda}^3\boldsymbol{P}^{-1},\\&\cdots,\\&\boldsymbol{A}^n=\boldsymbol{P}\boldsymbol{\Lambda}^n\boldsymbol{P}^{-1}.\end{aligned}$$

又

$$|\boldsymbol{A}-\lambda\boldsymbol{E}|=\begin{vmatrix}2-\lambda&-1\\-1&2-\lambda\end{vmatrix}=(\lambda-1)(\lambda-3).$$

当 $\lambda=1$ 时,$\boldsymbol{A}-\boldsymbol{E}=\begin{pmatrix}1&-1\\-1&1\end{pmatrix}\sim\begin{pmatrix}1&-1\\0&0\end{pmatrix}$,得 $\boldsymbol{\xi}_1=\begin{pmatrix}1\\1\end{pmatrix}$.

当 $\lambda=3$ 时,$\boldsymbol{A}-3\boldsymbol{E}=\begin{pmatrix}-1&-1\\-1&-1\end{pmatrix}\sim\begin{pmatrix}1&1\\0&0\end{pmatrix}$,得 $\boldsymbol{\xi}_2=\begin{pmatrix}1\\-1\end{pmatrix}$.

故令

$$\boldsymbol{P}=(\boldsymbol{\xi}_1,\boldsymbol{\xi}_2)=\begin{pmatrix}1&1\\1&-1\end{pmatrix},\boldsymbol{P}^{-1}=\frac{1}{2}\begin{pmatrix}1&1\\1&-1\end{pmatrix},$$

且 $\boldsymbol{\Lambda}=\begin{pmatrix}1&\\&3\end{pmatrix}$,$\boldsymbol{\Lambda}^n=\begin{pmatrix}1&\\&3^n\end{pmatrix}$,故

$$A^n = P\Lambda^n P^{-1} = \frac{1}{2}\begin{pmatrix}1 & 1\\1 & -1\end{pmatrix}\begin{pmatrix}1 & \\ & 3^n\end{pmatrix}\begin{pmatrix}1 & 1\\1 & -1\end{pmatrix} = \frac{1}{2}\begin{pmatrix}1+3^n & 1-3^n\\1-3^n & 1+3^n\end{pmatrix}.$$

本章小结

一、基本概念

(1) 向量内积：$[\boldsymbol{x},\boldsymbol{y}] = x_1y_1 + x_2y_2 + \cdots + x_ny_n$.

(2) 向量长度及夹角：$\|\boldsymbol{x}\| = \sqrt{[\boldsymbol{x},\boldsymbol{x}]} = \sqrt{x_1^2 + x_2^2 + \cdots + x_n^2}$，$\theta = \arccos \dfrac{[\boldsymbol{x},\boldsymbol{y}]}{\|\boldsymbol{x}\|\ \|\boldsymbol{y}\|}$.

(3) 正交向量组：一组两两正交的非零向量称为正交向量组.

(4) 规范正交基：如果 $\boldsymbol{e}_1,\boldsymbol{e}_2,\cdots,\boldsymbol{e}_r$ 两两正交，且都是单位向量，则称 $\boldsymbol{e}_1,\boldsymbol{e}_2,\cdots,\boldsymbol{e}_r$ 是 $\boldsymbol{V}$ 的一个规范正交基.

(5) 施密特正交化.

(6) 正交矩阵：如果 n 阶矩阵 $\boldsymbol{A}$ 满足 $\boldsymbol{A}^{\mathrm{T}}\boldsymbol{A} = \boldsymbol{E}$（即 $\boldsymbol{A}^{-1} = \boldsymbol{A}^{\mathrm{T}}$），那么称 $\boldsymbol{A}$ 为正交矩阵.

二、特征值及特征向量

(1) 特征值及特征向量的定义：设 $\boldsymbol{A}$ 是 n 阶矩阵，如果数 λ 和 n 维非零列向量 $\boldsymbol{x}$，有式子 $\boldsymbol{A}\boldsymbol{x} = \lambda\boldsymbol{x}$ 成立，则称数 λ 为矩阵 $\boldsymbol{A}$ 的特征值，非零列向量 $\boldsymbol{x}$ 称为矩阵 $\boldsymbol{A}$ 对应特征值 λ 的特征向量.

(2) 特征值及特征向量的求法.

第一步：计算特征多项式 $|\boldsymbol{A} - \lambda\boldsymbol{E}|$；

第二步：求 $|\boldsymbol{A} - \lambda\boldsymbol{E}| = 0$ 的所有根，即所有特征值；

第三步：对于每一个特征值 λ，求相应的方程组 $(\boldsymbol{A} - \lambda\boldsymbol{E})x = \boldsymbol{0}$ 的基础解系 $\boldsymbol{\alpha}_1,\boldsymbol{\alpha}_2,\cdots,\boldsymbol{\alpha}_r$，则线性组合 $k_1\boldsymbol{\alpha}_1 + k_2\boldsymbol{\alpha}_2 + \cdots + k_r\boldsymbol{\alpha}_r$（其中 $k_1,k_2,\cdots,k_r$ 不全为零）即为对应特征值 λ 的全部特征向量.

(3) 特征值的性质（λ 为 $\boldsymbol{A}$ 的特征值）.

$\boldsymbol{A}$ 与 $\boldsymbol{A}^{\mathrm{T}}$ 有相同的特征值.

$k + \lambda$ 是 $k\boldsymbol{E} + \boldsymbol{A}$ 的特征值.

$k\lambda$ 是 $k\boldsymbol{A}$ 的特征值.

λ^m 是 $\boldsymbol{A}^m$ 的特征值.

当 $\boldsymbol{A}$ 可逆时, $\frac{1}{\lambda}$ 是 $\boldsymbol{A}^{-1}$ 的特征值.

当 $\boldsymbol{A}$ 可逆时, $\frac{|\boldsymbol{A}|}{\lambda}$ 是 $\boldsymbol{A}^*$ 的特征值.

三、矩阵的相似及对角化

(1)矩阵的相似的定义：矩阵 $\boldsymbol{A}$ 与 $\boldsymbol{B}$ 都是 n 阶方阵,如果存在一个可逆矩阵 $\boldsymbol{P}$,使 $\boldsymbol{B}=\boldsymbol{P}^{-1}\boldsymbol{A}\boldsymbol{P}$, 则称 $\boldsymbol{B}$ 是 $\boldsymbol{A}$ 的相似矩阵,记作 $\boldsymbol{A} \sim \boldsymbol{B}$.

(2)矩阵对角化的条件：n 阶方阵 $\boldsymbol{A}$ 可对角化的充分必要条件为 $\boldsymbol{A}$ 有 n 个线性无关的特征向量.

四、实对称矩阵的对角化

(1)实对称矩阵的性质.

特征值为实数.

属于不同特征值的特征向量正交.

特征值的重数与对应的线性无关的特征向量个数相等.

(2)利用正交矩阵化对称矩阵为对角阵的步骤.

第一步：求特征值；第二步：找特征向量；第三步：特征向量正交化；第四步：特征向量单位化得正交阵.

习题四

1. 计算下列向量的内积,并判断是否正交.

(1) $\boldsymbol{\alpha}=(5,-3,-9,4)$,$\boldsymbol{\beta}=(-1,-3,0,1)$.

(2) $\boldsymbol{\alpha}=(-1,0,3,-5)$,$\boldsymbol{\beta}=(4,-2,0,1)$.

(3) $\boldsymbol{\alpha}=(\frac{1}{9},-\frac{8}{9},-\frac{4}{9})$,$\boldsymbol{\beta}=(-\frac{8}{9},\frac{1}{9},-\frac{4}{9})$.

2. 已知 $[\boldsymbol{\alpha},\boldsymbol{\beta}]=2$, $\|\boldsymbol{\beta}\|=1$,$[\boldsymbol{\alpha},\boldsymbol{\gamma}]=2$,$[\boldsymbol{\beta},\boldsymbol{\gamma}]=-1$, 求内积 $[2\boldsymbol{\alpha}+\boldsymbol{\beta},\boldsymbol{\beta}-3\boldsymbol{\gamma}]$.

3. 利用施密特正交化方法把下列向量组正交化.

(1) $\boldsymbol{\alpha}_1=(1,1,1)^{\mathrm{T}},\boldsymbol{\alpha}_2=(1,1,2)^{\mathrm{T}},\boldsymbol{\alpha}_3=(0,4,1)^{\mathrm{T}}$.

(2) $\boldsymbol{\alpha}_1=(1,0,-1,1)^{\mathrm{T}},\boldsymbol{\alpha}_2=(1,-1,0,1)^{\mathrm{T}},\boldsymbol{\alpha}_3=(-1,1,1,0)^{\mathrm{T}}$.

4. 设 $\boldsymbol{x}$ 为 n 维列向量，$\boldsymbol{x}^{\mathrm{T}}\boldsymbol{x}=1$，令 $\boldsymbol{H}=\boldsymbol{E}-2\boldsymbol{x}\boldsymbol{x}^{\mathrm{T}}$．证明 $\boldsymbol{H}$ 是对称的正交矩阵.

5. 设 $\boldsymbol{A}=\begin{pmatrix}7&4&-1\\4&7&-1\\-4&a&4\end{pmatrix}$，12 是 $\boldsymbol{A}$ 的一个特征值，求 $\boldsymbol{A}$ 的其余特征值.

6. 求矩阵的全部特征值和特征向量.

①$\boldsymbol{A}=\begin{pmatrix}2&1\\4&5\end{pmatrix}$．②$\boldsymbol{A}=\begin{pmatrix}-1&2&2\\3&-1&1\\2&2&-1\end{pmatrix}$．③$\boldsymbol{A}=\begin{pmatrix}1&-3&3\\3&-5&3\\6&-6&4\end{pmatrix}$.

④$\boldsymbol{A}=\begin{pmatrix}-1&1&0\\-4&3&0\\1&0&2\end{pmatrix}$．⑤$\boldsymbol{A}=\begin{pmatrix}0&1&1&-1\\1&0&-1&1\\1&-1&0&1\\-1&1&1&0\end{pmatrix}$.

7. 已知 $\boldsymbol{\alpha}=(1,1,-1)^{\mathrm{T}}$ 是矩阵 $\boldsymbol{A}=\begin{pmatrix}2&-1&2\\5&a&3\\-1&b&-2\end{pmatrix}$ 一个特征向量，试确定 a、b 及特征向量 $\boldsymbol{\alpha}$ 对应的特征值.

8. 设 3 阶矩阵 $\boldsymbol{A}$ 的三个特征值为 $\lambda_1=1,\lambda_2=2,\lambda_3=3$，与之对应的特征向量为 $\boldsymbol{\alpha}_1=(2,1,-1)^{\mathrm{T}},\boldsymbol{\alpha}_2=(2,-1,2)^{\mathrm{T}},\boldsymbol{\alpha}_3=(3,0,1)^{\mathrm{T}}$，求矩阵 $\boldsymbol{A}$.

9. 设 3 阶矩阵 $\boldsymbol{A}$ 的三个特征值为 $\lambda_1=1,\lambda_2=-1,\lambda_3=2$，求 $|\boldsymbol{A}^*-\boldsymbol{A}^{-1}+\boldsymbol{A}|$.

10. (1)若 n 阶方阵满足 $\boldsymbol{A}^2=\boldsymbol{A}$，则称 $\boldsymbol{A}$ 为幂等矩阵，试证：幂等矩阵的特征值只可能是 1 或者是零.

(2)若 $\boldsymbol{A}^2=\boldsymbol{E}$，则 $\boldsymbol{A}$ 的特征值只可能是±1.

11. 求正交矩阵 $\boldsymbol{P}$，使 $\boldsymbol{P}^{-1}\boldsymbol{A}\boldsymbol{P}$ 成为对角阵.

①$\boldsymbol{A}=\begin{pmatrix}2&1&0\\1&3&1\\0&1&2\end{pmatrix}$．②$\boldsymbol{A}=\begin{pmatrix}17&-8&4\\-8&17&-4\\4&-4&11\end{pmatrix}$．③$\boldsymbol{A}=\begin{pmatrix}1&-2&0\\-2&2&-2\\0&-2&3\end{pmatrix}$.

④$\boldsymbol{A}=\begin{pmatrix}4&1&0&-1\\1&4&-1&0\\0&-1&4&1\\-1&0&1&4\end{pmatrix}$.

12. 设矩阵 $\boldsymbol{A}=\begin{pmatrix}-2&0&0\\2&x&2\\2&1&1\end{pmatrix}$ 与 $\boldsymbol{B}=\begin{pmatrix}-1&0&0\\0&2&0\\0&0&y\end{pmatrix}$ 相似.

(1)求 x 与 y.

(2)求可逆矩阵 $\boldsymbol{P}$, 使 $\boldsymbol{P}^{-1}\boldsymbol{AP}=\boldsymbol{B}$.

13. 设 $\boldsymbol{A}$ 为 3 阶实对称矩阵, $\lambda_1=8$, $\lambda_2=\lambda_3=2$ 是其特征值,已知对应于 $\lambda_1=8$ 的特征向量 $\boldsymbol{\alpha}_1=\begin{pmatrix}1\\k\\1\end{pmatrix}$, 对应于 $\lambda_2=\lambda_3=2$ 的一个特征向量 $\boldsymbol{\alpha}_2=\begin{pmatrix}-1\\1\\0\end{pmatrix}$, 试求:

(1)参数 k.

(2)对应于 $\lambda_2=\lambda_3=2$ 的另一个特征向量.

(3)矩阵 $\boldsymbol{A}$.

第 5 章　二次型

二次型的研究源于解析几何中的二次曲线和二次曲面等问题，现在二次型在微分几何、经济学、统计学及物理学中都有许多应用、本章重点介绍二次型的一些概念和性质.

在解析几何中，为了便于研究平面上的二次曲线，如

$$x^2+2y^2+2xy=1 \tag{5-1}$$

的性质，我们可以通过适当的线性变换

$$\begin{cases} x=x'-y', \\ y=y'. \end{cases} \tag{5-2}$$

将原曲线方程在新坐标系 $x'Oy'$ 中表示为

$$x'^2+y'^2=1.$$

从而可以更加方便地讨论原曲线的图形及性质.

式(5-1) 的左端是一个二次齐次多项式，从代数的角度研究该问题，化一般二次型为标准形就是用变量的线性变换化简一个二次齐次多项式，使其只含有平方项，从而可以方便地研究其性质. 二次齐次多项式在许多领域都有重要的应用，这一章我们着重介绍它的一些最基本的性质.

5.1　二次型及其矩阵

定义 1　设 $\mathscr{F}$ 是一个数域，$\mathscr{F}$ 上 n 个变量 $x_1,x_2,\cdots,x_n$ 的二次齐次多项式

$$f(x_1,x_2,\cdots,x_n)=a_{11}x_1^2+2a_{12}x_1x_2+\cdots+2a_{1n}x_1x_n+a_{22}x_2^2+\cdots+2a_{2n}x_2x_n+\cdots+a_{nn}x_n^2, \tag{5-3}$$

称之为数域 $\mathscr{F}$ 上的一个 n 元二次型，简称二次型. 若 $a_{ij}\in\mathbf{R}$，则称式(5-3)为实二次型，若 $a_{ij}\in\mathbb{C}$，则称式(5-3)为复二次型. 本章我们仅讨论实二次型.

在讨论二次型时，矩阵是非常有用的工具，为此我们把二次型用矩阵来表示.

在式(5-3)中，令 $a_{ij}=a_{ji}$，由于 $x_ix_j=x_jx_i$，则二次型 f 可以改写成

$$f(x_1,x_2,\cdots,x_n)=a_{11}x_1^2+a_{12}x_1x_2+\cdots+a_{1n}x_1x_n+a_{21}x_2x_1+a_{22}x_2^2+\cdots+a_{2n}x_2x_n+\cdots+a_{n1}x_nx_1+a_{n2}x_nx_2+\cdots+a_{nn}x_n^2.$$

若记

$$\boldsymbol{x}=\begin{pmatrix}x_1\\x_2\\\vdots\\x_n\end{pmatrix},\boldsymbol{A}=\begin{pmatrix}a_{11}&a_{12}&\cdots&a_{1n}\\a_{21}&a_{22}&\cdots&a_{2n}\\\vdots&\vdots&&\vdots\\a_{n1}&a_{n2}&\cdots&a_{nn}\end{pmatrix},$$

则利用矩阵的乘法，容易验证

$$\begin{aligned}\boldsymbol{x}^{\mathrm{T}}\boldsymbol{A}\boldsymbol{x}&=(x_1,x_2,\cdots,x_n)\begin{pmatrix}a_{11}&a_{12}&\cdots&a_{1n}\\a_{21}&a_{22}&\cdots&a_{2n}\\\vdots&\vdots&&\vdots\\a_{n1}&a_{n2}&\cdots&a_{nn}\end{pmatrix}\begin{pmatrix}x_1\\x_2\\\vdots\\x_n\end{pmatrix}\\&=f(x_1,x_2,\cdots,x_n).\end{aligned}$$

从而二次型 f 可以方便地记为

$$f(x_1,x_2,\cdots,x_n)=\boldsymbol{x}^{\mathrm{T}}\boldsymbol{A}\boldsymbol{x}. \tag{5-4}$$

并称之为二次型的矩阵表示，其中 $\boldsymbol{A}$ 为对称矩阵.

定义 2 式(5-4)中的对称矩阵 $\boldsymbol{A}$ 称为二次型的矩阵，矩阵 $\boldsymbol{A}$ 的秩也称为二次型的秩.

例 1 求二次型

$$f(x_1,x_2,x_3)=3x_1^2+2x_2^2+2x_3^2+2x_1x_2-2x_3x_1$$

的矩阵表示.

解 令 $\boldsymbol{x}=\begin{pmatrix}x_1\\x_2\\x_3\end{pmatrix}$，则

$$f(x_1,x_2,x_3)=\boldsymbol{x}^{\mathrm{T}}\boldsymbol{A}\boldsymbol{x},$$

容易求出

$$\boldsymbol{A}=\begin{pmatrix}3&1&-1\\1&2&0\\-1&0&2\end{pmatrix},$$

即有 $\boldsymbol{A}$ 为该二次型的矩阵.

同处理几何问题一样，在处理其他问题时也常常通过线性变换来化简二次型. 为此，首先给出线性变换的概念.

定义 3　设 $x_1, x_2, \cdots, x_n$；$y_1, y_2, \cdots, y_n$ 是两组变量，称系数在数域 $\mathscr{F}$ 中的一组关系式

$$\begin{cases} x_1 = c_{11}y_1 + c_{12}y_2 + \cdots + c_{1n}y_n, \\ x_2 = c_{21}y_1 + c_{22}y_2 + \cdots + c_{2n}y_n, \\ \qquad \cdots\cdots \\ x_n = c_{n1}y_1 + c_{n2}y_2 + \cdots + c_{nn}y_n \end{cases} \tag{5-5}$$

为由 $x_1, x_2, \cdots, x_n$ 到 $y_1, y_2, \cdots, y_n$ 的一个线性变换，简称线性变换，令

$$\boldsymbol{C} = \begin{pmatrix} c_{11} & c_{12} & \cdots & c_{1n} \\ c_{21} & c_{22} & \cdots & c_{2n} \\ \vdots & \vdots & & \vdots \\ c_{n1} & c_{n2} & \cdots & c_{nn} \end{pmatrix},$$

称 $\boldsymbol{C}$ 为该线性变换的矩阵.

若行列式 $|\boldsymbol{C}| = |(c_{ij})_{n\times n}| \neq 0$，则称该线性变换为非退化线性变换或非奇异线性变换. 若 $|\boldsymbol{C}| = |(c_{ij})_{n\times n}| = 0$，则称该线性变换为退化线性变换或奇异线性变换.

不难看出，若把式（5-5）代入式（5-3），则得到 $y_1, y_2, \cdots, y_n$ 的二次齐次多项式. 即线性变换把二次型变成另一个二次型. 研究二次型在非退化线性变换下的变化情况是本章研究的主要内容.

令 $\boldsymbol{y} = \begin{pmatrix} y_1 \\ y_2 \\ \vdots \\ y_n \end{pmatrix}$，则线性变换式（5-5）可以改写为

$$\begin{pmatrix} x_1 \\ x_2 \\ \vdots \\ x_n \end{pmatrix} = \begin{pmatrix} c_{11} & c_{12} & \cdots & c_{1n} \\ c_{21} & c_{22} & \cdots & c_{2n} \\ \vdots & \vdots & & \vdots \\ c_{n1} & c_{n2} & \cdots & c_{nn} \end{pmatrix} \begin{pmatrix} y_1 \\ y_2 \\ \vdots \\ y_n \end{pmatrix}.$$

即 $\boldsymbol{x} = \boldsymbol{C}\boldsymbol{y}$.

现在我们来看一下，变换后的新二次型与原来的二次型之间有什么关系.

设 $f(x_1,x_2,\cdots,x_n) = \boldsymbol{x}^{\mathrm{T}}\boldsymbol{A}\boldsymbol{x}$ 是一个二次型，作非退化线性变换 $\boldsymbol{x}=\boldsymbol{C}\boldsymbol{y}$，则得到关于 $y_1,y_2,\cdots,y_n$ 的一个二次型 $\boldsymbol{y}^{\mathrm{T}}\boldsymbol{B}\boldsymbol{y}$，则

$$f(x_1,x_2,\cdots,x_n) = \boldsymbol{x}^{\mathrm{T}}\boldsymbol{A}\boldsymbol{x} = (\boldsymbol{C}\boldsymbol{y})^{\mathrm{T}}\boldsymbol{A}(\boldsymbol{C}\boldsymbol{y}) = \boldsymbol{y}^{\mathrm{T}}\boldsymbol{C}^{\mathrm{T}}\boldsymbol{A}\boldsymbol{C}\boldsymbol{y} = \boldsymbol{y}^{\mathrm{T}}(\boldsymbol{C}^{\mathrm{T}}\boldsymbol{A}\boldsymbol{C})\boldsymbol{y} = \boldsymbol{y}^{\mathrm{T}}\boldsymbol{B}\boldsymbol{y}.$$

显然，$\boldsymbol{C}^{\mathrm{T}}\boldsymbol{A}\boldsymbol{C}$ 也是对称矩阵. 事实上，

$$(\boldsymbol{C}^{\mathrm{T}}\boldsymbol{A}\boldsymbol{C})^{\mathrm{T}} = \boldsymbol{C}^{\mathrm{T}}\boldsymbol{A}^{\mathrm{T}}(\boldsymbol{C}^{\mathrm{T}})^{\mathrm{T}} = \boldsymbol{C}^{\mathrm{T}}\boldsymbol{A}\boldsymbol{C}.$$

因此，易得

$$\boldsymbol{B} = \boldsymbol{C}^{\mathrm{T}}\boldsymbol{A}\boldsymbol{C}$$

为新二次型的矩阵. 为此，我们给出如下定义.

定义 4 设 $\boldsymbol{A}$ 和 $\boldsymbol{B}$ 为数域 $\mathscr{F}$ 上的 n 阶方阵，若存在数域 $\mathscr{F}$ 上的 n 阶可逆矩阵 $\boldsymbol{C}$，使得

$$\boldsymbol{B} = \boldsymbol{C}^{\mathrm{T}}\boldsymbol{A}\boldsymbol{C},$$

则称 $\boldsymbol{A}$ 合同于 $\boldsymbol{B}$，$\boldsymbol{C}$ 为 $\boldsymbol{A}$ 到 $\boldsymbol{B}$ 的合同变换矩阵.

合同是矩阵之间的一个关系. 容易验证，合同关系具有下述三个性质：

(1) 自反性：$\boldsymbol{A}$ 与 $\boldsymbol{A}$ 合同.

(2) 对称性：若 $\boldsymbol{A}$ 与 $\boldsymbol{B}$ 合同，则 $\boldsymbol{B}$ 与 $\boldsymbol{A}$ 合同.

(3) 传递性：若 $\boldsymbol{A}$ 与 $\boldsymbol{B}$ 合同，$\boldsymbol{B}$ 与 $\boldsymbol{C}$ 合同，则 $\boldsymbol{A}$ 与 $\boldsymbol{C}$ 合同.

因此，经过非退化线性变换，新二次型的矩阵与原二次型的矩阵是合同的. 从而，可以把二次型的变换通过矩阵来表示，为我们以下的讨论提供了有力简洁的工具.

另外需要说明的是，在做二次型变换时，总是要求所做的线性变换为非退化的. 从几何的观点来解释，这一要求是非常自然的，因为坐标变换都是非退化的. 一般而言，当线性变换

$$\boldsymbol{x} = \boldsymbol{C}\boldsymbol{y}$$

是非退化时，容易得到

$$\boldsymbol{y} = \boldsymbol{C}^{-1}\boldsymbol{x},$$

这也是一个线性变换，它可以把所得的新二次型还原. 这样就可以方便地从所得的二次型的性质推知原二次型的一些性质.

5.2 二次型的标准形

现在讨论用非退化的线性变换来化简二次型的问题.

定义5 二次型$f(x_1,x_2,\cdots,x_n)$经过非退化线性变换后,得到一个只含变量平方项的二次型$d_1y_1^2+d_2y_2^2+\cdots+d_ny_n^2$,称为原二次型的标准形.

可以认为,二次型中最简单的一种形式是只含有平方项的二次型. 本节我们重点讨论如何通过非退化线性变换来化二次型为标准形. 事实上,化二次型为标准形,就是针对二次型的矩阵$\boldsymbol{A}$,寻找合同变换矩阵$\boldsymbol{C}$,使$\boldsymbol{C}^{\mathrm{T}}\boldsymbol{AC}$为对角矩阵. 下面给出化二次型为标准形的三个常用的方法.

5.2.1 正交变换法

定理1 任意一个实二次型都可以经过非退化线性变换化成标准形.

证 设$\boldsymbol{A}$为实二次型$f(x_1,x_2,\cdots,x_n)$的矩阵,则存在正交矩阵$\boldsymbol{C}$,使得

$$\boldsymbol{C}^{-1}\boldsymbol{AC}=\boldsymbol{C}^{\mathrm{T}}\boldsymbol{AC}=\mathrm{diag}\{\lambda_1,\lambda_2,\cdots,\lambda_n\},$$

即正交矩阵$\boldsymbol{C}$将实对称矩阵$\boldsymbol{A}$合同变换为实对角矩阵. 从而非退化线性变换$\boldsymbol{x}=\boldsymbol{Cy}$将化为标准形,即

$$\begin{aligned}f(x_1,x_2,\cdots,x_n)&=\boldsymbol{x}^{\mathrm{T}}\boldsymbol{Ax}=(\boldsymbol{Cy})^{\mathrm{T}}\boldsymbol{A}(\boldsymbol{Cy})=\boldsymbol{y}^{\mathrm{T}}\boldsymbol{C}^{\mathrm{T}}\boldsymbol{ACy}=\boldsymbol{y}^{\mathrm{T}}(\boldsymbol{C}^{\mathrm{T}}\boldsymbol{AC})\boldsymbol{y}\\&=\boldsymbol{y}^{\mathrm{T}}\mathrm{diag}\{\lambda_1,\lambda_2,\cdots,\lambda_n\}\boldsymbol{y}=\lambda_1y_1^2+\lambda_2y_2^2+\cdots+\lambda_ny_n^2.\end{aligned}$$

推论1 任意一个实对称矩阵都合同于一个对角矩阵.

定理1的证明过程可得到实二次型化为标准形的最自然的方法,即用正交变换将实对称矩阵对角化的方法. 这种方法我们称为**正交变换法**. 这种方法的标准计算步骤就是将实对称矩阵化为对角矩阵的过程.

例2 已知二次型

$$f(x_1,x_2,x_3)=x_1^2+2x_2^2+2x_3^2-2x_1x_2+2x_3x_1+4x_2x_3,$$

将该二次型化为标准形,并给出相应的线性变换.

解 该二次型的矩阵为

$$A=\begin{pmatrix}1 & -1 & 1\\ -1 & 2 & 2\\ 1 & 2 & 2\end{pmatrix}.$$

相应的特征多项式为

$$|A-\lambda E|=\begin{vmatrix}1-\lambda & -1 & 1\\ -1 & 2-\lambda & 2\\ 1 & 2 & 2-\lambda\end{vmatrix}=-(\lambda+1)(\lambda-2)(\lambda-4),$$

求得 A 的特征值为 $\lambda_1=-1,\lambda_2=2,\lambda_3=4$.

当 $\lambda_1=-1$ 时，可以求得单位特征向量 $\eta_1=\frac{1}{\sqrt{3}}\begin{pmatrix}1\\1\\-1\end{pmatrix}$.

当 $\lambda_2=2$ 时，可以求得单位特征向量 $\eta_2=\frac{1}{\sqrt{6}}\begin{pmatrix}2\\-1\\1\end{pmatrix}$.

当 $\lambda_3=4$ 时，可以求得单位特征向量 $\eta_3=\frac{1}{\sqrt{2}}\begin{pmatrix}0\\1\\1\end{pmatrix}$.

令

$$C=(\eta_1,\eta_2,\eta_3)=\begin{pmatrix}\frac{1}{\sqrt{3}} & \frac{2}{\sqrt{6}} & 0\\ \frac{1}{\sqrt{3}} & -\frac{1}{\sqrt{6}} & \frac{1}{\sqrt{2}}\\ -\frac{1}{\sqrt{3}} & \frac{1}{\sqrt{6}} & \frac{1}{\sqrt{2}}\end{pmatrix},$$

则有

$$C^{T}C=E,C^{T}AC=\operatorname{diag}\{-1,2,4\},$$

故存在线性变换

$$\begin{cases}x_1=\frac{1}{\sqrt{3}}y_1+\frac{2}{\sqrt{6}}y_2,\\ x_2=\frac{1}{\sqrt{3}}y_1-\frac{1}{\sqrt{6}}y_2+\frac{1}{\sqrt{2}}y_3,\\ x_3=-\frac{1}{\sqrt{3}}y_1+\frac{1}{\sqrt{6}}y_2+\frac{1}{\sqrt{2}}y_3,\end{cases}$$

将原二次型化为标准形

$$g(y_1,y_2,y_3)=-y_1^2+2y_2^2+4y_3^2.$$

例 3 已知实二次型

$$f(x_1,x_2,x_3)=x_1^2+x_2^2+x_3^2+4x_1x_2+4x_1x_3+4x_2x_3,$$

将其化为标准形，并给出相应的线性变换.

解 二次型的矩阵为

$$\boldsymbol{A}=\begin{pmatrix}1&2&2\\2&1&2\\2&2&1\end{pmatrix}.$$

相应的特征多项式为

$$|\boldsymbol{A}-\lambda\boldsymbol{E}|=\begin{vmatrix}1-\lambda&2&2\\2&1-\lambda&2\\2&2&1-\lambda\end{vmatrix}=-(\lambda+1)^2(\lambda-5),$$

于是 $\boldsymbol{A}$ 的特征值为 $\lambda_1=\lambda_2=-1,\lambda_3=5$.

当 $\lambda_1=\lambda_2=-1$ 时，解 $(\boldsymbol{A}+\boldsymbol{E})\boldsymbol{x}=0$，得基础解系为

$$\boldsymbol{\xi}_1=\begin{pmatrix}-1\\0\\1\end{pmatrix},\boldsymbol{\xi}_2=\begin{pmatrix}-1\\1\\0\end{pmatrix},$$

将 $\boldsymbol{\xi}_1,\boldsymbol{\xi}_2$ 单位正交化，得

$$\boldsymbol{\eta}_1=\frac{1}{\sqrt{2}}\begin{pmatrix}-1\\0\\1\end{pmatrix},\boldsymbol{\eta}_2=\frac{1}{\sqrt{6}}\begin{pmatrix}-1\\2\\-1\end{pmatrix}.$$

当 $\lambda_3=5$ 时，解$(\boldsymbol{A}-5\boldsymbol{E})\times\infty$得基础解系为

$$\boldsymbol{\xi}_3=\begin{pmatrix}1\\1\\1\end{pmatrix},$$

将 $\boldsymbol{\xi}_3$ 单位化，得

$$\boldsymbol{\eta}_3=\frac{1}{\sqrt{3}}\begin{pmatrix}1\\1\\1\end{pmatrix}.$$

令

$$C=(\boldsymbol{\eta}_1,\boldsymbol{\eta}_2,\boldsymbol{\eta}_3)=\begin{pmatrix} -\frac{1}{\sqrt{2}} & -\frac{1}{\sqrt{6}} & \frac{1}{\sqrt{3}} \\ 0 & \frac{2}{\sqrt{6}} & \frac{1}{\sqrt{3}} \\ \frac{1}{\sqrt{2}} & -\frac{1}{\sqrt{6}} & \frac{1}{\sqrt{3}} \end{pmatrix}.$$

则有

$$C^{\mathrm{T}}C=E, C^{\mathrm{T}}AC=\mathrm{diag}\{-1,-1,5\}.$$

故存在线性变换

$$\begin{cases} x_1=-\frac{1}{\sqrt{2}}y_1-\frac{1}{\sqrt{6}}y_2+\frac{1}{\sqrt{3}}y_3, \\ x_2=\frac{2}{\sqrt{6}}y_2+\frac{1}{\sqrt{3}}y_3, \\ x_3=\frac{1}{\sqrt{2}}y_1-\frac{1}{\sqrt{6}}y_2+\frac{1}{\sqrt{3}}y_3, \end{cases}$$

将原二次型化为标准形

$$g(y_1,y_2,y_3)=-y_1^2-y_2^2+5y_3^2.$$

5.2.2 配方法

用正交变换化二次型为标准形，具有保持几何形状不变的优点. 如果不限于正交变换，还可以用配方法.

设二次型为

$$f(x_1,x_2,\cdots,x_n)=a_{11}x_1^2+2a_{12}x_1x_2+\cdots+2a_{1n}x_1x_n+a_{22}x_2^2+\cdots+2a_{2n}x_2x_n+\cdots+a_{nn}x_n^2.$$

情形 1 式中有系数非零的平方项，例如 $a_{11}\neq 0$，则

$$f(x_1,x_2,\cdots,x_n)=a_{11}\left(x_1+\sum_{j=2}^{n}a_{11}^{-1}a_{1j}x_j\right)^2+\sum_{i=2}^{n}\sum_{j=2}^{n}b_{ij}x_ix_j,$$

其中

$$\sum_{i=2}^{n}\sum_{j=2}^{n}b_{ij}x_ix_j=-a_{11}^{-1}\left(\sum_{j=2}^{n}a_{1j}x_j\right)^2+\sum_{i=2}^{n}\sum_{j=2}^{n}a_{ij}x_ix_j$$

是关于 $x_2,x_3,\cdots,x_n$ 的二次型.

令

$$\begin{cases} x_1 = y_1 - \sum_{j=2}^{n} a_{11}^{-1} a_{1j} y_j, \\ x_2 = y_2, \\ \cdots\cdots \\ x_n = y_n. \end{cases}$$

这是一个非退化的线性变换，则有

$$f(x_1, x_2, \cdots, x_n) = a_{11} y_1^2 + \sum_{i=2}^{n} \sum_{j=2}^{n} b_{ij} x_i x_j .$$

情形2 式中无系数非零的平方项，即 $a_{ii} = 0$，但是至少有一个 a_{1j} 满足 $a_{1j} \neq 0(j > 1)$. 不失一般性，不妨设 $a_{12} \neq 0$.

令

$$\begin{cases} x_1 = y_1 + y_2, \\ x_2 = y_1 - y_2, \\ x_3 = y_3, \\ \cdots\cdots \\ x_n = y_n. \end{cases}$$

这是非退化线性变换，且使

$$\begin{aligned} f(x_1, x_2, \cdots, x_n) &= 2a_{12} x_1 x_2 + \cdots \\ &= 2a_{12} y_1^2 - 2a_{12} y_2^2 + \cdots . \end{aligned}$$

这就可将原式化为含有 y_1, y_2 平方项的式子，又归结为第一种情形. 重复对以上两种可能出现的情形进行处理，最终通过有限次配方即可得到标准形.

例4 用配方法将例1中的二次型

$$f(x_1, x_2, x_3) = x_1^2 + 2x_2^2 + 2x_3^2 - 2x_1 x_2 + 2x_3 x_1 + 4x_2 x_3$$

化为标准形，并给出相应的线性变换.

解 先将含 x_1 的项配方，有

$$\begin{aligned} f(x_1, x_2, x_3) &= (x_1 - x_2 + x_3)^2 + x_2^2 + x_3^2 + 6x_2 x_3 \\ &= (x_1 - x_2 + x_3)^2 + (x_2 + 3x_3)^2 - 8x_3^2. \end{aligned}$$

令

$$\begin{cases} y_1 = x_1 - x_2 + x_3, \\ y_2 = x_2 + 3x_3, \\ y_3 = x_3, \end{cases}$$

则

$$g(y_1, y_2, y_3) = y_1^2 + y_2^2 - 8y_3^2,$$

所用的线性变换为

$$\begin{cases} x_1 = y_1 + y_2 - 4y_3, \\ x_2 = y_2 - 3y_3, \\ x_3 = y_3. \end{cases}$$

例 5 用配方法化二次型

$$f(x_1, x_2, x_3) = 2x_1x_2 - 2x_1x_3 + 4x_2x_3$$

为标准形，并指出所用的线性变换.

解 因为 f 中没有平方项，先作一个辅助变换使其出现平方项，令

$$\begin{cases} x_1 = y_1 + y_2, \\ x_2 = y_1 - y_2, \\ x_3 = y_3, \end{cases}$$

则

$$\begin{aligned} f(x_1, x_2, x_3) &= 2x_1x_2 - 2x_1x_3 + 4x_2x_3 \\ &= 2(y_1 + y_2)(y_1 - y_2) - 2(y_1 + y_2)y_3 + 4(y_1 - y_2)y_3 \\ &= 2y_1^2 - 2y_2^2 - 2y_1y_3 - 2y_2y_3 + 4y_1y_3 - 4y_2y_3 \\ &= 2y_1^2 - 2y_2^2 + 2y_1y_3 - 6y_2y_3 \\ &= 2\left(y_1 + \frac{1}{2}y_3\right)^2 - 2\left(y_2 + \frac{3}{2}y_3\right)^2 + 4y_3^2. \end{aligned}$$

令

$$\begin{cases} z_1 = y_1 + \dfrac{1}{2}y_3, \\ z_2 = y_2 + \dfrac{3}{2}y_3, \\ z_3 = y_3, \end{cases}$$

从而可得原二次型的标准形为

$$g(z_1,z_2,z_3)=2z_1^2-2z_2^2+4z_3^2\ ,$$

所用的线性变换为

$$\begin{cases}x_1=z_1+z_2-2z_3,\\x_2=z_1-z_2+z_3,\\x_3=z_3.\end{cases}$$

5.2.3 初等变换法

定理 1 表明任意一个实二次型都可以经过非退化线性变换化成标准形. 即存在可逆矩阵 $\boldsymbol{C}$, 使 $\boldsymbol{C}^{\mathrm{T}}\boldsymbol{AC}$ 为对角矩阵. 而任意一个可逆矩阵都可以分解为若干初等矩阵之积, 从而可以得到如下定理.

定理 2 设 $\boldsymbol{A}$ 为实对称矩阵, 则一定存在一系列的初等矩阵 $\boldsymbol{P}_1,\boldsymbol{P}_2,\cdots,\boldsymbol{P}_s$, 使得

$$\boldsymbol{P}_s^{\mathrm{T}}\boldsymbol{P}_{s-1}^{\mathrm{T}}\cdots\boldsymbol{P}_1^{\mathrm{T}}\boldsymbol{A}\boldsymbol{P}_1\boldsymbol{P}_2\cdots\boldsymbol{P}_s=\mathrm{diag}\{d_1,d_2,\cdots,d_n\}\ .$$

注 令 $\boldsymbol{C}=\boldsymbol{P}_1\boldsymbol{P}_2\cdots\boldsymbol{P}_s$, 定理 2 表明对 $\boldsymbol{A}$ 施行一系列同类初等行变换和列变换而得到对角矩阵 $\boldsymbol{\Lambda}$, 而 $\boldsymbol{C}=\boldsymbol{E}\boldsymbol{P}_1\boldsymbol{P}_2\cdots\boldsymbol{P}_s$, 即相应地将这一系列的初等列变换施加于单位矩阵 $\boldsymbol{E}$, 就得到可逆矩阵 $\boldsymbol{C}$.

令

$$\boldsymbol{x}=\boldsymbol{C}\boldsymbol{y}\ ,$$

则将原二次型化为标准形,即

$$\boldsymbol{x}^{\mathrm{T}}\boldsymbol{A}\boldsymbol{x}=f(\boldsymbol{x})=f(\boldsymbol{cy})=g(\boldsymbol{y})=\boldsymbol{y}^{\mathrm{T}}\boldsymbol{\Lambda}\boldsymbol{y}\ .$$

例 6 用初等变换法将例 1 中的二次型化为标准形并指出所用的线性变换.

解 该二次型的矩阵为

$$\boldsymbol{A}=\begin{pmatrix}1&-1&1\\-1&2&2\\1&2&2\end{pmatrix}.$$

于是

$$\begin{pmatrix}\boldsymbol{A}\\\boldsymbol{E}\end{pmatrix}=\begin{pmatrix}1&-1&1\\-1&2&2\\1&2&2\\1&0&0\\0&1&0\\0&0&1\end{pmatrix}\xrightarrow[c_3-c_1]{c_2+c_1}\begin{pmatrix}1&0&0\\-1&1&3\\1&3&1\\1&1&-1\\0&1&0\\0&0&1\end{pmatrix}\xrightarrow[r_3-r_1]{r_2+r_1}\begin{pmatrix}1&0&0\\0&1&3\\0&3&1\\1&1&-4\\0&1&-3\\0&0&1\end{pmatrix}$$

$$\xrightarrow{c_3 - 3c_2} \begin{pmatrix} 1 & 0 & 0 \\ 0 & 1 & 0 \\ 0 & 3 & -8 \\ 1 & 1 & -4 \\ 0 & 1 & -3 \\ 0 & 0 & 1 \end{pmatrix} \xrightarrow{r_3 - 3r_2} \begin{pmatrix} 1 & 0 & 0 \\ 0 & 1 & 0 \\ 0 & 0 & -8 \\ 1 & 1 & -4 \\ 0 & 1 & -3 \\ 0 & 0 & 1 \end{pmatrix}.$$

令

$$\boldsymbol{C} = \begin{pmatrix} 1 & 1 & -4 \\ 0 & 1 & -3 \\ 0 & 0 & 1 \end{pmatrix},$$

则所求的可逆线性变换为 $\boldsymbol{x} = \boldsymbol{C}\boldsymbol{y}$, 将原二次型化为

$$g(y_1, y_2, y_3) = y_1^2 + y_2^2 - 8y_3^2.$$

比较例 1 和例 5 的结果可以发现, 用不同的非退化线性变换化二次型为标准形, 其标准形一般是不同的, 但不同的标准形中, 非零平方项的项数是相同的, 都等于二次型的秩. 另外, 标准形中正负平方项的个数也是相同的, 这点将在下一节具体研究.

5.3 二次型的规范形

上节我们用不同的方法将二次型化为标准形, 可以采用不同的非退化线性变换, 所得到的标准形也不相同, 即二次型的标准形不唯一. 我们希望确定一个最简标准形, 并且是唯一的, 这就是所谓的二次型的规范形.

定义 6 二次型 $f(x_1, x_2, \cdots, x_n)$ 经过非退化线性变换后得到如下形式的二次型

$$z_1^2 + \cdots + z_p^2 - z_{p+1}^2 - \cdots - z_r^2 (r \leqslant n),$$

称之为原二次型的规范形, r 为该二次型的秩.

显然, 规范形完全由 r, p 所确定.

定理 3 任意一个实二次型, 经过适当的非退化线性变换可以变成规范形, 且规范形是唯一的.

证 设二次型 $\boldsymbol{A}$ 的秩为 r, 则存在可逆矩阵 $\boldsymbol{C}$, 使得

$$C^{\mathrm{T}}AC = \mathrm{diag}\{b_{11}, b_{12}, \cdots, b_{pp}, b_{p+1,p+1}, \cdots, b_{rr}, 0, \cdots, 0\} = \Lambda,$$

其中

$$b_{11}, b_{12}, \cdots, b_{pp} > 0, b_{p+1,p+1}, \cdots, b_{rr} < 0.$$

令 $b_{11} = s_1^2, \cdots, b_{pp} = s_p^2, b_{p+1,p+1} = -s_{p+1}^2, \cdots, b_{rr} = -s_r^2$，其中 $s_i>0, i=1,\cdots,r$，取

$$D = C\mathrm{diag}\left\{\frac{1}{s_1}, \cdots, \frac{1}{s_r}, 1, \cdots, 1\right\},$$

则有

$$\begin{aligned} D^{\mathrm{T}}AD &= \mathrm{diag}\left\{\frac{1}{s_1}, \cdots, \frac{1}{s_r}, 1, \cdots, 1\right\} C^{\mathrm{T}}AC\, \mathrm{diag}\left\{\frac{1}{s_1}, \cdots, \frac{1}{s_r}, 1, \cdots, 1\right\} \\ &= \mathrm{diag}\left\{\frac{1}{s_1}, \cdots, \frac{1}{s_r}, 1, \cdots, 1\right\} \Lambda \mathrm{diag}\left\{\frac{1}{s_1}, \cdots, \frac{1}{s_r}, 1, \cdots, 1\right\} \\ &= \mathrm{diag}\{E_p, -E_{r-p}, O_{n-r}\}. \end{aligned}$$

下证唯一性.

设实二次型 $f(x_1, x_2, \cdots, x_n)$ 经过非退化线性变换 $x = By$ 和 $x = Cz$ 分别化为规范形

$$f(x_1, x_2, \cdots, x_n) = y_1^2 + \cdots + y_p^2 - y_{p+1}^2 - \cdots - y_r^2,$$
$$f(x_1, x_2, \cdots, x_n) = z_1^2 + \cdots + z_q^2 - z_{q+1}^2 - \cdots - z_r^2.$$

现只需证明 $p = q$ 即可.

用反证法. 不妨假设 $p > q$，则

$$y_1^2 + \cdots + y_p^2 - y_{p+1}^2 - \cdots - y_r^2 = z_1^2 + \cdots + z_q^2 - z_{q+1}^2 - \cdots - z_r^2, \tag{5-6}$$

其中 $z = C^{-1}By$.

令

$$G = C^{-1}B = \begin{pmatrix} g_{11} & g_{12} & \cdots & g_{1n} \\ g_{21} & g_{22} & \cdots & g_{2n} \\ \vdots & \vdots & & \vdots \\ g_{n1} & g_{n2} & \cdots & g_{nn} \end{pmatrix}.$$

即

$$\begin{cases} z_1 = g_{11}y_1 + g_{12}y_2 + \cdots + g_{1n}y_n, \\ z_2 = g_{21}y_1 + g_{22}y_2 + \cdots + g_{2n}y_n, \\ \qquad\cdots\cdots \\ z_n = g_{n1}y_1 + g_{n2}y_2 + \cdots + g_{nn}y_n. \end{cases}$$

考虑齐次线性方程组

$$\begin{cases} g_{11}y_1 + g_{12}y_2 + \cdots + g_{1n}y_n = 0, \\ \qquad\cdots\cdots \\ g_{q1}y_1 + g_{q2}y_2 + \cdots + g_{qn}y_n = 0, \\ y_{p+1} = 0, \\ \qquad\cdots\cdots \\ y_n = 0. \end{cases}$$

该方程组含有 n 个未知量，而含有 $q+(n-p)$ 个方程,且

$$q + (n - p) = n - (p - q) < n,$$

则上述方程组有非零解. 令

$$(y_1, \cdots, y_p, y_{p+1}, \cdots, y_n) = (k_1, \cdots, k_p, k_{p+1}, \cdots, k_n).$$

是方程组的一个非零解. 显然,

$$k_{p+1} = \cdots = k_n = 0,$$

因此,

$$k_1^2 + \cdots + k_p^2 > 0.$$

又由式(5-6)右端,可知

$$z_1 = \cdots = z_q = 0,$$

从而

$$-z_{q+1}^2 - \cdots - z_r^2 \leqslant 0.$$

这与式(5-6)左端大于零相矛盾，从而假设 $p > q$ 不成立. 因此 $p \leqslant q$.

同理可证 $q \leqslant p$. 所以有

$$p = q.$$

这就证明了规范形的唯一性.

定义 7 在实二次型 $f(x_1, x_2, \cdots, x_n)$ 的规范形中，正平方项的个数 p 称为二次型的正惯性指数；负平方项的个数 $r - p$ 称为负惯性指数. 其中 r 为二次型的秩.

从而定理 3 通常称为惯性定理.

注 因为实二次型矩阵 $\boldsymbol{A}$, 存在正交矩阵 $\boldsymbol{C}$, 使 $\boldsymbol{C}^{\mathrm{T}}\boldsymbol{A}\boldsymbol{C} = \mathrm{diag}(\lambda_1, \lambda_2, \cdots, \lambda_n)$, 且 $\lambda_1, \lambda_2, \cdots, \lambda_n$ 是 $\boldsymbol{A}$ 的所有特征值. 所以正惯性指数为 $\boldsymbol{A}$ 的正特征值的个数，负惯性指数为 $\boldsymbol{A}$ 的负特征值的个数，秩为 $\boldsymbol{A}$ 的非零特征值个数.

例 7 求二次型

$$f(x_1, x_2, x_3) = x_1^2 + 2x_2^2 - x_3^2 + 2x_1x_2 - 4x_1x_3 + 6x_2x_3$$

的惯性指数.

解 该二次型的矩阵为

$$A=\begin{pmatrix}1&1&-2\\1&2&3\\-2&3&-1\end{pmatrix}.$$

对A用初等变换法求该二次型的惯性指数.

$$\begin{pmatrix}1&1&-2\\1&2&3\\-2&3&-1\end{pmatrix}\xrightarrow[c_3+2c_1]{c_2-c_1}\begin{pmatrix}1&0&0\\1&1&5\\-2&5&-5\end{pmatrix}\xrightarrow[r_3+2r_1]{r_2-r_1}\begin{pmatrix}1&0&0\\0&1&5\\0&5&-5\end{pmatrix}$$

$$\xrightarrow{c_3-5c_2}\begin{pmatrix}1&0&0\\0&1&0\\0&5&-30\end{pmatrix}\xrightarrow{r_3-5r_2}\begin{pmatrix}1&0&0\\0&1&0\\0&0&-30\end{pmatrix}.$$

故正惯性指数为2, 负惯性指数为1.

例8 求实二次型

$$f(x_1,x_2,x_3)=x_1^2-2x_2^2-2x_3^2-4x_1x_2+4x_1x_3+8x_2x_3$$

的惯性指数.

解 易知该二次型的矩阵为

$$A=\begin{pmatrix}1&-2&2\\-2&-2&4\\2&4&-2\end{pmatrix}.$$

A的特征多项式为

$$|A-\lambda E|=\begin{vmatrix}1-\lambda&-2&2\\-2&-2-\lambda&4\\2&4&-2-\lambda\end{vmatrix}=-(\lambda+7)(\lambda-2)^2,$$

于是A的特征值为$\lambda_1=-7$, $\lambda_2=\lambda_3=2$. 故该二次型的正惯性指数为2, 负惯性指数为1.

5.4 正定二次型

在实二次型中, 正定二次型占有特殊的地位, 这类二次型及其矩阵在抽象空间的度量方面有着重要的应用.

定义 8 设有二次型 $f(\boldsymbol{x})=\boldsymbol{x}^{\mathrm{T}}\boldsymbol{A}\boldsymbol{x}$, 如果对任意的 $\boldsymbol{x}\neq\boldsymbol{0}$, 都有 $f(\boldsymbol{x})>0(\geqslant 0)$, 则称 f 为正定(半正定)二次型, 并称对称矩阵 $\boldsymbol{A}$ 为正定(半正定)矩阵; 如果对对任意的 $\boldsymbol{x}\neq\boldsymbol{0}$, 都有 $f(\boldsymbol{x})<0(\leqslant 0)$, 则称 f 为负定(半负定)二次型, 并称矩阵 $\boldsymbol{A}$ 为负定(半负定)矩阵.

定理 4 实二次型 $f(x_1,x_2,\cdots,x_n)$ 正定的充分必要条件为它的正惯性指数为 n.

证 设二次型 $f(x_1,x_2,\cdots,x_n)$ 经过非退化线性变换 $\boldsymbol{x}=\boldsymbol{C}\boldsymbol{y}$ 变为

$$d_1y_1^2+d_2y_2^2+\cdots+d_ny_n^2, \tag{5-7}$$

而二次型 $f(x_1,x_2,\cdots,x_n)$ 正定当且仅当(5-7)正定, 而(5-7)正定的充分必要条件为 $d_i>0(i=1,2,\cdots,n)$, 即正惯性指数为 n.

我们可以直接从二次型的矩阵来判别这个二次型是不是正定的, 可以通过下面的方式来解决这个问题.

定义 9 称矩阵 $\boldsymbol{A}=(a_{ij})_{n\times n}$ 的左上角 i 行 i 列 $(1\leqslant i\leqslant n)$ 构成的行列式

$$\begin{vmatrix} a_{11} & a_{12} & \cdots & a_{1n} \\ a_{21} & a_{22} & \cdots & a_{2n} \\ \vdots & \vdots & & \vdots \\ a_{i1} & a_{i2} & \cdots & a_{in} \end{vmatrix} \quad (i=1,2,\cdots,n),$$

为 $\boldsymbol{A}$ 的 i 阶顺序主子式.

如 $\boldsymbol{A}$ 的 1 阶顺序主子式为 a_{11}, 2 阶顺序主子式为 $\begin{vmatrix} a_{11} & a_{12} \\ a_{21} & a_{22} \end{vmatrix}$,……

定理 5 实二次型 $f(x_1,x_2,\cdots,x_n)=\boldsymbol{x}^{\mathrm{T}}\boldsymbol{A}\boldsymbol{x}$ 正定的充分必要条件为矩阵 $\boldsymbol{A}$ 的各阶顺序主子式全为正; 负定的充分必要条件为奇数阶顺序主子式为负, 偶数阶顺序主子式为正.

这个定理称为霍尔维茨定理(Hurwitz)定理(证明略).

例 9 判定二次型

$$f(x_1,x_2,x_3)=2x_1^2+5x_2^2+5x_3^2+4x_1x_2-4x_1x_3-8x_2x_3$$

的正定性.

解 (法 1)该二次型的矩阵为

$$\boldsymbol{A}=\begin{pmatrix} 2 & 2 & -2 \\ 2 & 5 & -4 \\ -2 & -4 & 5 \end{pmatrix}.$$

对 **A** 用初等变换法,即

$$\begin{pmatrix} 2 & 2 & -2 \\ 2 & 5 & -4 \\ -2 & -4 & 5 \end{pmatrix} \xrightarrow[c_3+c_1]{c_2-c_1} \begin{pmatrix} 2 & 0 & 0 \\ 2 & 3 & -2 \\ -2 & -2 & 3 \end{pmatrix} \xrightarrow[r_3+r_1]{r_2-r_1} \begin{pmatrix} 2 & 0 & 0 \\ 0 & 3 & -2 \\ 0 & -2 & 3 \end{pmatrix}$$

$$\xrightarrow{c_3+\frac{2}{3}c_2} \begin{pmatrix} 2 & 0 & 0 \\ 0 & 3 & 0 \\ 0 & -2 & \frac{5}{3} \end{pmatrix} \xrightarrow{r_3+\frac{2}{3}r_2} \begin{pmatrix} 2 & 0 & 0 \\ 0 & 3 & 0 \\ 0 & 0 & \frac{5}{3} \end{pmatrix}.$$

从而该二次型的正惯性指数为 3, 从而该二次型正定.

(法 2)二次型矩阵为

$$\boldsymbol{A}=\begin{pmatrix} 2 & 2 & -2 \\ 2 & 5 & -4 \\ -2 & -4 & 5 \end{pmatrix}.$$

它的各阶顺序主子式为

$$2>0, \begin{vmatrix} 2 & 2 \\ 2 & 5 \end{vmatrix}=6>0, \begin{vmatrix} 2 & 2 & -2 \\ 2 & 5 & -4 \\ -2 & -4 & 5 \end{vmatrix}=10>0.$$

因此该二次型为正定二次型.

例 10 判定二次型

$$f(x_1,x_2,x_3)=-5x_1^2-6x_2^2-4x_3^2+4x_1x_2+4x_1x_3$$

的正定性.

解 (法 1)二次型的矩阵为

$$\boldsymbol{A}=\begin{pmatrix} -5 & 2 & 2 \\ 2 & -6 & 0 \\ 2 & 0 & -4 \end{pmatrix}.$$

对 **A** 用初等变换法,即

$$\begin{pmatrix} -5 & 2 & 2 \\ 2 & -6 & 0 \\ 2 & 0 & -4 \end{pmatrix} \xrightarrow[c_3+\frac{2}{5}c_1]{c_2+\frac{2}{5}c_1} \begin{pmatrix} -5 & 0 & 0 \\ 2 & -\frac{26}{5} & \frac{4}{5} \\ 2 & \frac{4}{5} & -\frac{16}{5} \end{pmatrix} \xrightarrow[r_3+\frac{2}{5}r_1]{r_2+\frac{2}{5}r_1} \begin{pmatrix} -5 & 0 & 0 \\ 0 & -\frac{26}{5} & \frac{4}{5} \\ 0 & \frac{4}{5} & -\frac{16}{5} \end{pmatrix}$$

$$\xrightarrow{c_3+\frac{2}{13}c_2}\begin{pmatrix}-5 & 0 & 0\\ 0 & -\frac{26}{5} & 0\\ 0 & \frac{4}{5} & -\frac{40}{13}\end{pmatrix}\xrightarrow{r_3+\frac{2}{13}r_2}\begin{pmatrix}-5 & 0 & 0\\ 0 & -\frac{26}{5} & 0\\ 0 & 0 & -\frac{40}{13}\end{pmatrix}.$$

从而该二次型的负惯性指数为 3, 从而该二次型为负定二次型.

(法 2) 二次型的矩阵为

$$\boldsymbol{A}=\begin{pmatrix}-5 & 2 & 2\\ 2 & -6 & 0\\ 2 & 0 & -4\end{pmatrix}.$$

下面求 $\boldsymbol{A}$ 的各阶顺序主子式:

$$a_{11}=-5<0,\begin{vmatrix}-5 & 2\\ 2 & -6\end{vmatrix}=26>0,\begin{vmatrix}-5 & 2 & 2\\ 2 & -6 & 0\\ 2 & 0 & -4\end{vmatrix}=-80<0.$$

从而由定理 2,知该二次型负定.

例 11 证明:若实对称矩阵 $\boldsymbol{A}$ 满足 $(\boldsymbol{A}-2\boldsymbol{E})(\boldsymbol{A}-3\boldsymbol{E})=\boldsymbol{O}$, 则 $\boldsymbol{A}$ 正定.

证 展开 $(\boldsymbol{A}-2\boldsymbol{E})(\boldsymbol{A}-3\boldsymbol{E})=\boldsymbol{O}$,可得

$$\boldsymbol{A}^2-5\boldsymbol{A}+6\boldsymbol{E}=\boldsymbol{O}.$$

设 λ 为 $\boldsymbol{A}$ 的特征值, $\boldsymbol{\xi}$ 是 $\boldsymbol{A}$ 的对应于特征值 λ 的特征向量, 则有

$$(\boldsymbol{A}^2-5\boldsymbol{A}+6\boldsymbol{E})\boldsymbol{\xi}=(\lambda^2-5\lambda+6)\boldsymbol{\xi}=\boldsymbol{0}.$$

从而

$$(\lambda^2-5\lambda+6)=(\lambda-2)(\lambda-3)=0.$$

即 $\boldsymbol{A}$ 的特征值为 2 或 3, 因此 $\boldsymbol{A}$ 的特征值全部都大于零, 从而 $\boldsymbol{A}$ 正定.

本章小结

本章讨论的主要内容有二次型、二次型化为标准形、正定二次型及其判定.

为了研究几何学中的二次曲线和二次曲面,引入了二次型的概念, 同时为了讨论二次型的方便, 给出了二次型的矩阵以及二次型的秩等概念. 详细地讨论了二次

型化为标准形的方法. 我们着重介绍了三种方法.

1. **正交变换法**. 其步骤与实对称矩阵通过正交变换化为对角形是一致的，并且正交变换具有保持几何形状不变的优点，而且标准形中平方项的系数是二次型矩阵 $\boldsymbol{A}$ 的特征值.

2. **配方法**. 若二次型中含有某一变量的平方项，则先把含有该变量的平方项配方成关于此变量的完全平方，并对余下的变量也做类似的处理，经过非退化的线性变换，可以得到标准形；若二次型不含有平方项且至少有一交叉项的系数非零，则可以先作一个可逆的线性变换使其出现平方项，再按上述平方项的情形处理即可.

3. **初等变换法**. 因为任意一个实二次型都可以经过非退化线性变换化成标准形，而对二次型的矩阵 $\boldsymbol{A}$ 施行一系列的初等行变换和列变换而得到对角矩阵，同时这一系列的初等列变换施加于初等矩阵 $\boldsymbol{E}$ 就可以得到非退化线性变换矩阵.

二次型的标准形，可以通过不同的非退化线性变换得到，但是不同的线性变换得到的标准形不一定是相同的，即二次型的标准形不是唯一的. 若要得到最简的标准形，则可以通过适当的线性变换得到唯一的最简标准形，即二次型的规范形. 给出了二次型化为规范形的方法以及由此引入了二次型的惯性指数等概念.

最后介绍了二次型的正定性以及正定性的判别方法等内容. 引入了二次型矩阵的顺序主子式等概念，给出了两种常见的判定二次型正定性的方法.

习题五

1. 写出下列二次型 f 的矩阵 $\boldsymbol{A}$.

(1) $f(x_1,x_2,x_3)=2x_1^2-x_2^2+5x_3^2-6x_1x_2-8x_1x_3+4x_2x_3$.

(2) $f(x_1,x_2,x_3,x_4)=x_1^2-2x_2^2+x_3^2-x_4^2-8x_1x_2+4x_1x_3+6x_2x_3-4x_1x_4+2x_2x_4-4x_3x_4$.

(3) $f(x_1,x_2,\cdots,x_n)=\sum\limits_{i=1}^{n}x_i^2+\sum\limits_{1\leqslant i<j\leqslant n}x_ix_j$.

(4) $f(x_1,x_2,\cdots,x_n)=\sum\limits_{i=1}^{n}x_i^2-2\sum\limits_{i=1}^{n-1}x_ix_{i+1}$.

(5) $f(x_1,x_2,x_3)=(a_1x_1+a_2x_2+a_3x_3)^2$.

2. 用正交变换法化下列二次型为标准形，并求相应的正交变换.

(1) $f(x_1,x_2,x_3)=2x_1^2+3x_2^2+3x_3^2+4x_2x_3$.

(2) $f(x_1,x_2,x_3)=2x_1^2+x_2^2-4x_1x_2-4x_2x_3$.

(3) $f(x_1,x_2,x_3)=2x_1x_2+2x_2x_3+2x_3x_1$.

3. 用配方法求非退化线性变换，将下列二次型化为标准形，并给出相应的可逆线性变换.

(1) $f(x_1,x_2,x_3)=3x_1^2+2x_2^2+x_3^2-2x_1x_2+4x_1x_3$.

(2) $f(x_1,x_2,x_3)=2x_1x_2-2x_2x_3+4x_3x_1$.

(3) $f(x_1,x_2,x_3,x_4)=x_1^2+x_2^2+x_3^2+x_4^2+2x_1x_2-2x_2x_3-2x_1x_4+2x_3x_4$.

4. 用初等变换法将下列二次型化为标准形，并给出相应的可逆线性变换的矩阵.

(1) $f(x_1,x_2,x_3)=2x_2^2-x_3^2+4x_1x_2-4x_2x_3-4x_3x_1$.

(2) $f(x_1,x_2,x_3)=2x_1^2+3x_2^2+3x_3^2+4x_2x_3$.

(3) $f(x_1,x_2,x_3)=x_1^2+4x_2^2+9x_3^2+4x_1x_2-6x_3x_1$.

(4) $f(x_1,x_2,x_3)=-4x_1x_2+2x_2x_3+2x_3x_1$.

5. 设 n 阶实对称矩阵 $\boldsymbol{A}$ 的秩为 r，且满足 $\boldsymbol{A}^2=\boldsymbol{A}$，求

(1) 二次型 $\boldsymbol{x}^{\mathrm{T}}\boldsymbol{A}\boldsymbol{x}$ 的标准形.

(2) 行列式 $|\boldsymbol{E}+\boldsymbol{A}+\boldsymbol{A}^2+\cdots+\boldsymbol{A}^n|$ 的值.

6. 求下列二次型的惯性指数.

(1) $f(x_1,x_2,x_3)=x_1^2+x_2^2-2x_3^2+4x_1x_2+2x_2x_3-4x_3x_1$.

(2) $f(x_1,x_2,\cdots,x_n)=\sum\limits_{i=1}^{n}x_i^2+2\sum\limits_{1\leqslant i<j\leqslant n}x_ix_j$.

7. 判别下列二次型的正定性.

(1) $f(x_1,x_2,x_3)=x_1^2+2x_2^2+6x_3^2+2x_1x_2+2x_2x_3-2x_1x_3$.

(2) $f(x_1,x_2,x_3)=-2x_1^2-6x_2^2-4x_3^2+2x_1x_2+2x_3x_1$.

8. 设 $\boldsymbol{A}$ 为正定矩阵，证明：$\boldsymbol{A}^{\mathrm{T}},\boldsymbol{A}^{-1},\boldsymbol{A}^*$ 也必为正定矩阵.

9. 讨论 t 取何值时，下列二次型为正定的.

(1) $f(x_1,x_2,x_3)=t(x_1^2+x_2^2+x_3^2)+2(x_1x_2-x_2x_3+x_3x_1)$.

(2) $f(x_1,x_2,x_3)=x_1^2+x_2^2+5x_3^2+2tx_1x_2+4x_2x_3-2x_1x_3$.

10. 设 $\boldsymbol{A}$ 为实对称矩阵，且满足 $\boldsymbol{A}^3-5\boldsymbol{A}^2+7\boldsymbol{A}-3\boldsymbol{E}=\boldsymbol{O}$，证明：$\boldsymbol{A}$ 是正定矩阵.

第 6 章　线性空间与线性变换

线性空间是线性代数中的一个基本概念. 这一章将给出它的定义及一些简单的性质,并介绍线性空间上一种重要的对应关系——线性变换和线性变换所对应的矩阵.

6.1　线性空间的定义与性质

定义 1　设 V 是一个非空集合, $\mathbf{R}$ 是实数域. 如果在 V 中可以定义加法,即对 V 中任意两个元素 $\boldsymbol{\alpha},\boldsymbol{\beta}$, 按照一确定的规律而对应了唯一的一个元素 $\boldsymbol{\gamma} \in V$, 则称 $\boldsymbol{\gamma}$ 为元素 $\boldsymbol{\alpha}$ 和 $\boldsymbol{\beta}$ 的和,记作 $\boldsymbol{\gamma}=\boldsymbol{\alpha}+\boldsymbol{\beta}$; 又对于任一实数 $\lambda \in \mathbf{R}$, 与任一元素 $\boldsymbol{\alpha} \in V$, 按照一确定的规律对应了 V 中唯一的一个元素 $\boldsymbol{\delta} \in V$, 则称 $\boldsymbol{\delta}$ 为元素 $\boldsymbol{\alpha}$ 和数 λ 的积,记作 $\boldsymbol{\delta}=\lambda\boldsymbol{\alpha}$. 并且这两种运算满足以下八条运算规律:对一切元素 $\boldsymbol{\alpha},\boldsymbol{\beta},\boldsymbol{\gamma} \in V$; $\lambda,\mu \in \mathbf{R}$, 有

(1) $\boldsymbol{\alpha}+\boldsymbol{\beta}=\boldsymbol{\beta}+\boldsymbol{\alpha}$.

(2) $(\boldsymbol{\alpha}+\boldsymbol{\beta})+\boldsymbol{\gamma}=\boldsymbol{\alpha}+(\boldsymbol{\beta}+\boldsymbol{\gamma})$.

(3) 存在一个元素 $\mathbf{0} \in V$, 使得对任意 $\boldsymbol{\alpha} \in V$ 都有 $\boldsymbol{\alpha}+\mathbf{0}=\boldsymbol{\alpha}$, 此元素 $\mathbf{0}$ 称为 V 中的零元素.

(4) 对任意的 $\boldsymbol{\alpha} \in V$, 都存在元素 $\boldsymbol{\beta} \in V$, 使得 $\boldsymbol{\alpha}+\boldsymbol{\beta}=\mathbf{0}$, 称元素 $\boldsymbol{\beta}$ 为 $\boldsymbol{\alpha}$ 的一个负元素;

(5) $1\boldsymbol{\alpha}=\boldsymbol{\alpha}$.

(6) $\lambda(\mu\boldsymbol{\alpha})=(\lambda\mu)\boldsymbol{\alpha}$.

(7) $(\lambda+\mu)\boldsymbol{\alpha}=\lambda\boldsymbol{\alpha}+\mu\boldsymbol{\alpha}$.

(8) $\lambda(\boldsymbol{\alpha}+\boldsymbol{\beta})=\lambda\boldsymbol{\alpha}+\lambda\boldsymbol{\beta}$.

则称 V 为实数域 $\mathbf{R}$ 上的线性空间, $\mathbf{R}$ 中的元素不论其本来的性质如何,统称为(实)

向量.

凡是满足以上这八条运算规律的加法和数乘运算,就称为**线性运算**;凡是定义了线性运算的集合,就称为**线性空间**.

特别地,如果线性空间 V 只含有一个元素,则这个元素必为零元素. 此时称 V 为零空间.

下面举例加以解释.

例 1 三维几何空间中的全体向量构成的集合 V, 关于向量加法与实数和向量的数乘构成一个实数域 $\mathbf{R}$ 上的线性空间.

例 2 实数域 $\mathbf{R}$ 上次数不超过 n 的多项式的全体,记作 $P[x]_n$, 即

$$P[x]_n = \{a_nx^n + \cdots + a_1x + a_0 \mid a_n, a_{n-1}, \cdots, a_1, a_0 \in \mathbf{R}\} .$$

对于通常的多项式加法和多项式的数乘满足 $\mathbf{R}$ 上的线性运算,所以 $P[x]_n$ 构成了 $\mathbf{R}$ 上的线性空间.

例 3 $m \times n$ 矩阵全体记为 $M^{m\times n}$, 即 $M^{m\times n} = \{\boldsymbol{A} \mid \boldsymbol{A}$ 为 $m \times n$ 矩阵$\}$.

容易验证 $M^{m\times n}$ 对于矩阵的加法和数乘运算满足线性空间定义中的八条运算规律,所以 $M^{m\times n}$ 构成了实数域 $\mathbf{R}$ 上的线性空间.

例 4 n 个有序实数组成的数组的全体

$$S^m = \{\boldsymbol{x} = (x_1, x_2, \cdots, x_m)^{\mathrm{T}} \mid x_1, x_2, \cdots, x_m \in \mathbf{R}\},$$

其加法运算为通常的有序数组的加法,乘法定义如下:

$$k \circ (x_1, x_2, \cdots, x_m)^{\mathrm{T}} = (0, 0, \cdots 0)^{\mathrm{T}} (k \in \mathbf{R}).$$

则 S^m 不构成线性空间. 因为 $1 \circ \boldsymbol{x} = \boldsymbol{0}$, 不满足运算规律第(5)条,即所定义的运算不是线性运算,所以 S^m 不是线性空间.

值得注意的是,此例中,集合 S^m 中的元素关于加法和数乘运算都是封闭的,但不满足运算规律第(5)条. 这说明验证一个集合是否构成一个线性空间,不能只验证集合对所定义的加法与数乘运算是否封闭.

例 5 $\mathbf{R}^+$ 是由全体正实数所构成的集合,其加法和数乘运算定义如下

$$a \oplus b = ab (a, b \in \mathbf{R}^+), k \circ a = a^k (k \in \mathbf{R}, a \in \mathbf{R}^+).$$

验证 $\mathbf{R}^+$ 对上述加法和数乘构成线性空间.

证 首先验证加法和数乘运算是否封闭.

对加法封闭:对任意的 $a, b \in \mathbf{R}^+$, 有 $a \oplus b = ab \in \mathbf{R}^+$.

对数乘封闭:对任意的 $k \in \mathbf{R}, a \in \mathbf{R}^+$, 有 $k \circ a = a^k \in \mathbf{R}^+$.

再验证八条运算规律:

(1) $a \oplus b = ab = ba = b \oplus a$.

(2) $(a \oplus b) \oplus c = (ab) \oplus c = (ab)c = a(bc) = a \oplus (b \oplus c)$.

(3) $\mathbf{R}^+$ 中存在零元素 1, 对任意 $a \in \mathbf{R}^+$, 有 $a \oplus 1 = a \cdot 1 = a$.

(4)对任意 $a \in \mathbf{R}^+$, 有负元素 $a^{-1} \in \mathbf{R}^+$, 使 $a \oplus a^{-1} = aa^{-1} = 1$.

(5) $1 \circ a = a^1 = a$.

(6) $\lambda \circ (\mu \circ a) = \lambda \circ a^{\mu} = (a^{\mu})^{\lambda} = a^{\lambda\mu} = (\lambda\mu) \circ a$.

(7) $(\lambda + \mu) \circ a = a^{\lambda+\mu} = a^{\lambda} a^{\mu} = a^{\lambda} \oplus a^{\mu} = \lambda \circ a \oplus \mu \circ a$.

(8) $\lambda \circ (a \oplus b) = \lambda \circ (ab) = (ab)^{\lambda} = a^{\lambda} b^{\lambda} = a^{\lambda} \oplus b^{\lambda} = \lambda \circ a \oplus \lambda \circ b$.

因此, $\mathbf{R}^+$ 对于所定义的运算构成线性空间.

下面讨论线性空间的性质.

性质 1 零元素是唯一的.

证 设 $\mathbf{0}_1, \mathbf{0}_2$ 是线性空间 V 中的两个零元素,则 $\mathbf{0}_1 = \mathbf{0}_1 + \mathbf{0}_2 = \mathbf{0}_2 + \mathbf{0}_1 = \mathbf{0}_2$.

性质 2 任一元素的负元素是唯一的. $\boldsymbol{\alpha}$ 的负元素记作 $-\boldsymbol{\alpha}$.

证 设 $\boldsymbol{\beta}, \boldsymbol{\gamma}$ 是 $\boldsymbol{\alpha}$ 的两个负元素,则

$$\boldsymbol{\beta} = \boldsymbol{\beta} + \mathbf{0} = \boldsymbol{\beta} + (\boldsymbol{\alpha} + \boldsymbol{\gamma}) = (\boldsymbol{\beta} + \boldsymbol{\alpha}) + \boldsymbol{\gamma} = \mathbf{0} + \boldsymbol{\gamma} = \boldsymbol{\gamma}.$$

性质 3 $0\boldsymbol{\alpha} = \mathbf{0}$; $(-1)\boldsymbol{\alpha} = -\boldsymbol{\alpha}$; $\lambda\mathbf{0} = \mathbf{0}$.

证 因为 $\boldsymbol{\alpha} + 0\boldsymbol{\alpha} = 1\boldsymbol{\alpha} + 0\boldsymbol{\alpha} = (1+0)\boldsymbol{\alpha} = 1\boldsymbol{\alpha} = \boldsymbol{\alpha}$, 所以 $0\boldsymbol{\alpha} = \mathbf{0}$.

因为 $\boldsymbol{\alpha} + (-1)\boldsymbol{\alpha} = 1\boldsymbol{\alpha} + (-1)\boldsymbol{\alpha} = [1 + (-1)]\boldsymbol{\alpha} = 0\boldsymbol{\alpha} = \mathbf{0}$, 所以, $(-1)\boldsymbol{\alpha} = -\boldsymbol{\alpha}$.

又 $\lambda\mathbf{0} = \lambda[\boldsymbol{\alpha} + (-\boldsymbol{\alpha})] = \lambda\boldsymbol{\alpha} + (-\lambda)\boldsymbol{\alpha} = \lambda\boldsymbol{\alpha} - \lambda\boldsymbol{\alpha} = \mathbf{0}$.

性质 4 若 $\lambda\boldsymbol{\alpha} = \mathbf{0}$, 则 $\lambda = 0$ 或 $\boldsymbol{\alpha} = \mathbf{0}$.

证 若 $\lambda \neq 0$, 在 $\lambda\boldsymbol{\alpha} = \mathbf{0}$ 两边同乘以 $\frac{1}{\lambda}$, 得 $\frac{1}{\lambda}(\lambda\boldsymbol{\alpha}) = \frac{1}{\lambda}\mathbf{0} = \mathbf{0}$. 而 $\frac{1}{\lambda}(\lambda\boldsymbol{\alpha}) = 1\boldsymbol{\alpha} = \boldsymbol{\alpha}$, 故 $\boldsymbol{\alpha} = \mathbf{0}$.

定义 2 设 V 是 $\mathbf{R}$ 上的一个线性空间, L 是 V 的一个非空子集. 如果 L 对于 V 中所定义的加法和数乘两种运算也构成一个线性空间,则称 L 为 V 的子空间.

例 6 任何线性空间至少都有两个子空间,一个是它自身 $V \subseteq V$; 另一个是 $\boldsymbol{W} = \{\mathbf{0}\}$, 称为**零子空间**.

下面给出子空间的判定定理.

定理 1 线性空间 V 的非空子集 L 构成子空间的充要条件是 L 对于 V 中的线性运算是封闭的,即

(1)若 $\boldsymbol{\alpha}, \boldsymbol{\beta} \in L$, 则 $\boldsymbol{\alpha} + \boldsymbol{\beta} \in L$.

(2)若 $\boldsymbol{\alpha} \in L, k \in \mathbf{R}$, 则 $k\boldsymbol{\alpha} \in L$.

例 7 $M^{3\times3}$ 的下列子集是否构成子空间？为什么？

(1)由所有行列式为 0 的矩阵组成的集合 M_1.

(2)由所有下三角矩阵组成的集合 M_2.

解 (1)取 $\boldsymbol{A} = \begin{pmatrix} 1 & 0 & 0 \\ 0 & 1 & 0 \\ 0 & 0 & 0 \end{pmatrix}, \boldsymbol{B} = \begin{pmatrix} 0 & 0 & 0 \\ 0 & 0 & 0 \\ 0 & 0 & 1 \end{pmatrix}$, 则 $|\boldsymbol{A}| = 0 = |\boldsymbol{B}|$. 但

$$|\boldsymbol{A} + \boldsymbol{B}| = \begin{vmatrix} 1 & 0 & 0 \\ 0 & 1 & 0 \\ 0 & 0 & 1 \end{vmatrix} = 1 \neq 0,$$

所以集合 M_1 关于矩阵的加法运算不封闭,故 M_1 不是 $M^{3\times3}$ 的子空间.

(2)集合 M_2 关于矩阵的加法和数乘封闭,故 M_2 是 $M^{3\times3}$ 的子空间.

定理 2 设 L_1, L_2 是线性空间 V 的子空间,则有

(1) L_1 与 L_2 的交集 $L_1 \cap L_2 = \{\boldsymbol{\alpha} \mid \boldsymbol{\alpha} \in L_1 \text{ 且 } \boldsymbol{\alpha} \in L_2\}$ 是 V 的子空间,称为 L_1 与 L_2 的**交空间**.

(2) L_1 与 L_2 和定义为 $L_1 + L_2 = \{\boldsymbol{\alpha} \mid \boldsymbol{\alpha} = \boldsymbol{\alpha}_1 + \boldsymbol{\alpha}_2, \boldsymbol{\alpha}_1 \in L_1, \boldsymbol{\alpha}_2 \in L_2\}$, 则 $L_1 + L_2$ 是 V 的子空间,称为 L_1 与 L_2 的**和空间**.

证 (1)证 $L_1 \cap L_2$ 是子空间. 首先, $\mathbf{0} \in L_1 \cap L_2$, 所以 $L_1 \cap L_2$ 非空,设 $\boldsymbol{\alpha}, \boldsymbol{\beta} \in L_1 \cap L_2$, 则因 $\boldsymbol{\alpha}, \boldsymbol{\beta} \in L_1$, 故 $\boldsymbol{\alpha} + \boldsymbol{\beta} \in L_1$; 同理 $\boldsymbol{\alpha} + \boldsymbol{\beta} \in L_2$. 于是 $\boldsymbol{\alpha} + \boldsymbol{\beta} \in L_1 \cap L_2$.

又对任一 $\boldsymbol{\alpha} \in L_1 \cap L_2$ 及任一 $k \in \mathbf{R}$, 因 $\boldsymbol{\alpha} \in L_1$, 则 $k\boldsymbol{\alpha} \in L_1$; 同理 $k\boldsymbol{\alpha} \in L_2$. 于是 $k\boldsymbol{\alpha} \in L_1 \cap L_2$.

由定理 1, $L_1 \cap L_2$ 是 V 的子空间.

(2)证 $L_1 + L_2$ 是子空间. 首先, $\mathbf{0} \in L_1 + L_2$, 故 $L_1 + L_2$ 非空. 若 $\boldsymbol{\alpha}, \boldsymbol{\beta} \in L_1 + L_2$, 则有

$$\boldsymbol{\alpha} = \boldsymbol{\alpha}_1 + \boldsymbol{\alpha}_2 \ (\boldsymbol{\alpha}_1 \in L_1, \boldsymbol{\alpha}_2 \in L_2),$$

$$\boldsymbol{\beta} = \boldsymbol{\beta}_1 + \boldsymbol{\beta}_2 \ (\boldsymbol{\beta}_1 \in L_1, \boldsymbol{\beta}_2 \in L_2),$$

于是有 $\boldsymbol{\alpha} + \boldsymbol{\beta} = (\boldsymbol{\alpha}_1 + \boldsymbol{\beta}_1) + (\boldsymbol{\alpha}_2 + \boldsymbol{\beta}_2)$, 其中 $\boldsymbol{\alpha}_1 + \boldsymbol{\beta}_1 \in L_1, \boldsymbol{\alpha}_2 + \boldsymbol{\beta}_2 \in L_2$, 故 $\boldsymbol{\alpha} + \boldsymbol{\beta} \in L_1 + L_2$.

又对任一 $\boldsymbol{\alpha} \in L_1 + L_2$, 任一 $k \in \mathbf{R}$, 因

$$\boldsymbol{\alpha} = \boldsymbol{\alpha}_1 + \boldsymbol{\alpha}_2 \ (\boldsymbol{\alpha}_1 \in L_1, \boldsymbol{\alpha}_2 \in L_2),$$

则 $k\boldsymbol{\alpha} = k\boldsymbol{\alpha}_1 + k\boldsymbol{\alpha}_2$, 其中 $k\boldsymbol{\alpha}_1 \in L_1, k\boldsymbol{\alpha}_2 \in L_2$, 即 $k\boldsymbol{\alpha} \in L_1 + L_2$. 再由定理 1,知 $L_1 + L_2$

是 V 的子空间.

例 8　验证三维向量集合 $L_1=\{(x,y,z)^{\mathrm T}\mid x=0\}$ 和 $L_2=\{(x,y,z)^{\mathrm T}\mid x+y+z=1\}$ 都是线性空间 $\mathbf{R}^3$ 的子空间,并求 L_1+L_2 和 $L_1\cap L_2$.

解　先验证 L_1 和 L_2 是 $\mathbf{R}^3$ 的子空间. 设任意的向量 $(x_1,y_1,z_1)^{\mathrm T},(x_2,y_2,z_2)^{\mathrm T}\in L_1$, 则有 $x_1=0,x_2=0$, 因此 $x_1+x_2=0$, 从而有

$$(x_1,y_1,z_1)^{\mathrm T}+(x_2,y_2,z_2)^{\mathrm T}=(x_1+x_2,y_1+y_2,z_1+z_2)^{\mathrm T}\in L_1.$$

对任意的 $k\in\mathbf{R}$, 任意的 $(x_1,y_1,z_1)^{\mathrm T}\in L_1$, 其中 $x_1=0$, 显然有 $k(x_1,y_1,z_1)^{\mathrm T}\in L_1$.

从而证得集合 L_1 是 $\mathbf{R}^3$ 的子空间.

类似地,可证集合 L_2 也是 $\mathbf{R}^3$ 的子空间.

对任意元素 $\boldsymbol{\alpha}=(a,b,c)^{\mathrm T}\in\mathbf{R}^3$,有

$$\boldsymbol{\alpha}=(0,b-y,c+a+y-1)^{\mathrm T}+(a,y,1-a-y)^{\mathrm T}\in L_1+L_2,$$

故 $L_1+L_2=\mathbf{R}^3$,且

$$\begin{aligned}L_1\cap L_2&=\{(x,y,z)^{\mathrm T}\mid(x,y,z)^{\mathrm T}\in L_1\text{ 且}(x,y,z)^{\mathrm T}\in L_2\}\\&=\{(x,y,z)^{\mathrm T}\mid x=0\text{且 }x+y+z=1\}\\&=\{(x,y,z)^{\mathrm T}\mid x=0\text{且 }y+z=1\}\\&=\{(0,y,z)^{\mathrm T}\mid y+z=1\}.\end{aligned}$$

6.2　线性空间的基、维数与坐标

在第 3 章中我们讨论了 n 维数组向量之间的关系,并介绍了一些重要概念. 由于这些概念及有关性质只涉及到线性运算,因此对于一般的线性空间中的元素仍然实用,所以我们可类似地在线性空间定义向量的线性相关、线性无关、极大线性无关组等概念,同时将第 3 章中 n 维数组向量与上述概念相关的性质平移到线性空间. 以后我们将直接引用这些概念和性质.

定义 3　设 V 是线性空间,如果存在 n 个元素 $\boldsymbol{\alpha}_1,\boldsymbol{\alpha}_2,\cdots,\boldsymbol{\alpha}_n$, 满足:

(1) $\boldsymbol{\alpha}_1,\boldsymbol{\alpha}_2,\cdots,\boldsymbol{\alpha}_n$ 线性无关.

(2) V 中任意元素 $\boldsymbol{\alpha}$ 都可以由 $\boldsymbol{\alpha}_1,\boldsymbol{\alpha}_2,\cdots,\boldsymbol{\alpha}_n$ 线性表示.

则称 $\boldsymbol{\alpha}_1,\boldsymbol{\alpha}_2,\cdots,\boldsymbol{\alpha}_n$ 是线性空间 V 的一个基. 基中所含向量的个数 n 称为 V 的维数,记

为 $\dim V = n$，并规定零空间 $\{\mathbf{0}\}$ 的维数为 0. 维数为 n 的线性空间称为 n 维线性空间,记作 V_n.

若线性空间 V 的维数是有限的,则称 V 是**有限维线性空间**;否则称 V 为**无限维线性空间**. 对于无限维线性空间本书不作讨论.

若 $\boldsymbol{\alpha}_1,\boldsymbol{\alpha}_2,\cdots,\boldsymbol{\alpha}_n$ 是 V_n 的一组基,则对任意 $\boldsymbol{\alpha}\in V_n$，都有一组有序数 $x_1,x_2,\cdots,x_n$，使

$$\boldsymbol{\alpha}=x_1\boldsymbol{\alpha}_1+x_2\boldsymbol{\alpha}_2+\cdots+x_n\boldsymbol{\alpha}_n,$$

并且这组数是唯一的. 反之,任给一组有序数 $x_1,x_2,\cdots,x_n$，总有唯一的元素 $\boldsymbol{\alpha}\in V_n$，使

$$\boldsymbol{\alpha}=x_1\boldsymbol{\alpha}_1+x_2\boldsymbol{\alpha}_2+\cdots+x_n\boldsymbol{\alpha}_n.$$

这样 V_n 中的元素 $\boldsymbol{\alpha}$ 与有序数组 $(x_1,x_2,\cdots,x_n)$ 之间存在着一种一一对应的关系,因此可以用这组有序数组来表示元素 $\boldsymbol{\alpha}$. 于是有如下定义.

定义 4 设 $\boldsymbol{\alpha}_1,\boldsymbol{\alpha}_2,\cdots,\boldsymbol{\alpha}_n$ 是线性空间 V_n 的一个基,对于任一元素 $\boldsymbol{\alpha}\in V_n$，若有且仅有一组有序数 $x_1,x_2,\cdots,x_n$，使

$$\boldsymbol{\alpha}=x_1\boldsymbol{\alpha}_1+x_2\boldsymbol{\alpha}_2+\cdots+x_n\boldsymbol{\alpha}_n,$$

则称有序数组 $x_1,x_2,\cdots,x_n$ 为元素 $\boldsymbol{\alpha}$ 在基 $\boldsymbol{\alpha}_1,\boldsymbol{\alpha}_2,\cdots,\boldsymbol{\alpha}_n$ 下的坐标,并记作

$$(x_1,x_2,\cdots,x_n)^{\mathrm{T}}.$$

例 9 求齐次线性方程组

$$\begin{cases}x_1+x_2+x_3+4x_4-3x_5=0,\\2x_1+x_2+3x_3+5x_4-5x_5=0,\\x_1-x_2+3x_3-2x_4-x_5=0,\\3x_1+x_2+5x_3+6x_4-7x_5=0.\end{cases}$$

的通解并判断解向量组是否构成线性空间. 若是,求其一个基和维数.

解 对方程组的系数矩阵进行初等行变换.

$$\boldsymbol{A}=\begin{pmatrix}1&1&1&4&-3\\2&1&3&5&-5\\1&-1&3&-2&-1\\3&1&5&6&-7\end{pmatrix}\longrightarrow\begin{pmatrix}1&1&1&4&-3\\0&-1&1&-3&1\\0&-2&2&-6&2\\0&-2&2&-6&2\end{pmatrix}$$

$$\longrightarrow\begin{pmatrix}1&0&2&1&-2\\0&-1&1&-3&1\\0&0&0&0&0\\0&0&0&0&0\end{pmatrix}=\boldsymbol{B},$$

所以 $R(\boldsymbol{A})=2, n-R(\boldsymbol{A})=5-2=3$, 故方程组存在基础解系.

由行阶梯形矩阵 $\boldsymbol{B}$, 得与原方程组同解的方程组

$$\begin{cases} x_1=-2x_3-x_4+2x_5, \\ x_2=x_3-3x_4+x_5, \end{cases}$$

其中, x_3, x_4, x_5 为自由未知量,让 $(x_3, x_4, x_5)^{\mathrm{T}}$ 依次取 $\begin{pmatrix}1\\0\\0\end{pmatrix}, \begin{pmatrix}0\\1\\0\end{pmatrix}, \begin{pmatrix}0\\0\\1\end{pmatrix}$, 得原方程组的一个基础解系,为

$$\boldsymbol{\eta}_1=\begin{pmatrix}-2\\1\\1\\0\\0\end{pmatrix}, \boldsymbol{\eta}_2=\begin{pmatrix}-1\\-3\\0\\1\\0\end{pmatrix}, \boldsymbol{\eta}_3=\begin{pmatrix}2\\1\\0\\0\\1\end{pmatrix}.$$

该方程组的通解为 $\boldsymbol{x}=c_1\boldsymbol{\eta}_1+c_2\boldsymbol{\eta}_2+c_3\boldsymbol{\eta}_3$(c_1, c_2, c_3 为任意常数).

容易验证此方程组的所有解构成的集合是一个线性空间,称为此线性方程组的**解空间**. 其中 $\boldsymbol{\eta}_1, \boldsymbol{\eta}_2, \boldsymbol{\eta}_3$ 是此线性空间的一个基,且解空间的维数是 3.

例 10　在线性空间 $P[x]_3$ 中, $\boldsymbol{\alpha}_1=1, \boldsymbol{\alpha}_2=x, \boldsymbol{\alpha}_3=x^2, \boldsymbol{\alpha}_4=x^3$ 就是 $P[x]_3$ 的一个基, $P[x]_3$ 的维数是 4. $P[x]_3$ 中的任一多项式

$$p(x)=a_3x^3+a_2x^2+a_1x+a_0$$

都可以表示为

$$p(x)=a_3\boldsymbol{\alpha}_4+a_2\boldsymbol{\alpha}_3+a_1\boldsymbol{\alpha}_2+a_0\boldsymbol{\alpha}_1,$$

因此, $p(x)$ 在基 $\boldsymbol{\alpha}_1, \boldsymbol{\alpha}_2, \boldsymbol{\alpha}_3, \boldsymbol{\alpha}_4$ 下的坐标为 $(a_0, a_1, a_2, a_3)^{\mathrm{T}}$.

另取一个基, $\boldsymbol{\beta}_1=1, \boldsymbol{\beta}_2=2+x, \boldsymbol{\beta}_3=x^2+x, \boldsymbol{\beta}_4=x^3$, 则

$$p(x)=(a_0-2a_1+2a_2)\boldsymbol{\beta}_1+(a_1-a_2)\boldsymbol{\beta}_2+a_2\boldsymbol{\beta}_3+a_3\boldsymbol{\beta}_4,$$

因此, $p(x)$ 在基 $\boldsymbol{\beta}_1, \boldsymbol{\beta}_2, \boldsymbol{\beta}_3, \boldsymbol{\beta}_4$ 下的坐标为 $(a_0-2a_1+2a_2, a_1-a_2, a_2, a_3)^{\mathrm{T}}$.

例 11　求矩阵空间

$$M^{2\times 2}=\{\boldsymbol{A} \mid \boldsymbol{A}=(a_{ij})_{2\times 2}\}$$

的维数和基以及矩阵 $\boldsymbol{A}=\begin{pmatrix}a_{11} & a_{12}\\a_{21} & a_{22}\end{pmatrix} \in M^{2\times 2}$ 在此基下的坐标.

解　$\boldsymbol{A}=\begin{pmatrix}a_{11} & a_{12}\\a_{21} & a_{22}\end{pmatrix}=a_{11}\begin{pmatrix}1 & 0\\0 & 0\end{pmatrix}+a_{12}\begin{pmatrix}0 & 1\\0 & 0\end{pmatrix}+a_{21}\begin{pmatrix}0 & 0\\1 & 0\end{pmatrix}+a_{22}\begin{pmatrix}0 & 0\\0 & 1\end{pmatrix}.$

记 $\boldsymbol{E}_{11}=\begin{pmatrix}1&0\\0&0\end{pmatrix}$, $\boldsymbol{E}_{12}=\begin{pmatrix}0&1\\0&0\end{pmatrix}$, $\boldsymbol{E}_{21}=\begin{pmatrix}0&0\\1&0\end{pmatrix}$, $\boldsymbol{E}_{22}=\begin{pmatrix}0&0\\0&1\end{pmatrix}$，则

$$\boldsymbol{A}=a_{11}\boldsymbol{E}_{11}+a_{12}\boldsymbol{E}_{12}+a_{21}\boldsymbol{E}_{21}+a_{22}\boldsymbol{E}_{22}.$$

显然 $\boldsymbol{E}_{11},\boldsymbol{E}_{12},\boldsymbol{E}_{21},\boldsymbol{E}_{22}$ 是线性无关的，所以由定义知矩阵空间 $M^{2\times 2}$ 的维数是 4，且 $\boldsymbol{E}_{11},\boldsymbol{E}_{12},\boldsymbol{E}_{21},\boldsymbol{E}_{22}$ 是 $M^{2\times 2}$ 一个基，矩阵 $\boldsymbol{A}$ 在此基下的坐标为 $(a_{11},a_{12},a_{21},a_{22})^{\mathrm{T}}$.

设 $\boldsymbol{\alpha}_1,\boldsymbol{\alpha}_2,\cdots,\boldsymbol{\alpha}_n$ 是 V_n 的一个基，$\boldsymbol{\alpha},\boldsymbol{\beta}\in V_n$，有

$$\boldsymbol{\alpha}=x_1\boldsymbol{\alpha}_1+x_2\boldsymbol{\alpha}_2+\cdots+x_n\boldsymbol{\alpha}_n,$$

$$\boldsymbol{\beta}=y_1\boldsymbol{\alpha}_1+y_2\boldsymbol{\alpha}_2+\cdots+y_n\boldsymbol{\alpha}_n,$$

$$\boldsymbol{\alpha}+\boldsymbol{\beta}=(x_1+y_1)\boldsymbol{\alpha}_1+(x_2+y_2)\boldsymbol{\alpha}_2+\cdots+(x_n+y_n)\boldsymbol{\alpha}_n,$$

$$k\boldsymbol{\alpha}=(kx_1)\boldsymbol{\alpha}_1+(kx_2)\boldsymbol{\alpha}_2+\cdots+(kx_n)\boldsymbol{\alpha}_n,$$

即 $\boldsymbol{\alpha}+\boldsymbol{\beta}$ 的坐标是 $(x_1+y_1,x_2+y_2,\cdots,x_n+y_n)^{\mathrm{T}}=(x_1,x_2,\cdots,x_n)^{\mathrm{T}}+(y_1,y_2,\cdots,y_n)^{\mathrm{T}}$，$k\boldsymbol{\alpha}$ 的坐标是 $(kx_1,kx_2,\cdots,kx_n)^{\mathrm{T}}=k(x_1,x_2,\cdots,x_n)^{\mathrm{T}}$.

总之，如果在线性空间 V_n 中取定一个基，那么 V_n 中的向量 $\boldsymbol{\alpha}$ 就与 n 维数组向量 $\mathbf{R}^n$ 中的向量 $(x_1,x_2,\cdots,x_n)^{\mathrm{T}}$ 之间有一一对应的关系，且这个对应关系有如下性质：

设 $\boldsymbol{\alpha}\leftrightarrow(x_1,x_2,\cdots,x_n)^{\mathrm{T}}$，$\boldsymbol{\beta}\leftrightarrow(y_1,y_2,\cdots,y_n)^{\mathrm{T}}$，则

(1) $\boldsymbol{\alpha}+\boldsymbol{\beta}\leftrightarrow(x_1,x_2,\cdots,x_n)^{\mathrm{T}}+(y_1,y_2,\cdots,y_n)^{\mathrm{T}}$.

(2) $k\boldsymbol{\alpha}\leftrightarrow k(x_1,x_2,\cdots,x_n)^{\mathrm{T}}$.

也就是说这种对应关系保持线性组合的对应，我们可以说 V_n 和 $\mathbf{R}^n$ 有相同的结构，称 V_n 和 $\mathbf{R}^n$ 同构.

一般地，设 V 和 U 是两个线性空间，如果在它们的元素之间有一一对应的关系，且这种关系保持线性组合的对应，则称线性空间 V 和 U **同构**.

易见，任一 n 维线性空间都与 $\mathbf{R}^n$ 同构，即维数相同的线性空间都同构. 可见线性空间的结构完全由其维数决定.

定理 3 $\mathbf{R}$ 上的两个有限维数的线性空间同构当且仅当它们的维数相同.

同构主要是保持线性运算的对应关系，因此，V_n 中抽象的线性运算可以转化成 $\mathbf{R}^n$ 中的线性运算，并且 $\mathbf{R}^n$ 中的只涉及线性运算的性质就都适用于 V_n. 但 $\mathbf{R}^n$ 中超出线性运算的性质，在 V_n 中就不一定具备，比如 $\mathbf{R}^n$ 中的内积概念以及内积的相关性质在 V_n 中就不一定有意义.

6.3　基变换与坐标变换

在 n 维线性空间中，任意 n 个线性无关的向量都可以作为此线性空间的基，同一个向量在不同基下的坐标一般是不同的，6.2 节中的例子已经说明了这一点. 现在我们来看随着基的变化，向量的坐标是怎样变化的，那么不同的基之间有什么关系，不同基下的坐标之间又有怎样的关系呢？

设 $\boldsymbol{\varepsilon}_1,\boldsymbol{\varepsilon}_2,\cdots,\boldsymbol{\varepsilon}_n$ 与 $\boldsymbol{\alpha}_1,\boldsymbol{\alpha}_2,\cdots,\boldsymbol{\alpha}_n$ 是 V_n 的两个不同的基，它们的关系是

$$\begin{cases}\boldsymbol{\alpha}_1=a_{11}\boldsymbol{\varepsilon}_1+a_{21}\boldsymbol{\varepsilon}_2+\cdots+a_{n1}\boldsymbol{\varepsilon}_n,\\ \boldsymbol{\alpha}_2=a_{12}\boldsymbol{\varepsilon}_1+a_{22}\boldsymbol{\varepsilon}_2+\cdots+a_{n2}\boldsymbol{\varepsilon}_n,\\ \qquad\cdots\cdots\\ \boldsymbol{\alpha}_n=a_{1n}\boldsymbol{\varepsilon}_1+a_{2n}\boldsymbol{\varepsilon}_2+\cdots+a_{nn}\boldsymbol{\varepsilon}_n.\end{cases}\tag{6-1}$$

把 $\boldsymbol{\varepsilon}_1,\boldsymbol{\varepsilon}_2,\cdots,\boldsymbol{\varepsilon}_n$ 这 n 个有序元素记作 $(\boldsymbol{\varepsilon}_1,\boldsymbol{\varepsilon}_2,\cdots,\boldsymbol{\varepsilon}_n)$，利用向量和矩阵的形式，可以将式(6-1)表示为

$$(\boldsymbol{\alpha}_1,\boldsymbol{\alpha}_2,\cdots,\boldsymbol{\alpha}_n)=(\boldsymbol{\varepsilon}_1,\boldsymbol{\varepsilon}_2,\cdots,\boldsymbol{\varepsilon}_n)\begin{pmatrix}a_{11}&a_{12}&\cdots&a_{1n}\\a_{21}&a_{22}&\cdots&a_{2n}\\\vdots&\vdots&&\vdots\\a_{n1}&a_{n2}&\cdots&a_{nn}\end{pmatrix}$$

或

$$(\boldsymbol{\alpha}_1,\boldsymbol{\alpha}_2,\cdots,\boldsymbol{\alpha}_n)=(\boldsymbol{\varepsilon}_1,\boldsymbol{\varepsilon}_2,\cdots,\boldsymbol{\varepsilon}_n)\boldsymbol{A}.\tag{6-2}$$

式(6-1)或式(6-2)称为**基变换公式**. 矩阵 $\boldsymbol{A}$ 称为由基 $\boldsymbol{\varepsilon}_1,\boldsymbol{\varepsilon}_2,\cdots,\boldsymbol{\varepsilon}_n$ 到基 $\boldsymbol{\alpha}_1,\boldsymbol{\alpha}_2,\cdots,\boldsymbol{\alpha}_n$ 的**过渡矩阵**. 由于 $\boldsymbol{\alpha}_1,\boldsymbol{\alpha}_2,\cdots,\boldsymbol{\alpha}_n$ 线性无关，所以过渡矩阵 $\boldsymbol{A}$ 一定可逆.

定理 4　设线性空间 V_n 的一个基 $\boldsymbol{\varepsilon}_1,\boldsymbol{\varepsilon}_2,\cdots,\boldsymbol{\varepsilon}_n$ 到另一个基 $\boldsymbol{\alpha}_1,\boldsymbol{\alpha}_2,\cdots,\boldsymbol{\alpha}_n$ 的过渡矩阵为 $\boldsymbol{A}$，并设 V_n 中的元素 $\boldsymbol{\alpha}$ 在这两个基下的坐标分别为 $(x_1,x_2,\cdots,x_n)^{\mathrm{T}}$ 和 $(y_1,y_2,\cdots,y_n)^{\mathrm{T}}$，则有坐标变换公式

$$\begin{pmatrix}x_1\\x_2\\\vdots\\x_n\end{pmatrix}=\boldsymbol{A}\begin{pmatrix}y_1\\y_2\\\vdots\\y_n\end{pmatrix}\text{ 或 }\begin{pmatrix}y_1\\y_2\\\vdots\\y_n\end{pmatrix}=\boldsymbol{A}^{-1}\begin{pmatrix}x_1\\x_2\\\vdots\\x_n\end{pmatrix}.\tag{6-3}$$

证 因为

$$(\boldsymbol{\varepsilon}_1,\boldsymbol{\varepsilon}_2,\cdots,\boldsymbol{\varepsilon}_n)\begin{pmatrix}x_1\\x_2\\\vdots\\x_n\end{pmatrix}=\boldsymbol{\alpha}=(\boldsymbol{\alpha}_1,\boldsymbol{\alpha}_2,\cdots,\boldsymbol{\alpha}_n)\begin{pmatrix}y_1\\y_2\\\vdots\\y_n\end{pmatrix}$$

$$=(\boldsymbol{\varepsilon}_1,\boldsymbol{\varepsilon}_2,\cdots,\boldsymbol{\varepsilon}_n)\boldsymbol{A}\begin{pmatrix}y_1\\y_2\\\vdots\\y_n\end{pmatrix},$$

又由于 $\boldsymbol{\varepsilon}_1,\boldsymbol{\varepsilon}_2,\cdots,\boldsymbol{\varepsilon}_n$ 线性无关,所以有关系式(6-3)成立.

可以证明此定理的逆命题也成立,即若任一元素在两个不同基下的坐标满足变换公式(6-3),则这两个基满足变换公式(6-2).

例 12 设 $M^{2\times2}$ 是 $\mathbf{R}$ 上的所有 2 阶方阵按照矩阵的加法和矩阵的数乘构成的线性空间,在 $M^{2\times2}$ 中取一个基

$$\boldsymbol{\varepsilon}_1=\begin{pmatrix}1&0\\0&0\end{pmatrix},\boldsymbol{\varepsilon}_2=\begin{pmatrix}0&1\\0&0\end{pmatrix},\boldsymbol{\varepsilon}_3=\begin{pmatrix}0&0\\1&0\end{pmatrix},\boldsymbol{\varepsilon}_4=\begin{pmatrix}0&0\\0&1\end{pmatrix};$$

另有

$$\boldsymbol{\alpha}_1=\boldsymbol{\varepsilon}_1,\boldsymbol{\alpha}_2=\boldsymbol{\varepsilon}_1+\boldsymbol{\varepsilon}_2,\boldsymbol{\alpha}_3=\boldsymbol{\varepsilon}_1+\boldsymbol{\varepsilon}_2+\boldsymbol{\varepsilon}_3,\boldsymbol{\alpha}_4=\boldsymbol{\varepsilon}_1+\boldsymbol{\varepsilon}_2+\boldsymbol{\varepsilon}_3+\boldsymbol{\varepsilon}_4.$$

(1)证明 $\boldsymbol{\alpha}_1,\boldsymbol{\alpha}_2,\boldsymbol{\alpha}_3,\boldsymbol{\alpha}_4$ 也是 $M^{2\times2}$ 的一个基.

(2)求从基 $\boldsymbol{\varepsilon}_1,\boldsymbol{\varepsilon}_2,\boldsymbol{\varepsilon}_3,\boldsymbol{\varepsilon}_4$ 到 $\boldsymbol{\alpha}_1,\boldsymbol{\alpha}_2,\boldsymbol{\alpha}_3,\boldsymbol{\alpha}_4$ 的过渡矩阵.

(3)求矩阵 $\boldsymbol{\alpha}=\begin{pmatrix}2&-1\\0&3\end{pmatrix}$ 在这两个基下的坐标.

解 (1)设 $k_1\boldsymbol{\alpha}_1+k_2\boldsymbol{\alpha}_1+k_3\boldsymbol{\alpha}_3+k_4\boldsymbol{\alpha}_4=\mathbf{0}$, 即

$$k_1\boldsymbol{\varepsilon}_1+k_2(\boldsymbol{\varepsilon}_1+\boldsymbol{\varepsilon}_2)+k_3(\boldsymbol{\varepsilon}_1+\boldsymbol{\varepsilon}_2+\boldsymbol{\varepsilon}_3)+k_4(\boldsymbol{\varepsilon}_1+\boldsymbol{\varepsilon}_2+\boldsymbol{\varepsilon}_3+\boldsymbol{\varepsilon}_4)=\mathbf{0},$$

则

$$(k_1+k_2+k_3+k_4)\boldsymbol{\varepsilon}_1+(k_2+k_3+k_4)\boldsymbol{\varepsilon}_2+(k_3+k_4)\boldsymbol{\varepsilon}_3+k_4\boldsymbol{\varepsilon}_4=0,$$

由于 $\boldsymbol{\varepsilon}_1,\boldsymbol{\varepsilon}_2,\boldsymbol{\varepsilon}_3,\boldsymbol{\varepsilon}_4$ 线性无关,所以有

$$\begin{cases}k_1+k_2+k_3+k_4=0,\\k_2+k_3+k_4=0,\\k_3+k_4=0,\\k_4=0,\end{cases}$$

故有 $k_1=k_2=k_3=k_4=0$. 这就说明了 $\boldsymbol{\alpha}_1,\boldsymbol{\alpha}_2,\boldsymbol{\alpha}_3,\boldsymbol{\alpha}_4$ 是线性无关的,所以 $\boldsymbol{\alpha}_1,\boldsymbol{\alpha}_2,\boldsymbol{\alpha}_3,\boldsymbol{\alpha}_4$ 也是 $M^{2\times2}$ 的一个基.

(2)由已知,有

$$\begin{cases}\boldsymbol{\alpha}_1=\boldsymbol{\varepsilon}_1,\\ \boldsymbol{\alpha}_2=\boldsymbol{\varepsilon}_1+\boldsymbol{\varepsilon}_2,\\ \boldsymbol{\alpha}_3=\boldsymbol{\varepsilon}_1+\boldsymbol{\varepsilon}_2+\boldsymbol{\varepsilon}_3,\\ \boldsymbol{\alpha}_4=\boldsymbol{\varepsilon}_1+\boldsymbol{\varepsilon}_2+\boldsymbol{\varepsilon}_3+\boldsymbol{\varepsilon}_4,\end{cases}$$

则

$$\begin{pmatrix}\boldsymbol{\alpha}_1\\ \boldsymbol{\alpha}_2\\ \boldsymbol{\alpha}_3\\ \boldsymbol{\alpha}_4\end{pmatrix}=\begin{pmatrix}1&0&0&0\\1&1&0&0\\1&1&1&0\\1&1&1&1\end{pmatrix}\begin{pmatrix}\boldsymbol{\varepsilon}_1\\ \boldsymbol{\varepsilon}_2\\ \boldsymbol{\varepsilon}_3\\ \boldsymbol{\varepsilon}_4\end{pmatrix},$$

左右两边转置,即有

$$(\boldsymbol{\alpha}_1,\boldsymbol{\alpha}_2,\boldsymbol{\alpha}_3,\boldsymbol{\alpha}_4)=(\boldsymbol{\varepsilon}_1,\boldsymbol{\varepsilon}_2,\boldsymbol{\varepsilon}_3,\boldsymbol{\varepsilon}_4)\begin{pmatrix}1&1&1&1\\0&1&1&1\\0&0&1&1\\0&0&0&1\end{pmatrix}.$$

从而得基 $\boldsymbol{\varepsilon}_1,\boldsymbol{\varepsilon}_2,\boldsymbol{\varepsilon}_3,\boldsymbol{\varepsilon}_4$ 到 $\boldsymbol{\alpha}_1,\boldsymbol{\alpha}_2,\boldsymbol{\alpha}_3,\boldsymbol{\alpha}_4$ 的过渡矩阵为

$$\boldsymbol{A}=\begin{pmatrix}1&1&1&1\\0&1&1&1\\0&0&1&1\\0&0&0&1\end{pmatrix}.$$

(3)因为

$$\begin{aligned}\boldsymbol{\alpha}&=\begin{pmatrix}2&-1\\0&3\end{pmatrix}=2\begin{pmatrix}1&0\\0&0\end{pmatrix}+(-1)\begin{pmatrix}0&1\\0&0\end{pmatrix}+0\begin{pmatrix}0&0\\1&0\end{pmatrix}+3\begin{pmatrix}0&0\\0&1\end{pmatrix}\\&=2\boldsymbol{\varepsilon}_1+(-1)\boldsymbol{\varepsilon}_2+0\boldsymbol{\varepsilon}_3+3\boldsymbol{\varepsilon}_4,\end{aligned}$$

所以 $\boldsymbol{\alpha}$ 在基 $\boldsymbol{\varepsilon}_1,\boldsymbol{\varepsilon}_2,\boldsymbol{\varepsilon}_3,\boldsymbol{\varepsilon}_4$ 下的坐标为 $(2,-1,0,3)^{\mathrm{T}}$.

由定理 4 可得, $\boldsymbol{\alpha}$ 在基 $\boldsymbol{\alpha}_1,\boldsymbol{\alpha}_2,\boldsymbol{\alpha}_3,\boldsymbol{\alpha}_4$ 下的坐标为

$$\begin{pmatrix}1&1&1&1\\0&1&1&1\\0&0&1&1\\0&0&0&1\end{pmatrix}^{-1}\begin{pmatrix}2\\-1\\0\\3\end{pmatrix}=\begin{pmatrix}1&-1&0&0\\0&1&-1&0\\0&0&1&-1\\0&0&0&1\end{pmatrix}\begin{pmatrix}2\\-1\\0\\3\end{pmatrix}=\begin{pmatrix}3\\-1\\-3\\3\end{pmatrix}.$$

6.4 线性变换

设 A 和 B 是两个非空集合,所谓集合 A 到集合 B 的一个映射指的是一个法则,它使集合 A 中的任一元素 $\boldsymbol{\alpha}$ 总有 B 中的一个确定的元素 $\boldsymbol{\beta}$ 与之对应. 如果映射 T 使元素 $\boldsymbol{\beta} \in B$ 与元素 $\boldsymbol{\alpha} \in A$ 对应,那么就记为

$$T(\boldsymbol{\alpha}) = \boldsymbol{\beta}.$$

$\boldsymbol{\beta}$ 称为 $\boldsymbol{\alpha}$ 在映射 T 下的**像**,而 $\boldsymbol{\alpha}$ 称为 $\boldsymbol{\beta}$ 在映射 T 下的一个**原像**. 像的全体所构成的集合称为**像集**,记作 $T(A)$,即 $T(A) = \{\boldsymbol{\beta} = T(\boldsymbol{\alpha}) \mid \boldsymbol{\alpha} \in A\}$,显然 $T(A) \subseteq B$.

特别地,称集合 A 到 A 自身的映射为 A 到自身的变换.

映射的概念是函数概念的推广. 例如设二元函数 $z = f(x, y)$ 的定义域为平面区域 D ,函数值域为 W ,那么 f 就是一个从定义域 D 到实数域 $\mathbf{R}$ 上的映射;函数值 $z_0 = f(x_0, y_0)$ 就是元素 (x_0, y_0) 的像,而 (x_0, y_0) 就是 z_0 的原像; D 就是原像集, W 就是像集.

定义 5 设 U, V 是数域 $\mathbf{R}$ 上的两个线性空间, T 是 U 到 V 的一个映射,若 T 满足:

(1) $\forall \boldsymbol{\alpha}, \boldsymbol{\beta} \in U$, $T(\boldsymbol{\alpha} + \boldsymbol{\beta}) = T(\boldsymbol{\alpha}) + T(\boldsymbol{\beta})$.

(2) $\forall k \in \mathbf{R}, \boldsymbol{\alpha} \in U$, $T(k\boldsymbol{\alpha}) = kT(\boldsymbol{\alpha})$.

则称 T 为 U 到 V 的一个线性映射,或线性变换.

事实上,线性变换就是保持线性组合的一种变换.

下面我们只讨论线性空间 V_n 的线性变换.

例 13 V_n 上的下列变换都是 V_n 上的线性变换.

(1)恒等变换: $T(\boldsymbol{\alpha}) = \boldsymbol{\alpha}, \forall \boldsymbol{\alpha} \in V_n$.

(2)零变换: $T(\boldsymbol{\alpha}) = \mathbf{0}, \forall \boldsymbol{\alpha} \in V_n$.

(3)数乘变换: $T(\boldsymbol{\alpha}) = k\boldsymbol{\alpha}$, $\forall \boldsymbol{\alpha} \in V_n$, 给定 $k \in \mathbf{R}$.

证明略.

例 14 试证明线性空间 $P[x]_3$ 上的微分运算 D 是线性变换.

证 对于任意给定的

$$f(x) = a_3x^3 + a_2x^2 + a_1x + a_0 \in P[x]_3,$$

$$g(x)=b_3x^3+b_2x^2+b_1x+b_0\in P[x]_3,$$

有

$$D[f(x)]=3a_3x^2+2a_2x+a_1\in P[x]_3,$$
$$D[g(x)]=3b_3x^2+2b_2x+b_1\in P[x]_3,$$

由微分的性质,得

$$\begin{aligned}D[f(x)+g(x)]&=D[(a_3+b_3)x^3+(a_2+b_2)x^2+(a_1+b_1)x+(a_0+b_0)]\\&=3(a_3+b_3)x^2+2(a_2+b_2)x+(a_1+b_1)\\&=(3a_3x^2+2a_2x+a_1)+(3b_3x^2+2b_2x+b_1)\\&=D[f(x)]+D[g(x)],\\D[kf(x)]&=D(ka_3x^3+ka_2x^2+ka_1x+ka_0)\\&=k(3a_3x^2+2a_2x+a_1)\\&=kD[f(x)].\end{aligned}$$

所以 D 是 $P[x]_3$ 上的线性变换.

例 15　由关系式

$$T\begin{pmatrix}x\\y\end{pmatrix}=\boldsymbol{A}\begin{pmatrix}x\\y\end{pmatrix},$$

确定 xOy 平面上的一个线性变换,其中:

(1) $\boldsymbol{A}=\begin{pmatrix}0&0\\0&1\end{pmatrix}$;(2) $\boldsymbol{A}=\begin{pmatrix}0&1\\-1&0\end{pmatrix}$;(3) $\boldsymbol{A}=\begin{pmatrix}0&1\\1&0\end{pmatrix}$;(4) $\boldsymbol{A}=\begin{pmatrix}-1&0\\0&1\end{pmatrix}$.

试解释 T 的几何意义.

解　(1) $T\begin{pmatrix}x\\y\end{pmatrix}=\boldsymbol{A}\begin{pmatrix}x\\y\end{pmatrix}=\begin{pmatrix}0&0\\0&1\end{pmatrix}\begin{pmatrix}x\\y\end{pmatrix}=\begin{pmatrix}0\\y\end{pmatrix}$,$T$ 将向量 $\begin{pmatrix}x\\y\end{pmatrix}$ 投影到 y 轴.

(2) $T\begin{pmatrix}x\\y\end{pmatrix}=\boldsymbol{A}\begin{pmatrix}x\\y\end{pmatrix}=\begin{pmatrix}0&1\\-1&0\end{pmatrix}\begin{pmatrix}x\\y\end{pmatrix}=\begin{pmatrix}y\\-x\end{pmatrix}$,$T$ 将向量 $\begin{pmatrix}x\\y\end{pmatrix}$ 顺时针旋转 90°.

(3) $T\begin{pmatrix}x\\y\end{pmatrix}=\boldsymbol{A}\begin{pmatrix}x\\y\end{pmatrix}=\begin{pmatrix}0&1\\1&0\end{pmatrix}\begin{pmatrix}x\\y\end{pmatrix}=\begin{pmatrix}y\\x\end{pmatrix}$, 向量 $\begin{pmatrix}x\\y\end{pmatrix}$ 与其在 T 下的像关于 $y=x$ 对称.

(4) $T\begin{pmatrix}x\\y\end{pmatrix}=\boldsymbol{A}\begin{pmatrix}x\\y\end{pmatrix}=\begin{pmatrix}-1&0\\0&1\end{pmatrix}\begin{pmatrix}x\\y\end{pmatrix}=\begin{pmatrix}-x\\y\end{pmatrix}$, 向量 $\begin{pmatrix}x\\y\end{pmatrix}$ 与其在 T 下的像关于 y 轴对称.

定理 5　设 T 是线性空间 V_n 上的线性变换,则 T 具有以下性质:

(1) $T(\mathbf{0})=\mathbf{0}$.

(2) $T(-\boldsymbol{\alpha})=-T(\boldsymbol{\alpha})$.

(3) $T\left(\sum_{i=1}^{m} k_i\boldsymbol{\alpha}_i\right)=\sum_{i=1}^{m} k_i T(\boldsymbol{\alpha}_i)$.

(4)若 $\boldsymbol{\alpha}_1,\boldsymbol{\alpha}_2,\cdots,\boldsymbol{\alpha}_m$ 线性相关,则 $T(\boldsymbol{\alpha}_1),T(\boldsymbol{\alpha}_2),\cdots,T(\boldsymbol{\alpha}_m)$ 也线性相关.

证 由定义,$T(k\boldsymbol{\alpha})=kT(\boldsymbol{\alpha})$,知当 $k=0$ 时,有 $T(\mathbf{0})=T(0\cdot\mathbf{0})=0\cdot T(\mathbf{0})=\mathbf{0}$ 成立;而当 $k=-1$ 时,$T(-\boldsymbol{\alpha})=-T(\boldsymbol{\alpha})$ 成立;由线性变换的定义,直接可证得(3)成立.

下证(4).由于 $\boldsymbol{\alpha}_1,\boldsymbol{\alpha}_2,\cdots,\boldsymbol{\alpha}_m$ 线性相关,则一定存在一组不全为零的实数 $k_1,k_2,\cdots,k_m$,使得

$$k_1\boldsymbol{\alpha}_1+k_2\boldsymbol{\alpha}_2+\cdots+k_m\boldsymbol{\alpha}_m=\mathbf{0},$$

由(1)和(3),得 $\sum_{i=1}^{m} k_i T(\boldsymbol{\alpha}_i)=T\left(\sum_{i=1}^{m} k_i\boldsymbol{\alpha}_i\right)=T(\mathbf{0})=\mathbf{0}$.

注意性质(4)的逆命题不一定成立,即若 $\boldsymbol{\alpha}_1,\boldsymbol{\alpha}_2,\cdots,\boldsymbol{\alpha}_m$ 线性无关,则

$$T(\boldsymbol{\alpha}_1),T(\boldsymbol{\alpha}_2),\cdots,T(\boldsymbol{\alpha}_m)$$

不一定线性无关.

下面介绍线性空间 V_n 的两个重要子空间.

定理 6 设 T 是线性空间 V_n 上的线性变换,则

(1)线性变换 T 的像集 $T(V_n)$ 是 V_n 的子空间,并称为线性变换 T 的像空间.

(2) $N(T)=\{\boldsymbol{x}\mid T(\boldsymbol{x})=\mathbf{0}\}$ 是 V_n 的子空间,并称为线性变换 T 的零空间或 T 的核.

证 (1)由于 $T(\mathbf{0})=\mathbf{0}\in T(V_n)$,所以 $T(V_n)$ 非空.设 $\forall\boldsymbol{\beta}_1,\boldsymbol{\beta}_2\in T(V_n)$,那么存在

$$\boldsymbol{\alpha}_1,\boldsymbol{\alpha}_2\in V_n,$$

使 $\boldsymbol{\beta}_1=T(\boldsymbol{\alpha}_1),\boldsymbol{\beta}_2=T(\boldsymbol{\alpha}_2)$,并且 $\boldsymbol{\alpha}_1+\boldsymbol{\alpha}_2\in V_n,k\boldsymbol{\alpha}_1\in V_n$,从而

$$\boldsymbol{\beta}_1+\boldsymbol{\beta}_2=T(\boldsymbol{\alpha}_1)+T(\boldsymbol{\alpha}_2)=T(\boldsymbol{\alpha}_1+\boldsymbol{\alpha}_2)\in T(V_n),$$

$$k\boldsymbol{\beta}_1=kT(\boldsymbol{\alpha}_1)=T(k\boldsymbol{\alpha}_1)\in T(V_n),$$

因此 $T(V_n)$ 是 V_n 的子空间.

(2)显然有 $N(T)\subseteq V_n$,由定理 5,知 $T(\mathbf{0})=\mathbf{0}$,所以 $N(T)$ 非空,对任意 $\boldsymbol{\alpha}_1,\boldsymbol{\alpha}_2\in N(T)$,即有 $T(\boldsymbol{\alpha}_1)=\mathbf{0}=T(\boldsymbol{\alpha}_2)$,则 $T(\boldsymbol{\alpha}_1+\boldsymbol{\alpha}_2)=T(\boldsymbol{\alpha}_1)+T(\boldsymbol{\alpha}_2)=\mathbf{0}$,从而有 $\boldsymbol{\alpha}_1+\boldsymbol{\alpha}_2\in N(T)$.

若 $\boldsymbol{\alpha}_1\in N(T),k\in\mathbf{R}$,则 $T(k\boldsymbol{\alpha}_1)=kT(\boldsymbol{\alpha}_1)=k\mathbf{0}=\mathbf{0}$,所以 $k\boldsymbol{\alpha}_1\in N(T)$.

以上表明 $N(T)$ 对线性运算封闭,所以 $N(T)$ 是 V_n 的子空间.

例 16 在线性空间 $P[x]_4$ 中,微分运算 D 是一个线性运算,求 D 的像空间

$D(P[x]_4)$ 和核空间 $N(D)$.

解　由微分的定义与性质,得 $D(P[x]_4)=P[x]_3,N(D)=\{f(x)\mid f'(x)\equiv 0\}=$ **R**.

例 17　设 $M^{n\times n}$ 是实数域上的所有 n 阶方阵构成的线性空间,取定 $\boldsymbol{A}\in M^{n\times n}$. 对任意

$$\boldsymbol{X}\in M^{n\times n},\text{ 定义 } T(\boldsymbol{X})=\boldsymbol{AX}-\boldsymbol{XA}.$$

(1)试证 T 是 $M^{n\times n}$ 的一个线性变换.

(2)试证对任意 $\boldsymbol{X},\boldsymbol{Y}\in M^{n\times n},T(\boldsymbol{XY})=T(\boldsymbol{X})\boldsymbol{Y}+\boldsymbol{X}T(\boldsymbol{Y})$.

证　(1)任取 $\boldsymbol{X},\boldsymbol{Y}\in M^{n\times n},k\in\mathbf{R}$, 则

$$T(a\boldsymbol{X})=\boldsymbol{A}(a\boldsymbol{X})-(a\boldsymbol{X})\boldsymbol{A}=a(\boldsymbol{AX}-\boldsymbol{XA})=aT(\boldsymbol{X}),$$

$$\begin{aligned}T(\boldsymbol{X}+\boldsymbol{Y})&=\boldsymbol{A}(\boldsymbol{X}+\boldsymbol{Y})-(\boldsymbol{X}+\boldsymbol{Y})\boldsymbol{A}=(\boldsymbol{AX}-\boldsymbol{XA})+(\boldsymbol{AY}-\boldsymbol{YA})\\&=T(\boldsymbol{X})+T(\boldsymbol{Y}),\end{aligned}$$

所以 T 是一个线性变换.

(2)对任意 $\boldsymbol{X},\boldsymbol{Y}\in M^{n\times n}$,

$$\begin{aligned}T(\boldsymbol{XY})&=\boldsymbol{A}(\boldsymbol{XY})-(\boldsymbol{XY})\boldsymbol{A}=(\boldsymbol{AX}-\boldsymbol{XA})\boldsymbol{Y}+\boldsymbol{X}(\boldsymbol{AY}-\boldsymbol{YA})\\&=T(\boldsymbol{X})\boldsymbol{Y}+\boldsymbol{X}T(\boldsymbol{Y}).\end{aligned}$$

例 18　设 $\boldsymbol{A}=(\boldsymbol{\alpha}_1,\boldsymbol{\alpha}_2,\cdots,\boldsymbol{\alpha}_n)$ 是 n 阶方阵,且

$$\boldsymbol{\alpha}_i=\begin{pmatrix}a_{1i}\\a_{2i}\\\vdots\\a_{ni}\end{pmatrix},i=1,2,\cdots,n,$$

定义 $\mathbf{R}^n$ 中的变换 T 为 $T(\boldsymbol{x})=\boldsymbol{Ax}\ (\boldsymbol{x}\in\mathbf{R}^n)$, 试证 T 是 $\mathbf{R}^n$ 中的线性变换.

证　设 $\boldsymbol{\alpha}_1,\boldsymbol{\alpha}_2\in\mathbf{R}^n,k\in\mathbf{R}$, 则有

$$T(\boldsymbol{\alpha}_1+\boldsymbol{\alpha}_2)=\boldsymbol{A}(\boldsymbol{\alpha}_1+\boldsymbol{\alpha}_2)=\boldsymbol{A\alpha}_1+\boldsymbol{A\alpha}_2=T(\boldsymbol{\alpha}_1)+T(\boldsymbol{\alpha}_2),$$

$$T(k\boldsymbol{\alpha}_1)=\boldsymbol{A}(k\boldsymbol{\alpha}_1)=k(\boldsymbol{A\alpha}_1)=kT(\boldsymbol{\alpha}_1),$$

故 T 是 $\mathbf{R}^n$ 中的线性变换.

设

$$\boldsymbol{x}=\begin{pmatrix}x_1\\x_2\\\vdots\\x_n\end{pmatrix}\in\mathbf{R}^n,$$

由于

$$T(\boldsymbol{x}) = \boldsymbol{A}\boldsymbol{x} = (\boldsymbol{\alpha}_1, \boldsymbol{\alpha}_2, \cdots, \boldsymbol{\alpha}_n)\begin{pmatrix} x_1 \\ x_2 \\ \vdots \\ x_n \end{pmatrix} = x_1\boldsymbol{\alpha}_1 + x_2\boldsymbol{\alpha}_2 + \cdots + x_n\boldsymbol{\alpha}_n,$$

可见 T 的像空间是由 $\boldsymbol{\alpha}_1, \boldsymbol{\alpha}_2, \cdots, \boldsymbol{\alpha}_n$ 生成的向量空间, T 的核 $N(T)$ 就是齐次线性方程组 $\boldsymbol{A}\boldsymbol{x} = \boldsymbol{0}$ 所有的解构成的线性空间.

6.5 线性变换的矩阵表示式

设 V_n 是数域 $\mathbf{R}$ 上的 n 维线性空间, $\boldsymbol{\varepsilon}_1, \boldsymbol{\varepsilon}_2, \cdots, \boldsymbol{\varepsilon}_n$ 是 V_n 的一个基,现在我们来建立线性变换与矩阵之间的关系.

空间 V_n 中的任一向量 $\boldsymbol{\alpha}$ 可以被基 $\boldsymbol{\varepsilon}_1, \boldsymbol{\varepsilon}_2, \cdots, \boldsymbol{\varepsilon}_n$ 线性表出,即有关系式

$$\boldsymbol{\alpha} = x_1\boldsymbol{\varepsilon}_1 + x_2\boldsymbol{\varepsilon}_2 + \cdots + x_n\boldsymbol{\varepsilon}_n, \tag{6-4}$$

其中系数 $x_1, x_2, \cdots, x_n$ 是唯一确定的,它们就是 $\boldsymbol{\alpha}$ 在这个基下的坐标.

设 T 是一个线性变换,则由线性变换保持线性关系不变的这一性质,知 $T(\boldsymbol{\alpha})$ 与 $T(\boldsymbol{\varepsilon}_1), T(\boldsymbol{\varepsilon}_2), \cdots, T(\boldsymbol{\varepsilon}_n)$ 之间也一定有类似于式(6-4)的关系,即

$$\begin{aligned} T(\boldsymbol{\alpha}) &= T(x_1\boldsymbol{\varepsilon}_1 + x_2\boldsymbol{\varepsilon}_2 + \cdots + x_n\boldsymbol{\varepsilon}_n) \\ &= x_1T(\boldsymbol{\varepsilon}_1) + x_2T(\boldsymbol{\varepsilon}_2) + \cdots + x_nT(\boldsymbol{\varepsilon}_n), \end{aligned} \tag{6-5}$$

式(6-5)表明了如果知道了 V_n 中的一个基 $\boldsymbol{\varepsilon}_1, \boldsymbol{\varepsilon}_2, \cdots, \boldsymbol{\varepsilon}_n$ 的像,那么 V_n 中任一向量 $\boldsymbol{\alpha}$ 的像就知道了. 下面我们给出两个结论:

(1)设 $\boldsymbol{\varepsilon}_1, \boldsymbol{\varepsilon}_2, \cdots, \boldsymbol{\varepsilon}_n$ 是线性空间 V_n 的一个基,若 V_n 的线性变换 T 和 T' 在这个基下的作用相同,即有 $T(\boldsymbol{\varepsilon}_i) = T'(\boldsymbol{\varepsilon}_i)$, $i = 1, 2, \cdots, n$, 那么, $T = T'$.

(2)设 $\boldsymbol{\varepsilon}_1, \boldsymbol{\varepsilon}_2, \cdots, \boldsymbol{\varepsilon}_n$ 是线性空间 V_n 的一个基,对于 V_n 中的任一向量组 $\boldsymbol{\alpha}_1, \boldsymbol{\alpha}_2, \cdots, \boldsymbol{\alpha}_n$,一定有一个线性变换 T ,使得 $T(\boldsymbol{\varepsilon}_i) = \boldsymbol{\alpha}_i$, $i = 1, 2, \cdots, n$.

证 (1)简单地说, T 和 T' 相等的意义就是:对 V_n 中的任一向量 $\boldsymbol{\alpha}$,都有 $T(\boldsymbol{\alpha}) = T'(\boldsymbol{\alpha})$.

设 $\boldsymbol{\alpha} = x_1\boldsymbol{\varepsilon}_1 + x_2\boldsymbol{\varepsilon}_2 + \cdots + x_n\boldsymbol{\varepsilon}_n$,由 $T(\boldsymbol{\varepsilon}_i) = T'(\boldsymbol{\varepsilon}_i)$,得

$$T(\boldsymbol{\alpha}) = x_1T(\boldsymbol{\varepsilon}_1) + x_2T(\boldsymbol{\varepsilon}_2) + \cdots + x_nT(\boldsymbol{\varepsilon}_n)$$

$$= x_1T'(\boldsymbol{\varepsilon}_1) + x_2T'(\boldsymbol{\varepsilon}_2) + \cdots + x_nT'(\boldsymbol{\varepsilon}_n) = T'(\boldsymbol{\alpha}).$$

(2)取任一向量 $\boldsymbol{\alpha} = x_1\boldsymbol{\varepsilon}_1 + x_2\boldsymbol{\varepsilon}_2 + \cdots + x_n\boldsymbol{\varepsilon}_n \in V_n$,定义 V_n 中的变换 T 为

$$T(\boldsymbol{\alpha}) = x_1\boldsymbol{\alpha}_1 + x_2\boldsymbol{\alpha}_2 + \cdots + x_n\boldsymbol{\alpha}_n .$$

下面验证 T 是线性变换.

在 V_n 中,任取两个向量

$$\boldsymbol{\beta} = y_1\boldsymbol{\varepsilon}_1 + y_2\boldsymbol{\varepsilon}_2 + \cdots + y_n\boldsymbol{\varepsilon}_n \text{ , } \boldsymbol{\gamma} = z_1\boldsymbol{\varepsilon}_1 + z_2\boldsymbol{\varepsilon}_2 + \cdots + z_n\boldsymbol{\varepsilon}_n,$$

则

$$\boldsymbol{\beta} + \boldsymbol{\gamma} = (y_1 + z_1)\boldsymbol{\varepsilon}_1 + (y_2 + z_2)\boldsymbol{\varepsilon}_2 + \cdots + (y_n + z_n)\boldsymbol{\varepsilon}_n \text{ ,}$$

$$k\boldsymbol{\beta} = ky_1\boldsymbol{\varepsilon}_1 + ky_2\boldsymbol{\varepsilon}_2 + \cdots + ky_n\boldsymbol{\varepsilon}_n, k \in \mathbf{R}.$$

从而由 T 的定义,得

$$\begin{aligned} T(\boldsymbol{\beta} + \boldsymbol{\gamma}) &= (y_1 + z_1)\boldsymbol{\alpha}_1 + (y_2 + z_2)\boldsymbol{\alpha}_2 + \cdots + (y_n + z_n)\boldsymbol{\alpha}_n \\ &= (y_1\boldsymbol{\alpha}_1 + y_2\boldsymbol{\alpha}_2 + \cdots + y_n\boldsymbol{\alpha}_n) + (z_1\boldsymbol{\alpha}_1 + z_2\boldsymbol{\alpha}_2 + \cdots + z_n\boldsymbol{\alpha}_n) \\ &= T(\boldsymbol{\beta}) + T(\boldsymbol{\gamma}); \end{aligned}$$

$$T(k\boldsymbol{\beta}) = ky_1\boldsymbol{\alpha}_1 + ky_2\boldsymbol{\alpha}_2 + \cdots + ky_n\boldsymbol{\alpha}_n = kT(\boldsymbol{\beta}).$$

因此, T 是线性变换. 再证 $T(\boldsymbol{\varepsilon}_i) = \boldsymbol{\alpha}_i, i = 1,2,\cdots,n$. 因为

$$\boldsymbol{\varepsilon}_i = 0\boldsymbol{\varepsilon}_1 + \cdots + 0\boldsymbol{\varepsilon}_{i-1} + 1\boldsymbol{\varepsilon}_i + 0\boldsymbol{\varepsilon}_{i+1} + \cdots + 0\boldsymbol{\varepsilon}_n, i = 1,2,\cdots,n \text{ ,}$$

所以

$$T(\boldsymbol{\varepsilon}_i) = 0\boldsymbol{\alpha}_1 + \cdots + 0\boldsymbol{\alpha}_{i-1} + 1\boldsymbol{\alpha}_i + 0\boldsymbol{\alpha}_{i+1} + \cdots + 0\boldsymbol{\alpha}_n = \boldsymbol{\alpha}_i, i = 1,2,\cdots,n.$$ 证毕.

综上有以下定理.

定理7 设 $\boldsymbol{\varepsilon}_1,\boldsymbol{\varepsilon}_2,\cdots,\boldsymbol{\varepsilon}_n$ 是线性空间 V_n 的一个基, $\boldsymbol{\alpha}_1,\boldsymbol{\alpha}_2,\cdots,\boldsymbol{\alpha}_n$ 是 V_n 中的任意 n 个向量,则存在唯一的线性变换 T ,使得 $T(\boldsymbol{\varepsilon}_i) = \boldsymbol{\alpha}_i$, $i = 1,2,\cdots,n$.

定义6 设 $\boldsymbol{\varepsilon}_1,\boldsymbol{\varepsilon}_2,\cdots,\boldsymbol{\varepsilon}_n$ 是线性空间 V_n 的一个基, T 是 V_n 的一个线性变换,如果这个基在变换 T 下的像用这个基线性表示为

$$\begin{cases} T(\boldsymbol{\varepsilon}_1) = a_{11}\boldsymbol{\varepsilon}_1 + a_{21}\boldsymbol{\varepsilon}_2 + \cdots + a_{n1}\boldsymbol{\varepsilon}_n, \\ T(\boldsymbol{\varepsilon}_2) = a_{12}\boldsymbol{\varepsilon}_1 + a_{22}\boldsymbol{\varepsilon}_2 + \cdots + a_{n2}\boldsymbol{\varepsilon}_n, \\ \qquad \cdots\cdots \\ T(\boldsymbol{\varepsilon}_n) = a_{1n}\boldsymbol{\varepsilon}_1 + a_{2n}\boldsymbol{\varepsilon}_2 + \cdots + a_{nn}\boldsymbol{\varepsilon}_n, \end{cases}$$

记 $T(\boldsymbol{\varepsilon}_1,\boldsymbol{\varepsilon}_2,\cdots,\boldsymbol{\varepsilon}_n) = (T(\boldsymbol{\varepsilon}_1),T(\boldsymbol{\varepsilon}_2),\cdots,T(\boldsymbol{\varepsilon}_n))$,上式可表示为

$$T(\boldsymbol{\varepsilon}_1,\boldsymbol{\varepsilon}_2,\cdots,\boldsymbol{\varepsilon}_n) = (\boldsymbol{\varepsilon}_1,\boldsymbol{\varepsilon}_2,\cdots,\boldsymbol{\varepsilon}_n)\boldsymbol{A},$$

其中

$$A=\begin{pmatrix} a_{11} & a_{12} & \cdots & a_{1n} \\ a_{21} & a_{22} & \cdots & a_{21} \\ \vdots & \vdots & & \vdots \\ a_{n1} & a_{n2} & \cdots & a_{nn} \end{pmatrix},$$

那么, $\boldsymbol{A}$ 就称为线性变换 T 在基 $\boldsymbol{\varepsilon}_1,\boldsymbol{\varepsilon}_2,\cdots,\boldsymbol{\varepsilon}_n$ 下的矩阵.

显然,矩阵 $\boldsymbol{A}$ 是由基的像 $T(\boldsymbol{\varepsilon}_1),T(\boldsymbol{\varepsilon}_2),\cdots,T(\boldsymbol{\varepsilon}_n)$ 唯一确定的.

另外,如果给定一个矩阵 $\boldsymbol{A}$,任意的 $\boldsymbol{\alpha}=x_1\boldsymbol{\varepsilon}_1+x_2\boldsymbol{\varepsilon}_2+\cdots+x_n\boldsymbol{\varepsilon}_n\in V_n$,定义变换 T, 使得

$$T(\boldsymbol{\alpha})=T\left[(\boldsymbol{\varepsilon}_1,\boldsymbol{\varepsilon}_2,\cdots,\boldsymbol{\varepsilon}_n)\begin{pmatrix} x_1 \\ x_2 \\ \vdots \\ x_n \end{pmatrix}\right]=(\boldsymbol{\varepsilon}_1,\boldsymbol{\varepsilon}_2,\cdots,\boldsymbol{\varepsilon}_n)\ \boldsymbol{A}\begin{pmatrix} x_1 \\ x_2 \\ \vdots \\ x_n \end{pmatrix}. \tag{6-6}$$

易见, T 是由矩阵 $\boldsymbol{A}$ 确定的线性变换,且 T 在基 $\boldsymbol{\varepsilon}_1,\boldsymbol{\varepsilon}_2,\cdots,\boldsymbol{\varepsilon}_n$ 下的矩阵是 $\boldsymbol{A}$.

由上可得,在 V_n 中取定一个基后, V_n 的线性变换与 n 阶矩阵之间有一一对应的关系.

由关系式(6-6),知 $\boldsymbol{\alpha}$ 与 $T(\boldsymbol{\alpha})$ 在基 $\boldsymbol{\varepsilon}_1,\boldsymbol{\varepsilon}_2,\cdots,\boldsymbol{\varepsilon}_n$ 下的坐标分别为

$$\begin{pmatrix} x_1 \\ x_2 \\ \vdots \\ x_n \end{pmatrix},\ \boldsymbol{A}\begin{pmatrix} x_1 \\ x_2 \\ \vdots \\ x_n \end{pmatrix}.$$

例 19 在线性空间 $P[x]_3$ 中, $\boldsymbol{\alpha}_1=1,\boldsymbol{\alpha}_2=x,\boldsymbol{\alpha}_3=x^2,\boldsymbol{\alpha}_4=x^3$ 是 $P[x]_3$ 的一个基,求微分运算 D 在这个基下的矩阵.

解 显然, $\begin{cases} D(\boldsymbol{\alpha}_1)=0=0\boldsymbol{\alpha}_1+0\boldsymbol{\alpha}_2+0\boldsymbol{\alpha}_3+0\boldsymbol{\alpha}_4, \\ D(\boldsymbol{\alpha}_2)=1=1\boldsymbol{\alpha}_1+0\boldsymbol{\alpha}_2+0\boldsymbol{\alpha}_3+0\boldsymbol{\alpha}_4, \\ D(\boldsymbol{\alpha}_3)=2x=0\boldsymbol{\alpha}_1+2\boldsymbol{\alpha}_2+0\boldsymbol{\alpha}_3+0\boldsymbol{\alpha}_4, \\ D(\boldsymbol{\alpha}_4)=3x^2=0\boldsymbol{\alpha}_1+0\boldsymbol{\alpha}_2+3\boldsymbol{\alpha}_3+0\boldsymbol{\alpha}_4. \end{cases}$ 所以微分运算 D 在这个基下的矩阵为

$$\boldsymbol{A}=\begin{pmatrix} 0 & 1 & 0 & 0 \\ 0 & 0 & 2 & 0 \\ 0 & 0 & 0 & 3 \\ 0 & 0 & 0 & 0 \end{pmatrix}.$$

例 20　在 $\mathbf{R}^3$ 中，T 表示将向量投影到 xOy 平面的线性变换，即

$$T(x\boldsymbol{\varepsilon}_1+y\boldsymbol{\varepsilon}_2+z\boldsymbol{\varepsilon}_3)=x\boldsymbol{\varepsilon}_1+y\boldsymbol{\varepsilon}_2,$$

(1) 取基为 $\boldsymbol{\varepsilon}_1,\boldsymbol{\varepsilon}_2,\boldsymbol{\varepsilon}_3$，求 T 的矩阵.

(2) 取基为 $\boldsymbol{\alpha}_1=\boldsymbol{\varepsilon}_1,\boldsymbol{\alpha}_2=2\boldsymbol{\varepsilon}_1+\boldsymbol{\varepsilon}_2,\boldsymbol{\alpha}_3=\boldsymbol{\varepsilon}_1+\boldsymbol{\varepsilon}_2+\boldsymbol{\varepsilon}_3$，求 T 的矩阵.

解　(1) 易知 $\begin{cases}T(\boldsymbol{\varepsilon}_1)=T(\boldsymbol{\varepsilon}_1+0\boldsymbol{\varepsilon}_2+0\boldsymbol{\varepsilon}_3)=\boldsymbol{\varepsilon}_1,\\ T(\boldsymbol{\varepsilon}_2)=T(0\boldsymbol{\varepsilon}_1+\boldsymbol{\varepsilon}_2+0\boldsymbol{\varepsilon}_3)=\boldsymbol{\varepsilon}_2,\\ T(\boldsymbol{\varepsilon}_3)=T(0\boldsymbol{\varepsilon}_1+0\boldsymbol{\varepsilon}_2+\boldsymbol{\varepsilon}_3)=0,\end{cases}$ 即

$$T(\boldsymbol{\varepsilon}_1,\boldsymbol{\varepsilon}_2,\boldsymbol{\varepsilon}_3)=(\boldsymbol{\varepsilon}_1,\boldsymbol{\varepsilon}_2,\boldsymbol{\varepsilon}_3)\begin{pmatrix}1&0&0\\0&1&0\\0&0&0\end{pmatrix}.$$

所以，T 在基 $\boldsymbol{\varepsilon}_1,\boldsymbol{\varepsilon}_2,\boldsymbol{\varepsilon}_3$ 下的矩阵为 $\begin{pmatrix}1&0&0\\0&1&0\\0&0&0\end{pmatrix}$.

(2) 易知 $\begin{cases}T(\boldsymbol{\alpha}_1)=\boldsymbol{\varepsilon}_1=\boldsymbol{\alpha}_1,\\ T(\boldsymbol{\alpha}_2)=2\boldsymbol{\varepsilon}_1+\boldsymbol{\varepsilon}_2=\boldsymbol{\alpha}_2,\\ T(\boldsymbol{\alpha}_3)=\boldsymbol{\varepsilon}_1+\boldsymbol{\varepsilon}_2=-\boldsymbol{\varepsilon}_1+2\boldsymbol{\varepsilon}_1+\boldsymbol{\varepsilon}_2=-\boldsymbol{\alpha}_1+\boldsymbol{\alpha}_2,\end{cases}$ 即

$$T(\boldsymbol{\alpha}_1,\boldsymbol{\alpha}_2,\boldsymbol{\alpha}_3)=(\boldsymbol{\alpha}_1,\boldsymbol{\alpha}_2,\boldsymbol{\alpha}_3)\begin{pmatrix}1&0&-1\\0&1&1\\0&0&0\end{pmatrix}.$$

所以，T 在基 $\boldsymbol{\alpha}_1,\boldsymbol{\alpha}_2,\boldsymbol{\alpha}_3$ 下的矩阵为 $\begin{pmatrix}1&0&-1\\0&1&1\\0&0&0\end{pmatrix}$.

由此例可见，同一个线性变换在不同的基下有不同的矩阵. 一般地，它们有如下的关系.

定理 8　设在线性空间 V_n 中取定两个基：

$$\boldsymbol{\varepsilon}_1,\boldsymbol{\varepsilon}_2,\cdots,\boldsymbol{\varepsilon}_n\ ;$$

$$\boldsymbol{\eta}_1,\boldsymbol{\eta}_2,\cdots,\boldsymbol{\eta}_n\ .$$

由基 $\boldsymbol{\varepsilon}_1,\boldsymbol{\varepsilon}_2,\cdots,\boldsymbol{\varepsilon}_n$ 到 $\boldsymbol{\eta}_1,\boldsymbol{\eta}_2,\cdots,\boldsymbol{\eta}_n$ 的过渡矩阵为 $\boldsymbol{P}$，V_n 中的线性变换 T 在这两个基下的矩阵分别为 $\boldsymbol{A}$ 和 $\boldsymbol{B}$，则 $\boldsymbol{B}=\boldsymbol{P}^{-1}\boldsymbol{A}\boldsymbol{P}$（即 $\boldsymbol{A}$ 与 $\boldsymbol{B}$ 相似）.

证　由假设，有 $(\boldsymbol{\eta}_1,\boldsymbol{\eta}_2,\cdots,\boldsymbol{\eta}_n)=(\boldsymbol{\varepsilon}_1,\boldsymbol{\varepsilon}_2,\cdots,\boldsymbol{\varepsilon}_n)\boldsymbol{P}$，$\boldsymbol{P}$ 可逆，以及

$$T(\boldsymbol{\varepsilon}_1,\boldsymbol{\varepsilon}_2,\cdots,\boldsymbol{\varepsilon}_n)=(\boldsymbol{\varepsilon}_1,\boldsymbol{\varepsilon}_2,\cdots,\boldsymbol{\varepsilon}_n)\boldsymbol{A},$$
$$T(\boldsymbol{\eta}_1,\boldsymbol{\eta}_2,\cdots,\boldsymbol{\eta}_n)=(\boldsymbol{\eta}_1,\boldsymbol{\eta}_2,\cdots,\boldsymbol{\eta}_n)\boldsymbol{B}.$$

从而有

$$\begin{aligned}(\boldsymbol{\eta}_1,\boldsymbol{\eta}_2,\cdots,\boldsymbol{\eta}_n)\boldsymbol{B}&=T(\boldsymbol{\eta}_1,\boldsymbol{\eta}_2,\cdots,\boldsymbol{\eta}_n)=T[(\boldsymbol{\varepsilon}_1,\boldsymbol{\varepsilon}_2,\cdots,\boldsymbol{\varepsilon}_n)\boldsymbol{P}]\\&=[T(\boldsymbol{\varepsilon}_1,\boldsymbol{\varepsilon}_2,\cdots,\boldsymbol{\varepsilon}_n)]\boldsymbol{P}=(\boldsymbol{\varepsilon}_1,\boldsymbol{\varepsilon}_2,\cdots,\boldsymbol{\varepsilon}_n)\boldsymbol{AP}\\&=(\boldsymbol{\eta}_1,\boldsymbol{\eta}_2,\cdots,\boldsymbol{\eta}_n)\boldsymbol{P}^{-1}\boldsymbol{AP}.\end{aligned}$$

由于 $\boldsymbol{\eta}_1,\boldsymbol{\eta}_2,\cdots,\boldsymbol{\eta}_n$ 线性无关. 所以 $\boldsymbol{B}=\boldsymbol{P}^{-1}\boldsymbol{AP}$.

例 21 在例 2 中,

$$(\boldsymbol{\alpha}_1,\boldsymbol{\alpha}_2,\boldsymbol{\alpha}_3)=(\boldsymbol{\varepsilon}_1,\boldsymbol{\varepsilon}_2,\boldsymbol{\varepsilon}_3)\begin{pmatrix}1&2&1\\0&1&1\\0&0&1\end{pmatrix},$$

基 $\boldsymbol{\varepsilon}_1,\boldsymbol{\varepsilon}_2,\boldsymbol{\varepsilon}_3$ 到 $\boldsymbol{\alpha}_1,\boldsymbol{\alpha}_2,\boldsymbol{\alpha}_3$ 的过渡矩阵 $\boldsymbol{P}=\begin{pmatrix}1&2&1\\0&1&1\\0&0&1\end{pmatrix}$. 又 T 在基 $\boldsymbol{\varepsilon}_1,\boldsymbol{\varepsilon}_2,\boldsymbol{\varepsilon}_3$ 下的矩阵为

$$\boldsymbol{A}=\begin{pmatrix}1&0&0\\0&1&0\\0&0&0\end{pmatrix}.$$

从而由定理 8, T 在基 $\boldsymbol{\alpha}_1,\boldsymbol{\alpha}_2,\boldsymbol{\alpha}_3$ 下的矩阵为

$$\begin{aligned}\boldsymbol{P}^{-1}\boldsymbol{AP}&=\begin{pmatrix}1&2&1\\0&1&1\\0&0&1\end{pmatrix}^{-1}\begin{pmatrix}1&0&0\\0&1&0\\0&0&0\end{pmatrix}\begin{pmatrix}1&2&1\\0&1&1\\0&0&1\end{pmatrix}\\&=\begin{pmatrix}1&-2&1\\0&1&-1\\0&0&1\end{pmatrix}\begin{pmatrix}1&0&0\\0&1&0\\0&0&0\end{pmatrix}\begin{pmatrix}1&2&1\\0&1&1\\0&0&1\end{pmatrix}\\&=\begin{pmatrix}1&-2&0\\0&1&0\\0&0&0\end{pmatrix}\begin{pmatrix}1&2&1\\0&1&1\\0&0&1\end{pmatrix}=\begin{pmatrix}1&0&-1\\0&1&1\\0&0&0\end{pmatrix}.\end{aligned}$$

这与例 20 的结果是一致的.

例 22 实数域上的三维线性空间 V 的线性变换 T 关于基 $\boldsymbol{\alpha}_1,\boldsymbol{\alpha}_2,\boldsymbol{\alpha}_3$ 的矩阵是

$$\boldsymbol{A}=\begin{pmatrix}15&-11&5\\20&-15&8\\8&-7&6\end{pmatrix}.$$

求 T 在基 $\boldsymbol{\beta}_1=2\boldsymbol{\alpha}_1+3\boldsymbol{\alpha}_2+\boldsymbol{\alpha}_3,\boldsymbol{\beta}_2=3\boldsymbol{\alpha}_1+4\boldsymbol{\alpha}_2+\boldsymbol{\alpha}_3,\boldsymbol{\beta}_3=\boldsymbol{\alpha}_1+2\boldsymbol{\alpha}_2+2\boldsymbol{\alpha}_3$ 下的矩阵.

解　由题意，$(\boldsymbol{\beta}_1,\boldsymbol{\beta}_2,\boldsymbol{\beta}_3)=(\boldsymbol{\alpha}_1,\boldsymbol{\alpha}_2,\boldsymbol{\alpha}_3)\boldsymbol{P}$，其中 $\boldsymbol{P}=\begin{pmatrix}2&3&1\\3&4&2\\1&1&2\end{pmatrix}$ 是从基 $\boldsymbol{\alpha}_1,\boldsymbol{\alpha}_2,\boldsymbol{\alpha}_3$ 到基 $\boldsymbol{\beta}_1,\boldsymbol{\beta}_2,\boldsymbol{\beta}_3$ 的过渡矩阵. 又 T 在基 $\boldsymbol{\alpha}_1,\boldsymbol{\alpha}_2,\boldsymbol{\alpha}_3$ 下的矩阵是 $\boldsymbol{A}$，故 T 在基 $\boldsymbol{\beta}_1,\boldsymbol{\beta}_2,\boldsymbol{\beta}_3$ 下的矩阵为

$$\begin{aligned}\boldsymbol{B}=\boldsymbol{P}^{-1}\boldsymbol{A}\boldsymbol{P}&=\begin{pmatrix}2&3&1\\3&4&2\\1&1&2\end{pmatrix}^{-1}\begin{pmatrix}15&-11&5\\20&-15&8\\8&-7&6\end{pmatrix}\begin{pmatrix}2&3&1\\3&4&2\\1&1&2\end{pmatrix}\\&=\begin{pmatrix}-6&5&-2\\4&-3&1\\1&-1&1\end{pmatrix}\begin{pmatrix}15&-11&5\\20&-15&8\\8&-7&6\end{pmatrix}\begin{pmatrix}2&3&1\\3&4&2\\1&1&2\end{pmatrix}\\&=\begin{pmatrix}1&0&0\\0&2&0\\0&0&3\end{pmatrix}.\end{aligned}$$

本章小结

线性空间是线性代数中基本概念之一，线性空间使向量概念更具有一般性，更加抽象化. 下面我们总结构成线性空间的条件：

(1)线性空间中的元素必须满足定义中的八条运算规律，同时加法和数量乘法必须是封闭性的.

(2) n 维数组向量的有关概念，如线性组合、线性相关与线性无关、向量组的秩、向量空间的基与维数、向量在基中的坐标等，都可直接推广到线性空间中.

(3)线性空间中的元素，可以是以向量作为研究对象，也可以抽象成某些集合的形式，如把函数、多项式、矩阵等作为研究对象.

(4)一般来说，线性空间都有无穷多个元素. 另外，线性空间是抽象的. 对线性空间中的元素，运算必须通过基与坐标的建立，按照规定的运算法则才能实现数量运算.

(5)线性空间的基和维数确定之后,此线性空间中的基之间的变化、坐标和坐标在不同基下的变换关系就唯一确定了. 设 $\boldsymbol{\varepsilon}_1,\boldsymbol{\varepsilon}_2,\cdots,\boldsymbol{\varepsilon}_n$ 与 $\boldsymbol{\alpha}_1,\boldsymbol{\alpha}_2,\cdots,\boldsymbol{\alpha}_n$ 是线性空间 V_n 的两个不同的基,且这两组基满足关系式:

$$\begin{cases}\boldsymbol{\alpha}_1 = a_{11}\boldsymbol{\varepsilon}_1 + a_{21}\boldsymbol{\varepsilon}_2 + \cdots + a_{n1}\boldsymbol{\varepsilon}_n, \\ \boldsymbol{\alpha}_2 = a_{12}\boldsymbol{\varepsilon}_1 + a_{22}\boldsymbol{\varepsilon}_2 + \cdots + a_{n2}\boldsymbol{\varepsilon}_n, \\ \qquad\cdots\cdots \\ \boldsymbol{\alpha}_n = a_{1n}\boldsymbol{\varepsilon}_1 + a_{2n}\boldsymbol{\varepsilon}_2 + \cdots + a_{nn}\boldsymbol{\varepsilon}_n,\end{cases}$$

则以每个 $\boldsymbol{\alpha}_j$ 关于基 $\boldsymbol{\varepsilon}_1,\boldsymbol{\varepsilon}_2,\cdots,\boldsymbol{\varepsilon}_n$ 的坐标 $(a_{1j},a_{2j},\cdots,a_{nj})^{\mathrm{T}}(j=1,2,\cdots,n)$ 作为列向量,得到的 n 阶方阵

$$\boldsymbol{P} = \begin{pmatrix} a_{11} & a_{12} & \cdots & a_{1n} \\ a_{21} & a_{22} & \cdots & a_{2n} \\ \vdots & \vdots & & \vdots \\ a_{n1} & a_{n2} & \cdots & a_{nn} \end{pmatrix}$$

就是基 $\boldsymbol{\varepsilon}_1,\boldsymbol{\varepsilon}_2,\cdots,\boldsymbol{\varepsilon}_n$ 到基 $\boldsymbol{\alpha}_1,\boldsymbol{\alpha}_2,\cdots,\boldsymbol{\alpha}_n$ 的过渡矩阵,且矩阵 $\boldsymbol{P}$ 一定是可逆的,因此由基 $\boldsymbol{\alpha}_1,\boldsymbol{\alpha}_2,\cdots,\boldsymbol{\alpha}_n$ 到基 $\boldsymbol{\varepsilon}_1,\boldsymbol{\varepsilon}_2,\cdots,\boldsymbol{\varepsilon}_n$ 的过渡矩阵为 $\boldsymbol{P}^{-1}$. 反过来,如果 $\boldsymbol{\varepsilon}_1,\boldsymbol{\varepsilon}_2,\cdots,\boldsymbol{\varepsilon}_n$ 是线性空间 V_n 的一个基,矩阵 $\boldsymbol{P}$ 可逆,且

$$(\boldsymbol{\alpha}_1,\boldsymbol{\alpha}_2,\cdots,\boldsymbol{\alpha}_n) = (\boldsymbol{\varepsilon}_1,\boldsymbol{\varepsilon}_2,\cdots,\boldsymbol{\varepsilon}_n)\boldsymbol{P},$$

则向量组 $\boldsymbol{\alpha}_1,\boldsymbol{\alpha}_2,\cdots,\boldsymbol{\alpha}_n$ 也是线性空间 V_n 的一个基.

线性变换也是线性代数的一个重要概念,它是线性空间 V 到自身的一个映射. 如果设 T 是线性空间 V_n 上的线性变换,则有以下 2 个结论及概念:

(1)线性变换 T 的像集 $T(V_n)=\{\boldsymbol{\beta}=T(\boldsymbol{\alpha})\mid\boldsymbol{\alpha}\in V_n\}$ 是 V_n 的子空间,称为线性变换 T 的像空间.

(2) $N(T)=\{\boldsymbol{x}\mid T(\boldsymbol{x})=\mathbf{0}\}$ 是 V_n 的子空间,称为线性变换 T 的零空间或 T 的核.

线性变换有一个重要的性质是保持线性组合和线性关系式不变. 线性变换将线性相关的向量映射成线性相关的向量,即如果向量组 $\boldsymbol{\alpha}_1,\boldsymbol{\alpha}_2,\cdots,\boldsymbol{\alpha}_m$ 线性相关,则这组向量在线性变换 T 下的像 $T(\boldsymbol{\alpha}_1),T(\boldsymbol{\alpha}_2),\cdots,T(\boldsymbol{\alpha}_m)$ 也是线性相关的;但此结论反过来就不一定成立,比如零变换可将线性无关的向量组映射成线性相关的向量组.

线性空间 V_n 的一个基取定后,线性变换与 n 阶矩阵之间有一种一一对应关系. 求线性变换 T 在 V_n 中一个基 $\boldsymbol{\varepsilon}_1,\boldsymbol{\varepsilon}_2,\cdots,\boldsymbol{\varepsilon}_n$ 下的矩阵 $\boldsymbol{A}$ 的步骤:

(1)求基中每个向量 $\boldsymbol{\varepsilon}_i$ 在 T 下的像 $T(\boldsymbol{\varepsilon}_i)(i=1,2,\cdots,n)$.

(2)求像 $T(\boldsymbol{\varepsilon}_i)(i=1,2,\cdots,n)$ 在基 $\boldsymbol{\varepsilon}_1,\boldsymbol{\varepsilon}_2,\cdots,\boldsymbol{\varepsilon}_n$ 下的坐标,并将每个像的坐标作为列向量,由这 n 个列向量构成的 n 阶矩阵即为所求矩阵 $\boldsymbol{A}$.

同一线性变换在不同基下的矩阵之间也有联系,即若线性变换 T 在基 $\boldsymbol{\varepsilon}_1,\boldsymbol{\varepsilon}_2,\cdots,\boldsymbol{\varepsilon}_n$ 下的矩阵为 $\boldsymbol{A}$, 在另一组不相同的基 $\boldsymbol{\alpha}_1,\boldsymbol{\alpha}_2,\cdots,\boldsymbol{\alpha}_n$ 下的矩阵为 $\boldsymbol{B}$, 且由基 $\boldsymbol{\varepsilon}_1,\boldsymbol{\varepsilon}_2,\cdots,\boldsymbol{\varepsilon}_n$ 到基 $\boldsymbol{\alpha}_1,\boldsymbol{\alpha}_2,\cdots,\boldsymbol{\alpha}_n$ 的过渡矩阵为 $\boldsymbol{P}$, 则矩阵 $\boldsymbol{A}$ 和 $\boldsymbol{B}$ 有关系式: $\boldsymbol{B}=\boldsymbol{P}^{-1}\boldsymbol{A}\boldsymbol{P}$ (矩阵 $\boldsymbol{A}$ 和 $\boldsymbol{B}$ 相似).

设线性变换 T 在基 $\boldsymbol{\varepsilon}_1,\boldsymbol{\varepsilon}_2,\cdots,\boldsymbol{\varepsilon}_n$ 下的矩阵为 $\boldsymbol{A}$, 任一向量 $\boldsymbol{\alpha}\in V_n$, 则 $\boldsymbol{\alpha}$ 与 $T(\boldsymbol{\alpha})$ 在该基下的坐标 $(x_1,x_2,\cdots,x_n)^{\mathrm{T}}$ 和 $(y_1,y_2,\cdots,y_n)^{\mathrm{T}}$ 之间有关系式:

$$\begin{pmatrix} y_1 \\ y_2 \\ \vdots \\ y_n \end{pmatrix}=\boldsymbol{A}\begin{pmatrix} x_1 \\ x_2 \\ \vdots \\ x_n \end{pmatrix}.$$

习题六

1. 全体 n 维实向量集合 V, 对于通常的向量加法和如下定义的数乘运算:

$$k\boldsymbol{\alpha}=\boldsymbol{\alpha},\ \forall\boldsymbol{\alpha}\in V,k\in\mathbf{R}.$$

问 V 是否构成 $\mathbf{R}$ 上的线性空间? 为什么?

2. 判断下列集合是否构成所给空间的子空间. 若是,求它的维数和一个基.

(1) $M^{2\times2}$ 中,二阶可逆矩阵的集合.

(2) $M^{2\times2}$ 中,主对角线上的元素之和等于 0 的二阶矩阵的集合.

(3) $M^{2\times2}$ 中,2 阶对称矩阵的集合.

(4) $M^{3\times2}$ 中, $\boldsymbol{A}=\left\{\begin{pmatrix} a & 0 \\ b & 0 \\ 0 & c \end{pmatrix}\middle| a+b+c=0,a,b,c\in\mathbf{R}\right\}$.

3. 验证:与向量 $(1,1,0)^{\mathrm{T}}$ 不平行的全体三维向量对于数组向量的加法和数量乘法运算不构成线性空间.

4. 按通常实数域 $\mathbf{R}$ 上三维向量的加法和数量乘法运算,下列三维向量的集合是否构成 $\mathbf{R}$ 上的线性空间?并说明其几何意义.

(1) $V_1 = \left\{(a,b,c) \middle| \frac{a}{3} = \frac{b}{5} = \frac{c}{7}, a,b,c \in \mathbf{R}\right\}$.

(2) $V_2 = \left\{(a,b,c) \middle| \frac{a-1}{2} = \frac{b}{3} = \frac{c}{4}, a,b,c \in \mathbf{R}\right\}$.

(3) $V_3 = \{(a,b,c) \mid a+b+c=0, a,b,c \in \mathbf{R}\}$.

(4) $V_4 = \{(a,b,c) \mid a+b+c=-1, a,b,c \in \mathbf{R}\}$.

5. n 阶上三角矩阵集合 L_1 和 n 阶下三角矩阵集合 L_2 都是由所有 n 阶方阵构成的线性空间 $\boldsymbol{M}^{n\times n}$ 的子空间,试求 $L_1 \cap L_2$ 和 $L_1 + L_2$.

6. 设 U 是线性空间 V 的一个子空间,试证:若与 V 的维数相等,则 $U = V$.

7. 在 $\mathbf{R}^3$ 中求向量 $\boldsymbol{\alpha} = (1,4,3)^{\mathrm{T}}$ 在基 $\boldsymbol{\varepsilon}_1 = (2,1,-1)^{\mathrm{T}}, \boldsymbol{\varepsilon}_2 = (1,0,1)^{\mathrm{T}}, \boldsymbol{\varepsilon}_3 = (1,-1,0)^{\mathrm{T}}$ 下的坐标.

8. 在 $\mathbf{R}^3$ 中,取定两个基

$$\boldsymbol{\alpha}_1 = (1,0,0)^{\mathrm{T}}, \boldsymbol{\alpha}_2 = (1,1,0)^{\mathrm{T}}, \boldsymbol{\alpha}_3 = (1,1,1)^{\mathrm{T}};$$

$$\boldsymbol{\beta}_1 = (1,-1,3)^{\mathrm{T}}, \boldsymbol{\beta}_2 = (4,2,-1)^{\mathrm{T}}, \boldsymbol{\beta}_3 = (1,3,5)^{\mathrm{T}}.$$

试求 $\boldsymbol{\alpha}_1,\boldsymbol{\alpha}_2,\boldsymbol{\alpha}_3$ 到 $\boldsymbol{\beta}_1,\boldsymbol{\beta}_2,\boldsymbol{\beta}_3$ 的过渡矩阵和坐标变换公式.

9. 设 $\boldsymbol{\alpha}_1,\boldsymbol{\alpha}_2,\boldsymbol{\alpha}_3$ 与 $\boldsymbol{\beta}_1,\boldsymbol{\beta}_2,\boldsymbol{\beta}_3$ 是 $\mathbf{R}^3$ 中两个基,且由基 $\boldsymbol{\alpha}_1,\boldsymbol{\alpha}_2,\boldsymbol{\alpha}_3$ 到基 $\boldsymbol{\beta}_1,\boldsymbol{\beta}_2,\boldsymbol{\beta}_3$ 的过渡矩阵为

$$\boldsymbol{A} = \begin{pmatrix} 1 & 3 & 1 \\ 0 & 1 & 3 \\ 1 & -1 & 1 \end{pmatrix}.$$

(1)求由基 $\boldsymbol{\beta}_1,\boldsymbol{\beta}_2,\boldsymbol{\beta}_3$ 到基 $\boldsymbol{\alpha}_1,\boldsymbol{\alpha}_2,\boldsymbol{\alpha}_3$ 的过渡矩阵 $\boldsymbol{B}$.

(2)若向量 $\boldsymbol{\alpha}$ 在基 $\boldsymbol{\beta}_1,\boldsymbol{\beta}_2,\boldsymbol{\beta}_3$ 下的坐标为 $(3,4,1)^{\mathrm{T}}$, 求 $\boldsymbol{\alpha}$ 在基 $\boldsymbol{\alpha}_1,\boldsymbol{\alpha}_2,\boldsymbol{\alpha}_3$ 下的坐标.

10. 求 $P[x]_3$ 中的元素 $p(x) = 3x^2 - x + 1$ 在基

$$p_1(x) = 1, p_2(x) = x - 1, p_3(x) = x^2 + 2x + 3$$

下的坐标.

11. 在 $\mathbf{R}^4$ 中取两个基

$$\boldsymbol{\varepsilon}_1 = (1,0,0,0)^{\mathrm{T}}, \boldsymbol{\varepsilon}_2 = (0,1,0,0)^{\mathrm{T}}, \boldsymbol{\varepsilon}_3 = (0,0,1,0)^{\mathrm{T}}, \boldsymbol{\varepsilon}_4 = (0,0,0,1)^{\mathrm{T}},$$

$$\boldsymbol{\alpha}_1 = (1,1,2,1)^{\mathrm{T}}, \boldsymbol{\alpha}_2 = (0,2,1,2)^{\mathrm{T}}, \boldsymbol{\alpha}_3 = (0,0,3,1)^{\mathrm{T}}, \boldsymbol{\alpha}_4 = (0,0,0,4)^{\mathrm{T}}.$$

(1)求基 $\boldsymbol{\varepsilon}_1,\boldsymbol{\varepsilon}_2,\boldsymbol{\varepsilon}_3,\boldsymbol{\varepsilon}_4$ 到基 $\boldsymbol{\alpha}_1,\boldsymbol{\alpha}_2,\boldsymbol{\alpha}_3,\boldsymbol{\alpha}_4$ 的过渡矩阵.

(2)求向量 $\boldsymbol{x}=(x_1,x_2,x_3,x_4)^{\mathrm{T}}$ 在基 $\boldsymbol{\alpha}_1,\boldsymbol{\alpha}_2,\boldsymbol{\alpha}_3,\boldsymbol{\alpha}_4$ 下的坐标.

(3)求在两个基下有相同坐标的向量.

12. 说明 xOy 平面上变换 $T\begin{pmatrix}x\\y\end{pmatrix}=\boldsymbol{A}\begin{pmatrix}x\\y\end{pmatrix}$ 的几何意义,其中:

(1) $\boldsymbol{A}=\begin{pmatrix}\cos\boldsymbol{\alpha} & -\sin\boldsymbol{\alpha}\\ \sin\boldsymbol{\alpha} & \cos\boldsymbol{\alpha}\end{pmatrix}$;　(2) $\boldsymbol{A}=\begin{pmatrix}0 & 1\\ 0 & 0\end{pmatrix}$.

(3) $\boldsymbol{A}=\begin{pmatrix}1 & 0\\ 0 & -1\end{pmatrix}$;　(4) $\boldsymbol{A}=\begin{pmatrix}0 & -1\\ -1 & 0\end{pmatrix}$.

13. 判断下面所定义的变换哪些是线性的,哪些不是:

(1)在线性空间 V 中, $T(\boldsymbol{\xi})=\boldsymbol{\xi}+\boldsymbol{\alpha}$, 其中 $\boldsymbol{\alpha}$ 是 V 中一个固定向量.

(2)在线性空间 V 中, $T(\boldsymbol{\xi})=\boldsymbol{\alpha}$, 其中 $\boldsymbol{\alpha}$ 是 V 中一个固定向量.

(3)在 $\mathbf{R}^3$ 中,设 $T(x,y,z)=(x^2,y+z,z^2)$.

(4)在 $\mathbf{R}^3$ 中,设 $T(x,y,z)=(2x-y,y+z,x)$.

(5)把复数域看作数域上 $\mathbf{R}$ 的线性空间,设 $T(\boldsymbol{\alpha})=\bar{\boldsymbol{\alpha}}$.

14. n 阶对称矩阵的全体 V 对于矩阵的线性运算构成一个维数为 $\frac{n(n+1)}{2}$ 的线性空间. 给定 n 阶方阵 $\boldsymbol{P}$, 变换 $T(\boldsymbol{A})=\boldsymbol{P}^{\mathrm{T}}\boldsymbol{A}\boldsymbol{P}$, $\forall \boldsymbol{A}\in V$ 称为合同变换. 试证合同变换 T 是 V 中的线性变换.

15. 已知 $\mathbf{R}^3$ 中线性变换 T 在基

$$\boldsymbol{\varepsilon}_1=(-1,1,1),\boldsymbol{\varepsilon}_2=(1,0,-1),\boldsymbol{\varepsilon}_3=(0,1,1)$$

下的矩阵为

$$\boldsymbol{A}=\begin{pmatrix}1 & 0 & 1\\ 1 & 1 & 0\\ -1 & 2 & 1\end{pmatrix}.$$

求 T 在基

$$\boldsymbol{\eta}_1=(1,0,0),\boldsymbol{\eta}_2=(0,1,0),\boldsymbol{\eta}_3=(0,0,1)$$

下的矩阵.

16. 在线性空间 V 中,设线性变换 T 在基 $\boldsymbol{\alpha}_1,\boldsymbol{\alpha}_2,\boldsymbol{\alpha}_3,\boldsymbol{\alpha}_4$ 下的矩阵为

$$\boldsymbol{A}=\begin{pmatrix}1 & 2 & 0 & 1\\ 3 & 0 & -1 & 2\\ 2 & 5 & 3 & 1\\ 1 & 2 & 1 & 3\end{pmatrix}.$$

求 T 在基 $\boldsymbol{\alpha}_1,\boldsymbol{\alpha}_3,\boldsymbol{\alpha}_2,\boldsymbol{\alpha}_4;\boldsymbol{\alpha}_1,\boldsymbol{\alpha}_1+\boldsymbol{\alpha}_2,\boldsymbol{\alpha}_1+\boldsymbol{\alpha}_2+\boldsymbol{\alpha}_3,\boldsymbol{\alpha}_1+\boldsymbol{\alpha}_2+\boldsymbol{\alpha}_3+\boldsymbol{\alpha}_4$ 下的矩阵.

17. 在 $\mathbf{R}^3$ 中的线性变换 T 定义如下：

$$T(\boldsymbol{\alpha}_1)=(2,0,-1)^{\mathrm{T}},T(\boldsymbol{\alpha}_2)=(0,0,1)^{\mathrm{T}},T(\boldsymbol{\alpha}_3)=(0,1,2)^{\mathrm{T}},$$

其中，$\boldsymbol{\alpha}_1=(-1,0,-2)^{\mathrm{T}},\boldsymbol{\alpha}_2=(0,1,2)^{\mathrm{T}},\boldsymbol{\alpha}_3=(1,2,5)^{\mathrm{T}}$.

求 T 在 $\boldsymbol{\beta}_1=(-1,1,0)^{\mathrm{T}},\boldsymbol{\beta}_2=(1,0,1)^{\mathrm{T}},\boldsymbol{\beta}_3=(0,1,2)^{\mathrm{T}}$ 下的矩阵.

习题参考答案

习题一

1. ① -2. ② 0. ③ -18. ④ $-2(x^3+y^3)$.

2. 6,5.

3. ① 4. ② $\frac{n(n-1)}{2}$. ③ $\frac{n(n-1)}{2}$.

4. ①正号. ②正号.

5. $-a_{11}a_{23}a_{32}a_{44}$.

6. ① $-4!$. ② $-abdf$. ③ $(-1)^{n-1}n!$.

7. ① -50. ② $(x+a_1+a_2+\cdots+a_n)x^{n-1}$.

③ $(a_1a_4-b_1b_4)(a_2a_3-b_2b_3)$; ④ 0.

⑤ $-a_1b_1(a_1b_2-a_2b_1)(a_2b_3-a_3b_2)(a_3b_4-a_4b_3)$.

⑥ $\frac{b(a-c)^n-c(a-b)^n}{b-c}$, $(b\neq c)$.

⑦ $(a+b+c)(b-a)(c-a)(c-b)$. ⑧ $n!$.

8. ① $n+1$. ② $(ad-bc)(a_1d_1-b_1c_1)$.

③ $(-1)^{n-1}(n-1)$. ④ $a_1a_2\cdots a_n\prod\limits_{1\leqslant i<j\leqslant n}(a_i-a_j)$.

9. 0.

10. -18.

11. $x=-1,2,3$.

12. -2.

13. ① $x=-3,y=0,z=2$. ② $x=1,y=2,z=3$.

③ $x=1-c,y=1+c,z=0,w=c$, c 为任意常数.

④ $x=1,y=2,z=3,w=-1$.

14. $\lambda=1$.

习题二

1. (1) $\begin{pmatrix}-5 & 4 & 5\\ 8 & -4 & 3\end{pmatrix}$.

(2) $\begin{pmatrix}12 & 3\\ 10 & -2\end{pmatrix}$.

(3) $\begin{pmatrix}\frac{1}{2} & -\frac{7}{2}\\ -\frac{5}{2} & 1\\ -\frac{7}{2} & -\frac{3}{2}\end{pmatrix}$.

2. ① 32. ② $\begin{pmatrix}-2 & -4\\ 1 & 2\\ 3 & 6\end{pmatrix}$. ③ $\begin{pmatrix}4 & -3 & -1\\ 10 & 4 & -1\end{pmatrix}$.

④ $a_{11}x_1^2 + 2a_{12}x_1x_2 + 2a_{13}x_1x_3 + a_{22}x_2^2 + 2a_{23}x_2x_3 + a_{33}x_3^2$.

3. $\begin{pmatrix}1 & n & \frac{n(n-1)}{2}\\ 0 & 1 & n\\ 0 & 0 & 1\end{pmatrix}$.

4. $\begin{pmatrix}k & l\\ 0 & k\end{pmatrix}$, k,l 为任意实数.

5. 略.

6. 略.

7. ① $\begin{pmatrix}-5 & 2\\ 3 & -1\end{pmatrix}$. ② $\begin{pmatrix}1 & -3 & 14\\ 0 & 1 & -4\\ 0 & 0 & 1\end{pmatrix}$.

③ $\begin{pmatrix}1 & -1 & 1\\ 0 & 1 & 2\\ 1 & 0 & 4\end{pmatrix}$.　　④ $\begin{pmatrix}1 & -\frac{1}{2} & -\frac{1}{2} & \frac{1}{8}\\ 0 & \frac{1}{2} & -\frac{1}{6} & -\frac{5}{24}\\ 0 & 0 & \frac{1}{3} & -\frac{1}{12}\\ 0 & 0 & 0 & \frac{1}{4}\end{pmatrix}$.

8. $\begin{cases}y_1 = -2x_1 + x_2,\\ y_2 = -\frac{7}{6}x_1 + \frac{2}{3}x_2 - \frac{1}{6}x_3,\\ y_3 = -\frac{16}{3}x_1 + \frac{7}{3}x_2 - \frac{1}{3}x_3.\end{cases}$

9. (1) $\begin{pmatrix}57 & -22\\ -44 & 17\end{pmatrix}$

(2) $\boldsymbol{X} = \begin{pmatrix}16\\ -7\\ -1\end{pmatrix}$

10. $\begin{pmatrix}4 & 3 & 2\\ 2 & 2 & 1\\ 1 & 1 & 1\end{pmatrix}$.

11. $\boldsymbol{A} + 3\boldsymbol{E}$.

12. 略.

13. 略.

14. 略.

15. 略.

16. (1) $\begin{pmatrix}3 - 2^{n+1} & -1 + 2^n\\ 6 - 3\cdot 2^{n+1} & -2 + 3\cdot 2^n\end{pmatrix}$.

(2) $\begin{pmatrix}-4 & 1\\ -6 & 1\end{pmatrix}$.

17. $\frac{3}{16}$.

18. ① $\boldsymbol{AB}=\begin{pmatrix}1&2&0&0\\1&1&0&0\\7&3&-3&3\\15&6&-6&3\end{pmatrix}$. ② $|\boldsymbol{A}^2\boldsymbol{B}^2|=81$. ③ $|\boldsymbol{A}^n|=(-3)^n$.

④ $\boldsymbol{A}^{-1}=\begin{pmatrix}-1&2&0&0\\1&-1&0&0\\0&0&1&-\frac{1}{3}\\0&0&-2&1\end{pmatrix}$. ⑤ $\boldsymbol{B}^{-1}=\begin{pmatrix}1&0&0&0\\0&1&0&0\\\frac{8}{3}&1&-1&-\frac{2}{3}\\\frac{1}{3}&0&0&-\frac{1}{3}\end{pmatrix}$.

19. $3^{n-1}\begin{pmatrix}1&\frac{1}{2}&\frac{1}{3}\\2&1&\frac{2}{3}\\3&\frac{3}{2}&1\end{pmatrix}$.

20. $\begin{pmatrix}1&1&0&0\\0&1&0&0\\2&3&1&0\\1&0&0&1\end{pmatrix}$.

21. ① $\begin{pmatrix}1&-2&1&\frac{7}{2}\\0&0&1&-\frac{13}{2}\\0&0&0&1\end{pmatrix}$, $\begin{pmatrix}1&-2&0&0\\0&0&1&0\\0&0&0&1\end{pmatrix}$, $\begin{vmatrix}2&2&7\\4&4&15\\3&4&4\end{vmatrix}=-2\neq0$.

② $\begin{pmatrix}1&-4&6&4&-1\\0&3&-4&-1&1\\0&0&0&-8&4\\0&0&0&0&0\end{pmatrix}$, $\begin{pmatrix}1&0&\frac{2}{3}&0&\frac{5}{3}\\0&1&-\frac{4}{3}&0&\frac{1}{6}\\0&0&0&1&-\frac{1}{2}\\0&0&0&0&0\end{pmatrix}$, $\begin{vmatrix}3&0&0\\3&3&-1\\2&1&-3\end{vmatrix}=-24\neq0$.

22. ① $A^{-1}=\begin{pmatrix} \frac{7}{6} & -1 & -\frac{1}{2} \\ \frac{2}{3} & -1 & 0 \\ -\frac{3}{2} & 2 & \frac{1}{2} \end{pmatrix}$. ② $A^{-1}=\begin{pmatrix} 1 & 0 & -1 & 2 \\ 1 & 1 & -1 & 1 \\ -2 & 0 & 3 & -6 \\ -4 & -1 & 6 & 10 \end{pmatrix}$

23. $\begin{pmatrix} -2 & 6 & -2 & 1 \\ 2 & 10 & 0 & 4 \\ 5 & -3 & 1 & 4 \end{pmatrix}$.

24. $\begin{pmatrix} 0 & 1 & -1 \\ -1 & 0 & 1 \\ 1 & -1 & 0 \end{pmatrix}$.

25. $\lambda=-1$ 或 $\lambda=4$.

26. ① $\lambda=1$. ② $\lambda=-2$. ③ $\lambda\neq1$ 且 $\lambda\neq-2$.

习题三

1. ① $\begin{cases} x_1=-8, \\ x_2=3+2c, \\ x_3=c, \\ x_4=2 \end{cases}$ (c 为任意常数). ②无解. ③ $\begin{cases} x_1=-1, \\ x_2=-1, \\ x_3=0, \\ x_4=1. \end{cases}$

④ $\begin{cases} x_1=-2c_1+c_2, \\ x_2=c_1, \\ x_3=0, \\ x_4=c_2 \end{cases}$ (c_1,c_2 为任意常数).

2. 当 $a\neq1$ 且 $a\neq-2$ 时, 方程组有唯一解(解略); 当 $a=1$ 时, $\begin{cases} x_1=-c_1-c_2+1, \\ x_2=c_1, \\ x_3=c_2 \end{cases}$ (c_1,c_2 为任意常数); 当 $a=-2$ 时无解.

3. 当 $a=-1$ 时，$\begin{cases} x_1=-2c, \\ x_2=-3c, \\ x_3=c; \end{cases}$ 当 $a=4$ 时，$\begin{cases} x_1=-\dfrac{1}{3}c; \\ x_2=\dfrac{1}{3}c, \\ x_3=c. \end{cases}$

4. （1）$\boldsymbol{\beta}=\boldsymbol{\alpha}_1+2\boldsymbol{\alpha}_2-\boldsymbol{\alpha}_3$.

（2）$\boldsymbol{\beta}=\boldsymbol{\alpha}_1+2\boldsymbol{\alpha}_2+3\boldsymbol{\alpha}_3-\boldsymbol{\alpha}_4$.

5. $a=15$.

6. （1）向量组 $\boldsymbol{\alpha}_1,\boldsymbol{\alpha}_2,\boldsymbol{\alpha}_3$ 线性相关.

（2）向量组 $\boldsymbol{\alpha}_1,\boldsymbol{\alpha}_2,\boldsymbol{\alpha}_3,\boldsymbol{\alpha}_4$ 线性无关.

（3）向量组 $\boldsymbol{\alpha}_1,\boldsymbol{\alpha}_2,\boldsymbol{\alpha}_3$ 线性无关.

7. 略.

8. $\boldsymbol{\beta}_1,\boldsymbol{\beta}_2$ 可由 $\boldsymbol{\alpha}_1,\boldsymbol{\alpha}_2$ 线性表示，$\boldsymbol{\beta}_1=2\boldsymbol{\alpha}_1-3\boldsymbol{\alpha}_2,\boldsymbol{\beta}_2=-\boldsymbol{\alpha}_1+2\boldsymbol{\alpha}_2$；$\boldsymbol{\alpha}_1,\boldsymbol{\alpha}_2$ 可由 $\boldsymbol{\beta}_1,\boldsymbol{\beta}_2$ 线性表示，$\boldsymbol{\alpha}_1=2\boldsymbol{\beta}_1+3\boldsymbol{\beta}_2,\boldsymbol{\alpha}_2=\boldsymbol{\beta}_1+2\boldsymbol{\beta}_2$.

9. 略.

10. （1）$\mathbf{R}(\boldsymbol{\alpha}_1,\boldsymbol{\alpha}_2,\boldsymbol{\alpha}_3,\boldsymbol{\alpha}_4)=3$，$\boldsymbol{\alpha}_1,\boldsymbol{\alpha}_2,\boldsymbol{\alpha}_3$ 为其一个极大无关组.

（2）$\mathbf{R}(\boldsymbol{\alpha}_1,\boldsymbol{\alpha}_2,\boldsymbol{\alpha}_3,\boldsymbol{\alpha}_4)=3$，$\boldsymbol{\alpha}_1,\boldsymbol{\alpha}_2,\boldsymbol{\alpha}_3$ 为其一个极大无关组.

11. $k=-2$.

12. 略.

13. 略.

14. ① $\boldsymbol{\eta}_1=\begin{pmatrix}-2\\1\\1\\0\end{pmatrix},\boldsymbol{\eta}_2=\begin{pmatrix}-1\\-3\\0\\1\end{pmatrix}$. ② $\boldsymbol{\eta}_1=\begin{pmatrix}-4\\\dfrac{3}{4}\\1\\0\end{pmatrix},\boldsymbol{\eta}_2=\begin{pmatrix}0\\\dfrac{1}{4}\\0\\1\end{pmatrix}$.

15. ① $\boldsymbol{x}=\begin{pmatrix}1\\1\\0\\1\end{pmatrix}+c\begin{pmatrix}-2\\1\\1\\0\end{pmatrix},c\in\mathbf{R}$.

②$x=\begin{pmatrix}-\frac{2}{11}\\ \frac{10}{11}\\ 0\\ 0\end{pmatrix}+c_1\begin{pmatrix}\frac{1}{11}\\ -\frac{5}{11}\\ 1\\ 0\end{pmatrix}+c_2\begin{pmatrix}-\frac{9}{11}\\ \frac{1}{11}\\ 0\\ 1\end{pmatrix},c_1,c_2\in \mathbf{R}$.

16. 略.

17. $x=\begin{pmatrix}1\\9\\4\\9\end{pmatrix}+c\begin{pmatrix}0\\9\\4\\5\end{pmatrix}$, $c\in \mathbf{R}$.

习题四

1. (1) $[\boldsymbol{\alpha},\boldsymbol{\beta}]=8$,所以$\boldsymbol{\alpha}$与$\boldsymbol{\beta}$不正交.

   (2) $[\boldsymbol{\alpha},\boldsymbol{\beta}]=-9$, 所以$\boldsymbol{\alpha}$与$\boldsymbol{\beta}$不正交.

   (3) $[\boldsymbol{\alpha},\boldsymbol{\beta}]=0$, 所以$\boldsymbol{\alpha}$与$\boldsymbol{\beta}$正交.

2. $[2\boldsymbol{\alpha}+\boldsymbol{\beta},\boldsymbol{\beta}-3\boldsymbol{\gamma}]=-4$.

3. (1)取$\boldsymbol{b}_1=\begin{pmatrix}1\\1\\1\end{pmatrix},\boldsymbol{b}_2=\frac{1}{3}\begin{pmatrix}-1\\-1\\2\end{pmatrix},\boldsymbol{b}_3=\begin{pmatrix}-2\\2\\0\end{pmatrix}$.

   (2)取$\boldsymbol{b}_1=\begin{pmatrix}1\\0\\-1\\1\end{pmatrix},\boldsymbol{b}_2=\frac{1}{3}\begin{pmatrix}1\\-3\\2\\1\end{pmatrix},\boldsymbol{b}_3=\frac{1}{5}\begin{pmatrix}-1\\3\\3\\4\end{pmatrix}$.

4. 略.

5. $\boldsymbol{A}$的其余特征值为3,3.

6. ①特征值$\lambda_1=1,\lambda_2=6$.

当$\lambda=1$时,对应特征向量为$\boldsymbol{p}_1=\begin{pmatrix}1\\-1\end{pmatrix}$, 矩阵$\boldsymbol{A}$对应特征值$\lambda=1$的所有特征

向量可表示为 $k\boldsymbol{p}_1(k \neq 0)$.

当 $\lambda = 6$ 时,对应特征向量为 $\boldsymbol{p}_2 = \begin{pmatrix} 1 \\ 4 \end{pmatrix}$, 矩阵 $\boldsymbol{A}$ 对应特征值 $\lambda = 6$ 的所有特征向量可表示为 $k\boldsymbol{p}_2(k \neq 0)$.

②特征值 $\lambda_1 = \lambda_2 = -3, \lambda_3 = 3$.

当 $\lambda = 3$ 时,对应为 $\boldsymbol{p}_1 = \begin{pmatrix} 1 \\ 1 \\ 1 \end{pmatrix}$, 矩阵 $\boldsymbol{A}$ 对应特征值 $\lambda = 3$ 的所有特征向量可表示为 $k\boldsymbol{p}_1(k \neq 0)$.

当 $\lambda = -3$ 时,对应特征向量为 $\boldsymbol{p}_2 = \begin{pmatrix} 1 \\ -2 \\ 1 \end{pmatrix}$, 矩阵 $\boldsymbol{A}$ 对应特征值 $\lambda = -3$ 的所有特征向量可表示为 $k\boldsymbol{p}_2(k \neq 0)$.

③特征值 $\lambda_1 = \lambda_2 = -2, \lambda_3 = 4$.

当 $\lambda = -2$ 时,对应特征向量为 $\boldsymbol{p}_1 = \begin{pmatrix} 1 \\ 1 \\ 0 \end{pmatrix}, \boldsymbol{p}_2 = \begin{pmatrix} -1 \\ 0 \\ 1 \end{pmatrix}$, 矩阵 $\boldsymbol{A}$ 对应特征值 $\lambda = -2$ 的所有特征向量可表示为 $k_1\boldsymbol{p}_1 + k_2\boldsymbol{p}_2$($k_1, k_2$ 不同时为 0).

当 $\lambda = 4$ 时,对应特征向量为 $\boldsymbol{p}_3 = \begin{pmatrix} 1 \\ 1 \\ 2 \end{pmatrix}$, 矩阵 $\boldsymbol{A}$ 对应特征值 $\lambda = 4$ 的所有特征向量可表示为 $k\boldsymbol{p}_3(k \neq 0)$.

④特征值 $\lambda_1 = \lambda_2 = 1, \lambda_3 = 2$.

当 $\lambda = 1$ 时,对应特征向量为 $\boldsymbol{p}_1 = \begin{pmatrix} -1 \\ -2 \\ 1 \end{pmatrix}$, 矩阵 $\boldsymbol{A}$ 对应特征值 $\lambda = 1$ 的所有特征向量可表示为 $k\boldsymbol{p}_1(k \neq 0)$.

当 $\lambda = 2$ 时,对应特征向量为 $\boldsymbol{p}_2 = \begin{pmatrix} 0 \\ 0 \\ 1 \end{pmatrix}$, 矩阵 $\boldsymbol{A}$ 对应特征值 $\lambda = 2$ 的所有特征向量可表示为 $k\boldsymbol{p}_2(k \neq 0)$.

⑤特征值 $\lambda_1=\lambda_2=\lambda_3=1,\lambda_4=-3$.

当 $\lambda=1$ 时,对应特征向量为 $\boldsymbol{p}_1=\begin{pmatrix}0\\1\\0\\1\end{pmatrix},\boldsymbol{p}_2=\begin{pmatrix}0\\0\\1\\1\end{pmatrix},\boldsymbol{p}_3=\begin{pmatrix}1\\-1\\-1\\-3\end{pmatrix}$.

矩阵 $\boldsymbol{A}$ 对应特征值 $\lambda=1$ 的所有特征向量可表示为 $k_1\boldsymbol{p}_1+k_2\boldsymbol{p}_2+k_3\boldsymbol{p}_3$.($k_1,k_2,k_3$ 不同时为 0).

当 $\lambda=-3$ 时,对应特征向量为 $\boldsymbol{p}_4=\begin{pmatrix}1\\-1\\-1\\1\end{pmatrix}$. 矩阵 $\boldsymbol{A}$ 对应特征值 $\lambda=-3$ 的所有特征向量可表示为 $k\boldsymbol{p}_4(k\neq 0)$.

7. $a=-3,b=0,\lambda=-1$.

8. $\boldsymbol{A}=\begin{pmatrix}-3&26&18\\-1&6&3\\0&2&3\end{pmatrix}$.

9. $\boldsymbol{A}^*-\boldsymbol{A}^{-1}+\boldsymbol{A}$ 的特征值为 $u_1=-2,u_2=2,u_3=\frac{1}{2}$, $|\boldsymbol{A}^*-\boldsymbol{A}^{-1}+\boldsymbol{A}|=-2$.

10. 略.

11.

① $\boldsymbol{P}=\begin{pmatrix}-\frac{1}{\sqrt{3}}&\frac{1}{\sqrt{2}}&\frac{1}{\sqrt{6}}\\\frac{1}{\sqrt{3}}&0&\frac{2}{\sqrt{6}}\\-\frac{1}{\sqrt{3}}&-\frac{1}{\sqrt{2}}&\frac{1}{\sqrt{6}}\end{pmatrix},\boldsymbol{P}^{-1}\boldsymbol{AP}=\boldsymbol{\Lambda}=\begin{pmatrix}1&&\\&2&\\&&4\end{pmatrix}$.

② $\boldsymbol{P}=\begin{pmatrix}\frac{1}{\sqrt{2}} & -\frac{1}{\sqrt{18}} & \frac{2}{3}\\ \frac{1}{\sqrt{2}} & \frac{1}{\sqrt{18}} & -\frac{2}{3}\\ 0 & \frac{4}{\sqrt{18}} & \frac{1}{3}\end{pmatrix}$，$\boldsymbol{P}^{-1}\boldsymbol{AP}=\boldsymbol{\Lambda}=\begin{pmatrix}9 & & \\ & 9 & \\ & & 27\end{pmatrix}$.

③ $\boldsymbol{P}=\begin{pmatrix}\frac{2}{3} & \frac{2}{3} & \frac{1}{3}\\ \frac{2}{3} & -\frac{1}{3} & -\frac{2}{3}\\ \frac{1}{3} & -\frac{2}{3} & \frac{2}{3}\end{pmatrix}$，$\boldsymbol{P}^{-1}\boldsymbol{AP}=\boldsymbol{\Lambda}=\begin{pmatrix}-1 & & \\ & 2 & \\ & & 5\end{pmatrix}$.

④ $\boldsymbol{P}=\begin{pmatrix}\frac{1}{\sqrt{2}} & 0 & \frac{1}{2} & -\frac{1}{2}\\ 0 & \frac{1}{\sqrt{2}} & -\frac{1}{2} & -\frac{1}{2}\\ \frac{1}{\sqrt{2}} & 0 & -\frac{1}{2} & \frac{1}{2}\\ 0 & \frac{1}{\sqrt{2}} & \frac{1}{2} & \frac{1}{2}\end{pmatrix}$，$\boldsymbol{P}^{-1}\boldsymbol{AP}=\boldsymbol{\Lambda}=\begin{pmatrix}4 & & & \\ & 4 & & \\ & & 2 & \\ & & & 6\end{pmatrix}$.

12. (1) $x=0\quad y=-2$.

(2) $\boldsymbol{P}=\begin{pmatrix}0 & 0 & -2\\ -2 & 1 & 1\\ 1 & 1 & 1\end{pmatrix}$.

13. (1) $k=1$;

(2)特征向量 $\boldsymbol{\alpha}_3=\begin{pmatrix}1\\ 1\\ -2\end{pmatrix}$;

(3) $\boldsymbol{A}=\begin{pmatrix}4 & 2 & 2\\ 2 & 4 & 2\\ 2 & 2 & 4\end{pmatrix}$.

习题五

1. (1) $A=\begin{pmatrix}2&3&-4\\-3&-1&2\\-4&2&5\end{pmatrix}$.

(2) $A=\begin{pmatrix}1&-4&2&-2\\-4&-2&3&1\\2&3&1&-2\\-2&1&-2&-1\end{pmatrix}$.

(3) $A=\begin{pmatrix}1&\frac{1}{2}&\frac{1}{2}&\cdots&\frac{1}{2}\\\frac{1}{2}&1&\frac{1}{2}&\cdots&\frac{1}{2}\\\vdots&\vdots&\vdots&&\vdots\\\frac{1}{2}&\frac{1}{2}&\frac{1}{2}&\cdots&1\end{pmatrix}$.

(4) $A=\begin{pmatrix}1&-1&0&\cdots&0&0\\-1&1&-1&\cdots&0&0\\\vdots&\vdots&\vdots&&\vdots&\vdots\\0&0&0&\cdots&1&-1\\0&0&0&\cdots&-1&1\end{pmatrix}$.

(5) $A=\begin{pmatrix}a_1^2&a_1a_2&a_1a_3\\a_1a_2&a_2^2&a_2a_3\\a_1a_3&a_2a_3&a_3^2\end{pmatrix}$.

2. (1) $f(x_1,x_2,x_3)=g(y_1,y_2,y_3)=y_1^2+2y_2^2+5y_3^2$,

$$x = Cy,\ C = \begin{pmatrix} 0 & 1 & 0 \\ -\frac{1}{\sqrt{2}} & 0 & \frac{1}{\sqrt{2}} \\ \frac{1}{\sqrt{2}} & 0 & \frac{1}{\sqrt{2}} \end{pmatrix}.$$

(2) $f(x_1,x_2,x_3) = g(y_1,y_2,y_3) = y_1^2 + 4y_2^2 - 2y_3^2$,

$$x = Cy,\ C = \begin{pmatrix} \frac{2}{3} & \frac{2}{3} & \frac{1}{3} \\ \frac{1}{3} & -\frac{2}{3} & \frac{2}{3} \\ -\frac{2}{3} & \frac{1}{3} & \frac{2}{3} \end{pmatrix}.$$

(3) $f(x_1,x_2,x_3) = g(y_1,y_2,y_3) = 2y_1^2 - y_2^2 - y_3^2$,

$$x = Cy,\ C = \begin{pmatrix} \frac{1}{\sqrt{3}} & -\frac{1}{\sqrt{2}} & -\frac{1}{\sqrt{6}} \\ \frac{1}{\sqrt{3}} & \frac{1}{\sqrt{2}} & -\frac{1}{\sqrt{6}} \\ \frac{1}{\sqrt{3}} & 0 & \frac{1}{\sqrt{6}} \end{pmatrix}.$$

3. (1) $f(x_1,x_2,x_3) = g(y_1,y_2,y_3) = 3y_1^2 + \frac{5}{3}y_2^2 - \frac{3}{5}y_3^2$,

$$\begin{cases} x_1 = y_1 + \frac{1}{3}y_2 + \frac{8}{15}y_3, \\ x_2 = y_2 - \frac{2}{5}y_3, \\ x_2 = y_3. \end{cases}$$

(2) $f(x_1,x_2,x_3) = g(z_1,z_2,z_3) = 2z_1^2 - 2z_2^2 + 4z_3^2$,

$$\begin{cases} x_1 = z_1 + z_2 + z_3, \\ x_2 = z_1 - z_2 - 2z_3, \\ x_3 = z_3. \end{cases}$$

(3) $f(x_1,x_2,x_3,x_4) = g(y_1,y_2,y_3,y_4) = y_1^2 - y_2^2 + y_3^2 + 3y_4^2$,

$$\begin{cases} x_1 = y_1 - y_2 - y_4, \\ x_2 = y_2 + 2y_4, \\ x_3 = y_2 + y_3 + y_4, \\ x_4 = y_4. \end{cases}$$

4. (1) $f(x_1,x_2,x_3) = g(y_1,y_2,y_3) = -2y_1^2 + 2y_2^2 - y_3^2$,

$$\boldsymbol{x} = \boldsymbol{Cy},\ \boldsymbol{C} = \begin{pmatrix} 0 & 1 & 0 \\ 1 & -1 & 0 \\ 0 & 0 & 1 \end{pmatrix}.$$

(2) $f(x_1,x_2,x_3) = g(y_1,y_2,y_3) = 2y_1^2 + 3y_2^2 + \frac{5}{3}y_3^2$,

$$\boldsymbol{x} = \boldsymbol{Cy},\ \boldsymbol{C} = \begin{pmatrix} 1 & 0 & 0 \\ 0 & 1 & -\frac{2}{3} \\ 0 & 0 & 1 \end{pmatrix}.$$

(3) $f(x_1,x_2,x_3) = g(y_1,y_2,y_3) = y_1^2 + 6y_2^2 - 6y_3^2$,

$$\boldsymbol{x} = \boldsymbol{Cy},\ \boldsymbol{C} = \begin{pmatrix} 1 & -\frac{1}{2} & \frac{7}{2} \\ 0 & 1 & -1 \\ 0 & \frac{1}{2} & \frac{1}{2} \end{pmatrix}.$$

(4) $f(x_1,x_2,x_3) = g(y_1,y_2,y_3) = -4y_1^2 + y_2^2 + y_3^2$.

$$\boldsymbol{x} = \boldsymbol{Cy},\ \boldsymbol{C} = \begin{pmatrix} 1 & -\frac{1}{2} & \frac{1}{2} \\ 1 & \frac{1}{2} & \frac{1}{2} \\ 0 & 0 & 1 \end{pmatrix}.$$

5. (1) 二次型的标准形为 $y_1^2 + y_2^2 + \cdots + y_r^2$.

(2) $(1+n)^r$.

6. (1) 正惯性指数为 2, 负惯性指数为 1.

(2) 正惯性指数为 1, 负惯性指数为 0.

7. (1) 正定.

(2) 负定.

8. 略.

9. (1)当 $t > 2$ 时, 正定.

(2)当 $-\frac{4}{5} < t < 0$ 时, 正定.

10. 提示: $\boldsymbol{A}$ 的特征值为 1 或 3.

习题六

1. 不构成 $\mathbf{R}$ 上的线性空间,因为当取 $k = 0, \boldsymbol{\alpha} \neq \mathbf{0}$ 时,有 $k\boldsymbol{\alpha} = \boldsymbol{\alpha} \neq \mathbf{0}$.

2. (1)不是.

(2)是, $\boldsymbol{\varepsilon}_1 = \begin{pmatrix} 0 & 1 \\ 0 & 0 \end{pmatrix}, \boldsymbol{\varepsilon}_2 = \begin{pmatrix} 0 & 0 \\ 0 & 1 \end{pmatrix}, \boldsymbol{\varepsilon}_3 = \begin{pmatrix} 1 & 0 \\ 0 & -1 \end{pmatrix}$.

(3)是, $\boldsymbol{\varepsilon}_1 = \begin{pmatrix} 1 & 0 \\ 0 & 0 \end{pmatrix}, \boldsymbol{\varepsilon}_2 = \begin{pmatrix} 0 & 0 \\ 0 & 1 \end{pmatrix}, \boldsymbol{\varepsilon}_3 = \begin{pmatrix} 0 & 1 \\ 1 & 0 \end{pmatrix}$.

(4)是, $\boldsymbol{\varepsilon}_1 = \begin{pmatrix} 1 & 0 \\ 0 & 0 \\ 0 & -1 \end{pmatrix}, \boldsymbol{\varepsilon}_2 = \begin{pmatrix} 0 & 0 \\ 1 & 0 \\ 0 & -1 \end{pmatrix}$.

3. 向量 $\boldsymbol{\alpha}_1 = (2,3,1)^{\mathrm{T}}$ 和 $\boldsymbol{\alpha}_2 = (1,0,-1)^{\mathrm{T}}$ 都不平行于向量 $(1,1,0)^{\mathrm{T}}$, 但 $\boldsymbol{\alpha}_1 + \boldsymbol{\alpha}_2 = (3,3,0)^{\mathrm{T}}$ 平行于向量 $(1,1,0)^{\mathrm{T}}$.

4. (1) $\boldsymbol{V}_1$ 是 $\mathbf{R}$ 上的线性空间,其几何意义是:过原点的直线.

(2) $\boldsymbol{V}_2$ 不是 $\mathbf{R}$ 上的线性空间,因为它不包含零向量. 其几何意义是:不过原点的直线.

(3) $\boldsymbol{V}_3$ 是 $\mathbf{R}$ 上的线性空间,其几何意义是:过原点的平面.

(4) $\boldsymbol{V}_4$ 不是 $\mathbf{R}$ 上的线性空间,因为它不包含零向量. 其几何意义是:不经过原点的平面.

5. $L_1 \cap L_2 = \{\boldsymbol{A} \mid \boldsymbol{A}$ 为 n 阶对角矩阵$\}, L_1 + L_2 = M^{n\times n}$.

6. 设 U 的维数 $\mathrm{R}(U) = r$ 且 $\boldsymbol{\varepsilon}_1, \boldsymbol{\varepsilon}_2, \cdots, \boldsymbol{\varepsilon}_r$ 是其一个基,因 $U \subset V$, 并且它们的维数相同,则 $\boldsymbol{\varepsilon}_1, \boldsymbol{\varepsilon}_2, \cdots, \boldsymbol{\varepsilon}_r$ 也是 V 的一个基,所以 $U = V$.

7. $\left(\frac{1}{2}, \frac{7}{2}, -\frac{7}{2}\right)^{\mathrm{T}}$.

8. $(\boldsymbol{\beta}_1,\boldsymbol{\beta}_2,\boldsymbol{\beta}_3)=(\boldsymbol{\alpha}_1,\boldsymbol{\alpha}_2,\boldsymbol{\alpha}_3)\boldsymbol{P}$, 则

$$\begin{pmatrix}1&4&1\\-1&2&3\\3&-1&5\end{pmatrix}=\begin{pmatrix}1&1&1\\0&1&1\\0&0&1\end{pmatrix}\begin{pmatrix}2&2&-2\\-4&3&-2\\3&-1&5\end{pmatrix},$$

即过渡矩阵 $\boldsymbol{P}=\begin{pmatrix}2&2&-2\\-4&3&-2\\3&-1&5\end{pmatrix}$.

设 $\boldsymbol{\alpha}$ 在基 $\boldsymbol{\alpha}_1,\boldsymbol{\alpha}_2,\boldsymbol{\alpha}_3$ 下的坐标为 $(x_1,x_2,x_3)^{\mathrm{T}}$, 在基 $\boldsymbol{\beta}_1,\boldsymbol{\beta}_2,\boldsymbol{\beta}_3$ 下的坐标为 $(x_1',x_2',x_3')^{\mathrm{T}}$, 则坐标变换公式为

$$\begin{pmatrix}x_1\\x_2\\x_3\end{pmatrix}=\begin{pmatrix}2&2&-2\\-4&3&-2\\3&-1&5\end{pmatrix}\begin{pmatrix}x_1'\\x_2'\\x_3'\end{pmatrix}.$$

9. (1) $\boldsymbol{B}=\dfrac{1}{12}\begin{pmatrix}4&-4&8\\3&0&-3\\-1&4&1\end{pmatrix}$.

(2) 设 $\boldsymbol{\alpha}$ 在基 $\boldsymbol{\alpha}_1,\boldsymbol{\alpha}_2,\boldsymbol{\alpha}_3$ 下的坐标为 $(x,y,z)^{\mathrm{T}}$, 则

$$\begin{pmatrix}x\\y\\z\end{pmatrix}=\begin{pmatrix}1&3&1\\0&1&3\\1&-1&1\end{pmatrix}\begin{pmatrix}3\\4\\1\end{pmatrix}=\begin{pmatrix}16\\7\\0\end{pmatrix},$$

即 $\boldsymbol{\alpha}$ 在基 $\boldsymbol{\alpha}_1,\boldsymbol{\alpha}_2,\boldsymbol{\alpha}_3$ 下的坐标为 $(16,7,0)^{\mathrm{T}}$.

10. $(-15,-7,3)^{\mathrm{T}}$.

11. (1) 基 $\boldsymbol{\varepsilon}_1,\boldsymbol{\varepsilon}_2,\boldsymbol{\varepsilon}_3,\boldsymbol{\varepsilon}_4$ 到基 $\boldsymbol{\alpha}_1,\boldsymbol{\alpha}_2,\boldsymbol{\alpha}_3,\boldsymbol{\alpha}_4$ 的过渡矩阵为 $\boldsymbol{P}=\begin{pmatrix}1&0&0&0\\1&2&0&0\\2&1&3&0\\1&2&1&4\end{pmatrix}$.

(2) 向量 $\boldsymbol{x}=\begin{pmatrix}x_1\\x_2\\x_3\\x_4\end{pmatrix}$ 在基 $\boldsymbol{\alpha}_1,\boldsymbol{\alpha}_2,\boldsymbol{\alpha}_3,\boldsymbol{\alpha}_4$ 下的坐标

$$\begin{pmatrix} x_1' \\ x_2' \\ x_3' \\ x_4' \end{pmatrix} = \boldsymbol{P}^{-1}\begin{pmatrix} x_1 \\ x_2 \\ x_3 \\ x_4 \end{pmatrix} = \frac{1}{24}\begin{pmatrix} 24 & 0 & 0 & 0 \\ -12 & 12 & 0 & 0 \\ -12 & -4 & 8 & 0 \\ 3 & -5 & -2 & 6 \end{pmatrix}\begin{pmatrix} x_1 \\ x_2 \\ x_3 \\ x_4 \end{pmatrix}.$$

(3) $k\left(1, -1, -\frac{1}{2}, \frac{1}{2}\right)^{\mathrm{T}}$.

12. (1)按逆时针方向旋转 $\boldsymbol{\alpha}$ 角;(2)投影到 x 轴;(3)关于 x 轴对称;(4)关于 $y=-x$ 对称.

13. (1)不是.

(2)不是.

(3)不是.

(4)是.

(5)是.

14. 略.

15. $\begin{pmatrix} -1 & 1 & -2 \\ 2 & 2 & 0 \\ 3 & 0 & 2 \end{pmatrix}$.

16. (1) $\boldsymbol{\alpha}_1, \boldsymbol{\alpha}_2, \boldsymbol{\alpha}_3, \boldsymbol{\alpha}_4$ 到 $\boldsymbol{\alpha}_1, \boldsymbol{\alpha}_3, \boldsymbol{\alpha}_2, \boldsymbol{\alpha}_4$ 的过渡矩阵 $\boldsymbol{P}=\begin{pmatrix} 1 & 0 & 0 & 0 \\ 0 & 0 & 1 & 0 \\ 0 & 1 & 0 & 0 \\ 0 & 0 & 0 & 1 \end{pmatrix}$, T 在基 $\boldsymbol{\alpha}_1$, $\boldsymbol{\alpha}_3, \boldsymbol{\alpha}_2, \boldsymbol{\alpha}_4$ 下的矩阵为

$$\boldsymbol{B}=\boldsymbol{P}^{-1}\boldsymbol{A}\boldsymbol{P}=\begin{pmatrix} 1 & 0 & 2 & 1 \\ 2 & 3 & 5 & 1 \\ 3 & -1 & 0 & 2 \\ 1 & 1 & 2 & 3 \end{pmatrix}.$$

(2)基 $\boldsymbol{\alpha}_1, \boldsymbol{\alpha}_2, \boldsymbol{\alpha}_3, \boldsymbol{\alpha}_4$ 到基 $\boldsymbol{\alpha}_1, \boldsymbol{\alpha}_1+\boldsymbol{\alpha}_2, \boldsymbol{\alpha}_1+\boldsymbol{\alpha}_2+\boldsymbol{\alpha}_3, \boldsymbol{\alpha}_1+\boldsymbol{\alpha}_2+\boldsymbol{\alpha}_3+\boldsymbol{\alpha}_4$ 的过渡矩阵为

$$\boldsymbol{Q}=\begin{pmatrix} 1 & 1 & 1 & 1 \\ 0 & 1 & 1 & 1 \\ 0 & 0 & 1 & 1 \\ 0 & 0 & 0 & 1 \end{pmatrix},$$

故 T 在基 $\boldsymbol{\alpha}_1,\boldsymbol{\alpha}_1+\boldsymbol{\alpha}_2,\boldsymbol{\alpha}_1+\boldsymbol{\alpha}_2+\boldsymbol{\alpha}_3,\boldsymbol{\alpha}_1+\boldsymbol{\alpha}_2+\boldsymbol{\alpha}_3+\boldsymbol{\alpha}_4$ 下的矩阵为

$$\boldsymbol{C}=\boldsymbol{Q}^{-1}\boldsymbol{A}\boldsymbol{Q}=\begin{pmatrix}-2 & 0 & 1 & 0\\ 1 & -4 & -8 & -7\\ 1 & 4 & 6 & 4\\ 1 & 3 & 4 & 7\end{pmatrix}.$$

17. 取 $\mathbf{R}^3$ 中基 $\boldsymbol{\varepsilon}_1=(1,0,0)^{\mathrm{T}},\boldsymbol{\varepsilon}_2=(0,1,0)^{\mathrm{T}},\boldsymbol{\varepsilon}_3=(0,0,1)^{\mathrm{T}}$, 并记

$$\boldsymbol{A}=\begin{pmatrix}-1 & 0 & 1\\ 0 & 1 & 2\\ -2 & 2 & 5\end{pmatrix},\boldsymbol{B}=\begin{pmatrix}-1 & 1 & 0\\ 1 & 0 & 1\\ 0 & 1 & 2\end{pmatrix},\boldsymbol{C}=\begin{pmatrix}2 & 0 & 0\\ 0 & 0 & 1\\ -1 & 1 & 2\end{pmatrix},$$

则

$$(\boldsymbol{\alpha}_1,\boldsymbol{\alpha}_2,\boldsymbol{\alpha}_3)=(\boldsymbol{\varepsilon}_1,\boldsymbol{\varepsilon}_2,\boldsymbol{\varepsilon}_3)\boldsymbol{A},(\boldsymbol{\beta}_1,\boldsymbol{\beta}_2,\boldsymbol{\beta}_3)=(\boldsymbol{\varepsilon}_1,\boldsymbol{\varepsilon}_2,\boldsymbol{\varepsilon}_3)\boldsymbol{B},$$
$$[T(\boldsymbol{\alpha}_1),T(\boldsymbol{\alpha}_2),T(\boldsymbol{\alpha}_3)]=(\boldsymbol{\varepsilon}_1,\boldsymbol{\varepsilon}_2,\boldsymbol{\varepsilon}_3)\boldsymbol{C},$$

于是,

$$[T(\boldsymbol{\beta}_1),T(\boldsymbol{\beta}_2),T(\boldsymbol{\beta}_3)]=[T(\boldsymbol{\varepsilon}_1),T(\boldsymbol{\varepsilon}_2),T(\boldsymbol{\varepsilon}_3)]\boldsymbol{B}=(\boldsymbol{\beta}_1,\boldsymbol{\beta}_2,\boldsymbol{\beta}_3)\boldsymbol{B}^{-1}\boldsymbol{C}\boldsymbol{A}^{-1}\boldsymbol{B},$$

即 T 在基 $\boldsymbol{\beta}_1,\boldsymbol{\beta}_2,\boldsymbol{\beta}_3$ 下的基为

$$\boldsymbol{B}^{-1}\boldsymbol{C}\boldsymbol{A}^{-1}\boldsymbol{B}=\begin{pmatrix}2 & 2 & -1\\ 4 & 2 & -1\\ -2 & -1 & 1\end{pmatrix}.$$

参考文献

[1]北京大学数学系几何与代数教研室前代数小组. 高等代数[M]. 3 版. 北京：高等教育出版社，2003.

[2]陈建华. 线性代数[M]. 北京:机械工业出版社,2011.

[3]戴斌祥. 线性代数[M]. 北京：北京邮电大学出版社，2013.

[4]冯红. 高等代数全程学习指导[M]. 大连：大连理工大学出版社，2004.

[5]江惠坤，邵荣，范红军. 线性代数讲义[M]. 北京：科学出版社，2013.

[6]李仁骏. 线性代数[M]. 北京:科学出版社,2010.

[7]同济大学数学系. 工程数学-线性代数[M]. 北京：高等教育出版社，2007.

[8]吴传生，王卫华. 经济数学—线性代数[M]. 北京：高等教育出版社，2003.

[9]张良云,毕守东. 线性代数[M]. 4 版. 北京:高等教育出版社,2003.

[10]赵树嫄. 线性代数[M]. 北京:中国人民大学出版社,1998.